电子测量实用教程

储飞黄　主编
黄发文　钱宇红　梁　强　罗卫星　编著

合肥工业大学出版社

图书在版编目(CIP)数据

电子测量实用教程/ 储飞黄主编.
—合肥 ：合肥工业大学出版社，2014.4
ISBN 978-7-5650-1788-9

Ⅰ.①电… Ⅱ.①储… Ⅲ.①电子测量技术—教材
Ⅳ.①TM93

中国版本图书馆 CIP 数据核字(2014)第 052072 号

电子测量实用教程

储飞黄 主编

策划 兰亭工作室　　责任编辑 周晓毓 王 磊 杨国平

出 版	合肥工业大学出版社	版 次	2014年4月第1版
地 址	合肥市屯溪路193号	印 次	2014年4月第1次印刷
邮 编	230009	开 本	710毫米×1010毫米 1/16
电 话	总编室:0551—62903038	印 张	15.25
	发行部:0551—62903198	字 数	290千字
网 址	www.hfutpress.com.cn	印 刷	合肥学苑印务有限公司
E-mail	press@hfutpress.com.cn	发 行	全国新华书店

ISBN 978-7-5650-1788-9　　定价:30.00元

如果有影响阅读的印装质量问题,请与出版社发行部联系调换。

前　言

测量技术是国家现代化建设的关键基础技术，广泛应用于农轻重、陆海空、吃穿用，在国民经济中具有四两拨千斤的作用。

电子测量技术是测量技术的重要分支，电子测量仪器是电子测量技术的物化产品。电子测量技术及仪器是多学科、多专业综合应用水平和创新能力的集中展现，是国民经济与国防科技的重要支撑和倍增器，在武器装备现代化建设过程中占有重要地位，也是衡量一个国家科学技术发展水平乃至国防现代化水平的重要标志之一。

本书围绕最基本、最常用的电子测量需求，以“原理→应用→实验”为主线，介绍无线电计量基础知识、电子测量技术、电子测量仪器及应用，实用性较强。由于书中的实例以国产仪器为主，特别适合国外仪器使用受限的技术人员自学或培训。

全书共分9章。第1章绪论，介绍电子测量与无线电计量的基础知识；第2章测量误差与数据处理，主要从如何提高测量精度和可靠性的角度出发，对测量误差的概念、误差的分析、测量数据的处理等方面进行分析和讨论；第3章信号发生器，介绍信号发生器的功能、分类、基本构成和性能，重点对函数发生器与合成信号发生器的组成、工作原理、特点和应用进行分析和讨论；第4章时间频率测量，介绍频率与时间测量的基本原理、电子计数器的组成与工作原理，重点是电子计数器法测量频率与时间的方法；第5章波形测量，介绍示波器的功能、分类、基本构成和性能，重点对数字存储示波器的组成、工作原理、特点和应用进行分析和讨论；第6章频谱测量，介绍频谱分析的概念、频谱分析仪的原理及应用；第7章功率测量，介绍微波功率测量的基本方法，并对微波功率计性能指标进行描述，分析了常见微波功率探头和功率计的工作原理；第8章网络参数测量，讲述矢量网络分析仪的工作原理、误差修正原理、校准件与校准方法，介绍矢量网络分析仪典型产品，并给出网络分析仪的应用及操作方法；第9章专题实验，价绍信号主要参数的测量方法与步骤，可配合相关章节使用。

本书是集体智慧的结晶。黄发文编著第1章；钱宇红编著第2、3、4章；储飞黄编著第5、6章；梁强编著第7、8章；罗卫星编著第9章的专题实验。研究生杨朋辉、孙战先、谢海勇做了大量的文字和图表工作；杨旭宏、于敏、李永生审校了全书，并提出许多宝贵的修改意见和建议，在此深表感谢！

本书编著过程中，广泛参考了国内外相关文献资料，吸取了其中优秀的学术成果和编写经验，编者对本书参考文献所列专家表示衷心的感谢！感谢合肥工业大学出版社对本书出版给予的支持和帮助。由于作者水平有限，书中难免存在不妥与错误之处，恳请读者批评指正。

编　者

目 录

第1章 绪 论

本章重点介绍测量与计量的基本概念、电子测量与无线电计量的主要内容和特点，并对计量法规与管理体系、量值传递与溯源、武器装备的计量保障等内容作简要论述。

1.1 测量与计量

1.1.1 测量

世界著名科学家门捷列夫指出："科学从测量开始。"汤姆逊也说："每一件事物只有当可以测量时才能认识。"可见，测量是人类认识自然和改造自然的重要手段。人们通过测量，可以获得客观事物数量上的认识，进而从观察中总结出一般性的规律。

从定义上讲，测量是人们为了确定被测对象的量值(或确定一些量值的依从关系)而进行的实验过程。在这个过程中，人们借助专门的装置，把被测量与标准单位进行比较，取得用数值和标准单位共同表示的测量结果，如线路流过的电流为3A等。用来确定被测量量值的装置，称为测量器具，包括测量仪器和量具。测量仪器将被测的量转换成示值(或与示值相等效的信息)，如指针式电压表把被测的电压转换成指针的偏转量，可利用刻度读出其对应的电压值等；量具是以固定的形式复现出某一个量(或几个量)的已知量值，可作为标准元件使用，如标准电阻器等。

测量结果不仅用于验证理论，而且是发现新问题、提出新理论的重要依据。事实证明：科学的进步、生产的发展与测量理论和技术手段的进步是相互依赖、相互促进的。评价一个国家的科技状态，最快的办法就是去审视那里所进行的测量以及由测量所累积的数据是如何被利用的。测量手段的现代化，已被公认为科学技术和生产现代化的重要条件和明显标志。

1.1.2 计量

生产的发展、商品的交换和国内外的交流，客观上要求同一个量在不同的时间、不同的地点、由不同操作者用不同测量手段进行测量时，所得的结果应该一致。因而，出现了大家公认的统一单位(如国际单位制)和用来体现这些单位的基准，以及用这些基准来校准的测量器具，这些测量基准和测量器具用法律的形式被固定下来，从而形成了与测量有联系而又有别于测量的概念，这就是计量。由此可见，计量是为了保证量值统一和准确一致的一种测量，它具有统一性、准确性和法制性等主要特征。

计量、测量二者之间具有密切的关系，它们都是为了解决“量”的问题，都属于测量的范畴。计量是测量的基础，测量是形成计量的前提。同时，计量又不同于一般的测量，它具有统一性、准确性和法制性的特征，而测量没有这些要求。所以，计量属于测量又严于一般的测量。

1.2 电子测量基础知识

1.2.1 电子测量的内容和特点

电子测量是测量技术与电子技术相互结合的产物，它以测量理论和方法为基础，采用电子技术手段，实现各种电量与磁量的测量。电子测量技术与传感器技术结合还可以实现各种非电量的测量，从而构成工业生产中广泛应用的自动检测与控制系统。

1. 电子测量的基本内容

电子测量建立在电信号测量的基础上，其内容主要包括以下几方面：

(1) 基本电量的测量

电子测量的基础内容是基本电量的测量（如电压、电流和功率等），并在此基础上可扩展至其他量的测量（如阻抗、频率、时间、相位、电场强度、磁场相关量等）。

(2) 元器件参数及其特性的测量

通过电子测量，可得到常用电子元器件（如电阻、电感、电容、集成电路等）的参数，也可得到元器件、单元电路或电子设备整机的特性（如伏安特性、频率特性等）。

(3) 电信号波形及其波形参数的测量

电子测量可以测量各种电信号的波形、幅值、相位、相位差、周期、频率、失真度、调制度、频谱构成、噪声、干扰等参数。

(4) 电子设备性能指标的测量

电子测量可用于测量各种电子设备的性能指标（如灵敏度、增益、带宽、信噪比等）。

2. 电子测量的主要特点

(1) 频率范围宽

采用电子测量的方法，能够测量频率范围高达160GHz以上的信号。随着电子技术的发展，可测量的信号频率范围还在向着更宽频段扩展。

(2) 量程范围大

量程反映测量仪器的上下限测量值范围。当被测量的数值相差很大时，测量仪器必须具有足够大的量程。例如，数字电压表(DVM)可测量微伏级至千伏级电压，量程达9个数量级。

(3) 准确度高

总体上来说，电子测量的准确度要高于其他测量方法。例如，用电子测量方法对频率和时间进行测量时，使用石英晶体振荡器作为基准，可以使测量准确度达到10^{-10}数量级，如果采用原子频标作为基准，准确度更是可达10^{-14}数量级以上。

(4) 测量速度快

电信号以电场形式传播，电子测量建立在电信号的传播基础之上，相对于其他测量方法而言，测量速度更高，这是电子测量技术广泛应用于现代科技各个领域的重要原因之一。

(5) 易于实现遥测

对于遥远距离或环境恶劣、人体不便接触或无法到达的区域，电子测量可通过传感器进行测量，用计算机进行数据处理和转换，最后以无线方式传输信号。

(6) 易于实现自动化、智能化与网络化

随着计算机技术的广泛应用，电子测量仪器的功能得到大幅扩展，自动化与智能化程度大幅提高，易于实现程控、遥控、自动量程转换、自动调节、自动校准、自动诊断故障和自动恢复，测量数据可进行自动记录、分析和处理，并已显现出网络化的发展趋势。

1.2.2 电子测量方法

一个参量的测量可以通过不同的方法来实现。测量方法不仅直接关系到测量结果的可信赖程度，也关系到测量工作的经济性和可行性。不当或错误的测量方法，不仅得不到正确的测量结果，甚至会损坏测量仪器和设备。必须根据具体的测量对象、环境、条件和要求，选择正确的测量方法和仪器，构成合理的测量方案，进行正确的操作，才能得到理想的测量结果。测量方法有多种分类形式，下面介绍几种常见的分类方法。

1. 依据测量手段的分类

依据测量手段，电子测量方法可分为直接测量、间接测量与组合测量。

直接测量能直接从电子仪器或仪表上读出测量结果。例如，用电压表测量电压，用电子计数器测量频率等。直接测量的特点是不需要对被测量与其他实测的量进行函数关系运算，因而测量过程简单迅速，是测量中广泛应用的测量方法。

间接测量需要先对几个与被测量有确定函数关系的电参量进行测量，再将测量结果代入表示该函数关系的公式、曲线或表格，通过计算求出被测量。例如，要测量电阻上消耗的直流功率 P，可以通过直接测量电压 U、电流 I，而后根据函数关系 $P=UI$，"间接"获得。间接测量一般费时费事，多在不便直接测量或间接测量结果更准确的情况下使用。

当某被测量需要用多个未知量表达时，需要改变测量条件进行多次测量，根据被测量与未知量的函数关系列方程组并求解，从而得到未知量的测量方法称为组合测量。它是一种兼用直接测量和间接测量的方法。组合测量复杂、费时，但更易达到较高的准确度，适用于科学实验或一些特殊场合。

2. 依据被测量性质的分类

依据被测量性质，电子测量方法可分为时域测量、频域测量、数据域测量与随机测量。

时域测量是指对以时间为函数的量(如电压、电流等)的测量。这些量的稳态值、有效值多用仪器仪表直接测量，其瞬态值可通过示波器等仪器观测。

频域测量是指对以频率为函数的量(例如电路的增益、相位移等)的测量。这些量可通过分析电路的频率特性或频谱特性等方法进行测量。

数据域测量是指对数字量进行的测量，也称为逻辑量测量，主要是用逻辑分析仪等设备对数字量和电路的逻辑状态进行分析。例如，用逻辑分析仪可以同时观察多条数据通道上的逻辑状态或显示某条数据线上的时序波形，分析大规模集成电路芯片的逻辑功能等。随着计算机和各种数字信号处理技术的广泛应用，有效的数据域测量显得日益重要。

随机测量又称统计测量，主要是对各种噪声信号、干扰信号进行动态测量和统计分析，这是一项较新的测量技术，尤其是在通信领域有着广泛的应用。

1.2.3 电子测量仪器

1. 电子测量仪器的地位与军事作用

利用电子技术对各种待测量进行测量的设备，统称为电子测量仪器。电子测量仪器是信息产业的基础，对于国防、科研、生产和生活等起着非常重要的作用。军用电子仪器和测试系统在武器装备的研制、生产及维护保养中发挥着重要的作用，有的已成为武器装备不可分割的一部分。

近些年来，我国军用电子仪器与武器装备一样，得到国家工业部门与军方的有力支持，不仅在品种和数量上大大增加，而且在质量上也有了长足的进步，一批高质量的仪器已赶上或接近国外先进水平。如在微波领域，以矢量网络分析仪、频谱分析仪为代表的微波仪器基本上实现了主要品种与数量的配套能力，并逐步扩展到毫米波段；在自动测试领域，包括VXI模块化仪器、VXI内嵌式控制机、自动测试的软平台和武器装备的ATE系统集成技术都取得了重大突破；通信仪器也有了长足的发展，尤其是数字通信、光通信仪器成绩突出；通用仪器逐步实现了更新换代。这些仪器大量应用于武器装备的研制与保障中，为国防建设作出了巨大的贡献。

2. 电子测量仪器的分类

近年来，随着科学和技术的发展，电子测量仪器无论是品种还是功能都发生了很大的变化。特别是大规模集成电路的应用，仪器的功能越来越全，可靠性越来越高，体积越来越小。过去的庞然大物，许多都变成了手持式仪器，使用和携带都非常方便。

总体来说，现代电子测量仪器正朝着全频段、多参数、多功能、综合测试和自动测试的方向发展。除了为保证最高准确度而专门设计制作的计量标准外，单功能的仪器正逐步被多参数、多功能仪器所取代，多合一的仪器非常常见，如信号发生器与频谱分析仪的组合、示波器与频谱分析仪组合、示波器与电压表的组合等等，这些仪器在自动测试系统中也发挥了重要的作用。此外，现代仪器大多配备功能选件，用户可以根据需要任意选择安装，灵活性很强，既节约了研制与生产成本，也为用户提供了更高的性价比。

电子测量仪器种类很多，可粗分为专用和通用仪器两大类(如表1.1所示)。专用仪器是指各个专业领域中测量特殊参量的仪器；通用仪器是指应用面广、灵活性好的测量仪器。

表1.1　通用电子测量仪器的类别

序号	类别	内容及用途
1	信号发生器	提供各种测量用信号，如低频、高频、脉冲、函数、扫频和噪声信号等，也可称作测量用信号发生器或信号源
2	信号分析仪	观测、分析和记录各种电参量在时域、频域和数据域的变化过程，如示波器、波形分析仪、频谱分析仪、逻辑分析仪等
3	电压测量仪器	测量电压信号的仪器，如低频毫伏表、高频毫伏表、数字电压表等
4	频率、时间、相位测量仪器	测量频率、时间间隔、相位及相位差，如频率计、相位计以及各种时间、频率标准等
5	电子元器件测试仪	测量各种电子元器件的电参数或特性曲线，如晶体管参数测试仪、晶体管特性图示仪、模拟或数字集成电路测试仪等
6	模拟电路特性测试仪	分析模拟电路幅频特性和噪声特性，如扫频仪、噪声系数测试仪等
7	数字电路特性测试仪	分析数字电路逻辑等特性的仪器，如逻辑分析仪、特征分析仪等

1.3 无线电计量基础知识

1.3.1 无线电计量的内容和特点

随着科学的进步，无线电计量已成为一门发展迅速，应用广泛，与各行各业联系密切，对现代科学技术发展起着巨大推动作用的学科。由于各种智能型测量仪器和自动测试系统的广泛应用，无线电计量测试技术范围不断扩大，计量参数不断增多，计量速度不断加快，准确度不断提高。在我们面前，大规模集成电路检测、微波参数测量、自动化测量、动态测量、在线测量等，都是无线电计量测试的新课题。

1. 无线电计量的基本内容

无线电计量测试包括建立和保存无线电计量基本参数的计量标准；保证量值的传递准确一致；研究各种精密测量技术和测量方法三个方面。无线电计量测试能力通常可以用计量的参数、准确度和频带宽度来表示。

在无线电计量测试中，需要开展量值传递的参数很多，在这么多的参数中，哪些参数是主要的，哪些参数是次要的，并没有严格的理论依据和原则规定，而是随着科学技术的发展和实际工作的需要在不断地发展。如频率范围，从最初电磁计量一般不超过几十千赫，到现在无线电计量的毫米波，频率超过100GHz。

目前，在我国开展无线电计量的参数如表1.2所示。其中，除时间和电流单位是国际单位制基本单位外，其他单位都是导出单位。

表1.2 无线电计量参数和单位

参数名称	单位	参数名称	单位	参数名称	单位
频率	Hz	电场强度	$V\cdot m^{-1}$	噪声功率谱密度	$W\cdot Hz^{-1}$
时间	s	磁场强度	$A\cdot m^{-1}$	噪声系数	无量纲
波长	m	失真系数	无量纲	脉冲响应函数	无量纲
电压	V	天线增益	无量纲	脉冲上升时间	s
电流	A	天线效率	无量纲	复数反射系数	无量纲
功率	W	电压驻波比	无量纲	复数相对磁导率	无量纲
复数阻抗	Ω	Q值	无量纲	复数散射矩阵分量	无量纲
复数导纳	Ω^{-1}	调幅系数	无量纲	复数相对介电常数	无量纲
衰减	无量纲	频偏	无量纲	介质损耗角正切	无量纲
增益	无量纲	电导率	$\Omega^{-1}\cdot m^{-1}$	功率通量密度	$W\cdot m^{-2}$
相移	无量纲	反射率	无量纲	噪声温度	K

从表1.2可以看出，无线电计量包括很多无量纲的量，如衰减、电压驻波比、

反射系数等，它们都是其他一些有量纲参数的量值的比值，似乎可以不用建立相应的标准。但实际并不如此，例如衰减，由于在实用中对其准确度的要求很高，不但要建立计量标准，而且其准确度相对其他参数也是比较高的。

国际上当前公认的、比较基本和重要的参数有：功率、电压、阻抗（包括高频电容、电阻、电感、Q 值等集总参数阻抗和复数反射系数、电压驻波比等微波阻抗）、衰减、相移、噪声、场强、脉冲、调制度、失真度、复数相对介电常数等 20 多个参数，各参数的频率范围也没有明确的界限，是随科学技术的发展和实际需要而变化的。

2. 无线电计量的主要特点

无线电计量和其他计量相比，有以下几个明显的特点：

(1) 参数种类繁多

无线电计量涉及面很广，而且随着电子技术的发展，新类型的电子仪器不断出现，计量参数还有不断增加的趋势。

(2) 量程大、频带宽

以功率计量为例，其量程从微瓦级一直到兆瓦级，整整覆盖了 10^{12} 量级范围。频带范围达到 10^{11} 量级范围。如此宽的量程和频带，往往需要多个计量标准来覆盖。标准不同，结构也不同，如低频用集总参数元件，而微波则用同轴线、波导等元件。

(3) 传输线和接头形式多种多样

在电子系统中，随着频率由低到高，可以用双绞线、电缆、同轴线、波导、光纤等多种形式传输，其传输线的阻抗可以是低阻、50Ω、75Ω、300Ω、600Ω 等，接头的类型可分为 BNC 接头、B 型接头、N 型接头等多种，还有各种类型的普通接头。而这些传输线和接头的质量，直接影响到计量标准的信号传输特性。

(4) 量值传递链较短

由于无线电计量标准的整体准确度都不太高，所以在计量检定系统表中，传递的等级是比较少的，通常只有三级。

(5) 测试工作量大于检定工作量

电子仪器的品种繁多，目前制定的检定规程还无法跟上电子仪器的更新速度。因此，无线电计量中的测试工作量总是大于检定工作量。

(6) 计量标准投资大，运行周期短

投资规模大、运行周期短是制约无线电计量工作发展的主要因素。例如，为测量一台仪器频率响应，往往需要从低频到高频，覆盖全频带的几套计量标准。同时，电子仪器的更新速度快，也要求计量标准作相应的调整。

1.3.2 无线电计量方法

无线电计量方法是以电子学和计量学理论为基础，以现代科学技术为主要手段，以无线电计量基准和计量标准为依托的具有无线电计量特点的一套技术体系。

无线电计量和测试技术与其他科学技术有着极为密切的关系，一些新理论、新技术、新器件、新工艺常常首先应用在电子测量仪器中。例如，自动控制、取样、锁相环、频率合成、相关接收、数字信号处理、大规模集成电路、微处理器等，都最先在电子测量仪器中得到迅速而广泛的应用。

近几年来，无线电计量技术与电子测量仪器取得了巨大发展。如近代微观理论在无线电计量和测试中得到广泛应用，新技术不断涌现；无线电计量与现代科学技术大量融合，电子测量仪器的自动化与智能化水平大大提高，生产和测量的自动化成为现实等等，对无线电计量工作产生了深远的影响。

总体来说，无线电计量可分为直接计量和变换计量两种方法。

1. 直接计量方法

直接计量方法对被检参数进行直接测量。往往用于频率不太高，量程范围不太大的情况。例如，用拍频法、电桥法测量频率，用检波法测量电压，用鉴相法测量相位差等大量的计量方法，都属于直接计量方法的范畴。

2. 变换计量方法

当无线电信号的频率升高到射频、微波频段时，直接计量某些参数非常困难，有时甚至是不可实现的。为了达到测量这类参数的目的，往往需要把被测量变换成与其有固定函数关系，且测量起来更为方便的另一种参数，即变换计量方法，包括各种变换、替代测量技术和平衡对消技术等。

(1) 参数变换方法

顾名思义，参数变换方法就是把一个参量变换成另一个参量进行计量。理由一般是为了降低难度或提高精度。这种参数变换的例子很多：回路的 Q 值可以通过频率计算出来，Q 值计量问题就变成了频率计量问题；高频电压标准将高频电压参数的测量变换为功率参数的测量，通过测量辐射热实现了高频电压的计量；通过 U－F 变换器将电压量变换成频率量，或使用 F－U 变换器将频率量变换成电压量；还有用量热计法计量微波功率，用时间间隔数字法测量相移，各种传感器将非电量变换成电参量等等，都属于参数变换技术。

(2) 量程变换方法

在无线电计量中，被测量的量程范围非常大。以功率为例，雷达的发射功率可达 10^{8} W 以上，而航天器发回地面的信号可小到 10^{-15} W。量程变换是将过大或过小的被测量，按已知比值变换到量程适中，且又便于测量的同一参数进行测量的方法,适用于电压、功率、场强参数的测量。通常用放大器放大微弱信号,用衰减器、功率分配器、定向耦合器等变换过大的信号。

衰减器是最常用的量程变换器之一,典型的用法是将衰减器与测量探头组合起来使用。比如功率计,通常配备系列功率探头,可测量的微波功率可从0.1nW到100W,其量程扩展就是依靠功率探头里的衰减器实现的。

(3)频率变换方法

频率变换方法的应用极为广泛,大家熟知的超外差收音机就是采用频率变换技术,将中波和短波信号变换成465kHz的中频,然后再进行放大和检波的。频率变换计量方法的根本目的,是把不易测量的高频信号变换成相对容易测量的低频信号进行测量。

频率变换的方法很多,如外差变频、单边带调制、谐波变频等等。在精密计量中,考虑到线性和噪声的影响,通常以外差变频法效果最好。不过,谐波变频法中的取样技术也得到广泛使用,它基于取样脉冲中包含有丰富的谐波分量,将其某一次谐波与对应的测试信号混频变成中频信号,此中频信号中即包含了被测量的信息。

(4)测量域变换方法

测量域变换是指把一个域的量变换成另一个域的量进行测量的方法,通常是时域与频域之间的变换。为了测量二端口电路的频率特性,可将脉冲或方波作为输入,对输出各频率分量进行测定,就可以得到该电路的频率特性;自动网络分析仪经常使用时域与频域的变换测量网络各种参量。

(5)比较替代法

在无线电计量中,比较替代法的应用十分广泛。如在微波衰减计量中常用的射频替代法、中频替代法,在微波阻抗计量中常用的调配反射计法等。它可以是两个相同量值的比较,也可以是两个不同量值的比较,比较装置的分辨率和稳定性是比较替代法的关键。

射频替代法将被测量器件和标准器在相同频率上进行比较替代,常常应用于衰减、增益、相移等参数的计量。如用串联比较替代法测量衰减:先将信号源、标准衰减器、接收机、电平指示器和被测衰减器串联起来;再将标准衰减器的衰减量置于某一较大值,此时接收机的输出指示为某一读数;然后增加被测衰减器的衰减量,同时相应地减小标准衰减器的衰减量,使接收机的示值保持恒定,即可依次校准被测衰减器的衰减量。显然,要提高测量准确度,信号源和接收机必须十分稳定。

1.3.3 无线电计量实验室的技术要求

无线电计量实验室是进行无线电计量测试的工作场所。无线电计量有别于长、热、力、电的计量，对工作环境有特殊的要求。人们往往容易忽视这些对环境的基本要求，而把注意力集中在计量标准上。下面简要叙述无线电计量实验室在工作环境、基本设备配置、技术要求等方面需要注意的事项。

1. 实验室环境的基本依据

实验室的环境条件受两方面因素的制约：一是测量仪器，二是检定规程。无线电计量实验室必须满足检定规程和电子测量仪器对环境的要求。

大多数电子测量仪器的元器件及部件都对温度、湿度、大气压、电源电压、振动、电磁场干扰等环境有不同程度的敏感性。因此，即使是同一台电子测量仪器，当所处的环境条件不同时，它们可能具有完全不一样的准确度。

我国把电子测量仪器按对环境条件的要求分成三组（如表 1.3 所示），并规定了一组基准条件（如表 1.4 所示）。计量测试时，应逐项考察环境条件是否能满足要求，并对实验室的环境条件作好详细记录。

表 1.3 电子测量仪器的分组条件

组别	环境要求
I	在良好的环境中使用，要求操作时细心，只允许受到轻微的振动
II	在一般的环境中使用，允许受到一般的振动和冲击
III	在恶劣的环境中使用，允许在频繁搬动和运输中受到较大冲击和振动

表 1.4 基准条件

影响量	数值和范围	误差	影响量	数值和范围	误差
环境温度	20℃	±2℃	交流供电波形	正弦波	
环境湿度	45%～75%		外电磁场干扰	应避免	
交流供电电压	220V	±2%	通风	良好	
交流供电频率	50Hz	±1%	阳光照射	避免直射	

2. 实验室的技术要求

（1）接地要求

接地的含义有两种，第一种含义是指接大地，是实验室设计时应该考虑到的。它是按一定的技术要求将铜板埋入地下，用导线引出到实验室，作为仪器的接地端子。有人把交流电网的中线作为接地线使用，这是不妥当的，因为中线是在发电厂接大地的，当三相负载不平衡时，中线上有电流流过，就产生电压降，因此电子仪器不能用中线作为地线使用。第二种含义是指仪器的公共连接点，这是仪器在设计时就确定了的。

为了避免触电事故的发生和增强抗干扰能力，应按仪器使用说明书的要求，将仪器的电源线的相线、中线和地线与电源的相线、中线和地线分别对接。

（2）电源要求

实验室的供电电源，通常都取自单相 220 V 交流电网。无线电计量对供电电源的最基本要求是电压的稳定度。由于目前国内电网的供电电压普遍存在着波动较大、负荷能力较差的现象，不能满足供电电源的要求，故一般实验室均应配置交流稳压设备。一般情况下，电子交流稳压器已经够用，如果能选用不间断电源为高精度的计量标准供电则效果更好。

(3) 温度要求

无线电计量与测试工作对环境温度的要求与其他的计量专业相比并不算高，只有高频 Q 值线圈、标准电感、标准电容等一些标准量具要求在 (20±1)℃ 条件下使用，其他仪器的检定工作一般要求在 (20±5)℃ 的环境温度下完成。检测过程中，(20±5)℃ 不是唯一条件，有时还要求在整个检测过程中，温度不应有明显的变化。

(4) 湿度要求

对实验室环境条件来讲，防潮是保证正常工作的非常重要的一环。空气中的水分是一种导电物质，仪器经常受潮，将引起绝缘材料的绝缘电阻减小、耐压降低，以致造成短路、漏电、打火等故障。受潮还会引起霉菌的繁殖，加速金属的腐蚀及变压器线圈的霉断。所以，要保持实验室适当干燥。对长期不用的电子仪器应该定期通电试验，每次通电应在 2 小时以上，利用仪器内电子元器件的发热来排出潮气。

同时注意不要让房间过分干燥。由于人员穿着化纤织物很多，再加上室内装饰的一些化学材料，过分的干燥将会在一些物品上积累较强的静电。静电的产生会对计量标准或电子测量仪器造成很大危害。因此，通常要保持实验室内的相对湿度达到 45%～75%。

(5) 防尘要求

空气中悬浮着大量尘埃。这些尘埃不仅会在仪器表面上积起灰尘，还会通过仪器的散热孔，沉积在仪器的元器件的表面。灰尘容易吸潮，使元器件的绝缘性能降低，若进入可活动的元器件中，如继电器、可变电容器等，还将产生电噪声。使用后的仪器应用布罩罩起来。另外，应设法降低空气中的尘埃量，例如，窗户应该密封，人员进出实验室应换工作服和拖鞋，保持实验室卫生，灰尘就少了。

(6) 防腐要求

在无线电计量实验室内，原则上不应有酸、碱类及其他腐蚀性物质。有的仪器使用的化学电池，应注意保管，长期不用时，应将电池取出来，以免腐蚀仪器。

(7) 防振要求

计量标准和电子测量仪器通常都是由各种电子元器件、接插件、调节机构组成，当受到振动时，可能出现接插件松动、器件脱落等故障。因此，实验室的设计应远离振动源，仪器要轻拿轻放。

(8) 光线要求

在实验室中,阳光照射会使房间温度很难保持平衡。如果阳光直接照射在电子测量仪器上,将使仪器产生异常的温升,降低计量结果的可信度。对一些带有显示屏的仪器,阳光的照射将使显示屏上的图像变得模糊不清,容易造成读数错误。因此,无线电计量实验室的窗户应安装窗帘。

(9) 屏蔽要求

强电磁干扰的影响通常表现为仪器读数不稳、随机跳动,严重时不能正常工作。电磁干扰一般可分为无源干扰和有源干扰。

无源干扰主要是指大气电离程度的变化和随机起伏,进入仪器有两种渠道:一是通过寄生耦合进入仪器,最常见的是通过接地电阻及电源内阻,当这两个电阻都不能小到可以忽略的程度时,干扰信号通过电阻耦合进入电路,造成信号串扰;二是仪器的分布电容、分布电感以及过长的信号输入线、输出线,都会产生耦合或天线效应,吸收各种干扰信号,干扰仪器正常工作。有源干扰包括:

- ◆ 电气设备中电流急剧变化及伴随的电火花,如电钻、电焊机、汽车点火系统
- ◆ 电气设备的电磁辐射干扰,如无线电台、电视台等
- ◆ 天电干扰,包括雷电、静电电源的快速放电
- ◆ 工频干扰,由 50Hz 交流电网的强大电磁场产生的干扰
- ◆ 气体电离干扰,包括电流设备中的离子器件,如闸流管、日光灯等

为了抑制电磁干扰对测量的影响,通常采取以下措施:

- ◆ 实验室的选址要远离强干扰源或与其错开工作时间
- ◆ 建立屏蔽实验室,可以使各种外来干扰水平降低 100dB 以上
- ◆ 采用接地技术,也是抑制干扰的有效措施

1.3.4 计量法规体系

计量的目的是为了保证测量结果的准确可靠和国家计量单位制的统一。统一性和准确性是计量工作的基本特征。要想在全国范围内实现计量单位制的统一和量值的准确可靠,必须建立相应的法律制度,使之具有权威性和强制力。因此,世界各国都以国家的形式对计量工作实行强制管理,有些国家甚至将其写入宪法,以取得整个社会贯彻执行的法律效力。

1. 计量法

《计量法》作为国家管理计量工作的根本法,是实施计量法制监督的最高准则。它以法定的形式统一国家计量单位制,用现代科学技术所能达到的最高准确度建立计量基准、标准,保证全国量值的统一和准确可靠,实现对计量业务的国家监督。计量立法的宗旨是加强计量监督管理工作,核心内容是保障计量单

位制的统一和量值的准确可靠。根据这一宗旨，我国的计量法主要解决下述问题：

(1) 国家计量单位制统一和量值准确可靠。计量法对计量单位、计量基标准、计量器具、计量检定的使用和管理作出了明确要求和规定。

(2) 保证社会经济活动能够正常进行。计量法规定了从事计量活动必须遵循的行为准则，并加强监督管理。

(3) 生产和科学技术中的计量问题。计量法对生产管理部门、企业、事业等单位的计量工作及管理提出了要求，以加强计量基础工作，保证生产和科学研究的正常进行，推动科学技术进步，提高产品质量和经济效益，这些可以用一个“准”字来概括，即保证计量检测数据的准确性。

2. 计量法规体系

自1985年9月6日全国人大常委会通过《计量法》以来，经过十多年的努力，我国基本建成了计量法规体系，形成以《计量法》为根本法，配套若干计量行政法规、规章(包括规范性文件)的计量法律体系。计量法规体系可以分为以下几个层次：

(1) 计量法律，即《中华人民共和国计量法》。

(2) 计量行政法规、法规性文件，包括《中华人民共和国计量法实施细则》、《关于在我国统一实行法定计量单位的命令》、《全面推行法定计量单位的意见》、《中华人民共和国强制检定的工作计量器具检定管理办法》、《国防计量监督管理条例》等。

(3) 计量规章、规范性文件，包括《中华人民共和国计量法条文解释》、《中华人民共和国强制检定的工作计量器具明细目录》、《中华人民共和国依法管理的计量器具目录》、《计量基准管理办法》、《计量标准考核办法》、《标准物质管理办法》、《计量检定人员管理办法》等。

(4) 计量技术法规，包括《国家计量检定规程》、《国家计量检定系统表》、《计量技术规范》等。

(5) 计量地方法规。地方法规也是计量法规体系的重要组成部分。

1.3.5 计量管理体系

计量管理是为了保证计量工作正确可靠地实施而进行的管理和控制，其依据是《计量法》。计量管理是计量工作不可缺少的组成部分，甚至是最重要的因素。如果没有完善的计量管理，即使有很准确的计量检测设备和测量条件，也不可能得到统一、准确的测量结果。

1. 计量管理的主要内容

从广义上说，计量管理是对计量工作的全面管理，包括计量行政、计量科技与计量法制等各个方面，涉及国民经济的所有领域；从狭义上说，计量管理是对计量单位制、计量器具等的管理，主要包括计量单位的管理、量值传递的管理、计量器具的管理和计量机构的管理四个方面。计量单位的管理内容是确定国家采用的计量制度和颁布国家法定计量单位；量值传递管理的内容是国家根据就地就近、经济合理的原则，以城市为中心组织全国量值传递网。计量器具的管理包括新产品的定型、投产、使用、修理和销售等。计量机构的管理主要是对政府主管计量工作的职能机关的管理。政府主管的计量机构是行政机构，它下属的各级计量技术机构，负责提供计量技术的保证和测试服务。

现在，世界各国对计量管理又有了更深入的认识，计量管理的概念已广泛渗透到工程计量测试的各个领域，贯穿于产品质量的全过程。计量管理不仅限于测量技术和所用的器具，而且包括检验、分析、试验技术和所用测量的方法。

2. 计量管理体系

有效的计量管理体系可以概括为：法规健全、标准细化、组织完善、人员精干、手段全面。

法规健全是指要建立健全全国和地方两级计量法规体系，确立计量管理的法律地位。全国计量法规主要针对统一的计量管理体系而定，并与国际有关质量认证体系相衔接。地方计量法规在全国性法规的规范之下，针对地方管理的特殊情况和地方性特殊产品而制定的法规体系。

标准是法规的具体化，是计量管理人员实施管理的操作规范。因此，标准要细化，应包括过程标准、器具标准、程序标准、方法标准和其他一些随机现象标准。在这些标准中，有些是强制性标准，有些是推荐性标准，确保了标准的可操作性。

组织完善是指建立自上而下的计量管理组织体系，把政府管理与民间管理结合起来。计量管理组织设计涉及四个方面的内容：一是组织结构设计和部门设置；二是管理标准的确立；三是业务标准的设立；四是职务设计与说明。这四个方面的内容是相辅相成的，其目的是把弹性较大的管理工作变成可操作、可衡量的工作。

人员精干是指要建立计量管理人员资格认定制度和计量机构人员执业标准，通过资格认定和职业考核来提高计量管理人员的素质，改善计量管理组织的人员构成，提高其专业水平，强化其职业道德水准。

手段全面是指要建立和健全各种计量手段，包括计量监督手段、计量检测手段、计量统计手段和计量培训手段。目前，在我国计量管理体系中，比较健全的是计量检测手段，而其他手段不够健全，或形同虚设，此种局面亟待改进。

3. 计量站资质认证规范

计量站是为社会提供公证数据的检验机构，所出具的检测数据主要用于产品质量评价、成果鉴定和贸易出证，应具有法律效力，根据《计量法》规定，必须对其进行计量认证。

计量资质认证是指根据计量法的规定，由省级以上的计量行政部门组织实施的，对计量机构的计量检定、测试能力、可靠性和公正性进行的考核。这种考核依据《计量认证/审查认可（验收）评审准则》，遵循规范的程序，由注册评审员和技术专家组织进行，属于第三方评审。只有通过计量认证的机构所出具的数据，才能成为公证数据，具有法律效力。

计量认证有两个目的：一是要建立计量站出具公证数据的技术权威和合法地位，真正把公正、准确、可靠的计量检测数据作为产品质量评价、科学成果鉴定等工作的基础和依据；二是要帮助计量站不断完善质量管理体系，提高计量站工作质量和信誉。

计量认证的内容包括：

(1) 计量检定设备、测试设备的配备及其准确度、量程等技术指标，必须与检验的项目相适应，其性能必须稳定可靠并经检定合格。

(2) 计量检定设备、测试设备的工作环境，包括温湿度控制、防尘、防腐、抗干扰条件等，均应适应其工作需要并满足产品质量检验的要求。

(3) 计量检定人员应具备必要的专业知识和实际经验，其操作技能必须考核合格。

(4) 计量机构应具有保证量值统一准确的措施和检测数据公正可靠的管理制度。

(5) 与检测工作相适应的质量保证体系。

4. 检定技术规范

计量检定技术规范是指计量检定系统表和计量检定规程。

(1) 计量检定系统表

《计量法》规定：计量检定必须按照国家计量检定系统表进行。国家计量检定系统表由国务院计量行政部门制定。国家计量检定系统表（以下简称检定系统）用图表结合文字的形式，规定了国家计量基准所包括的全套主要计量器具及其主要计量特性，从计量基准通过计量标准向工作计量器具进行量值传递的程序，指明误差以及基本检定方法等。它反映了计量器具等级的全貌，因而又称为计量器具等级图。

制定检定系统的目的是为了保证工作计量器具在许可的不确定度或误差范围内，进行量值传递。它所提供的检定途径应是最科学、合理和经济的。检定系统基本上是按各类计量器具分别制定的，在我国，每项国家计量基准对应一种检定系统。检定系统的作用在于：

① 决定了本国的量值传递体系，同时也是进行量值传递的主要措施和

手段；

② 按照检定系统进行计量检定，既可确保被检计量器具的精度，又可避免用过高精度计量标准检定低精度计量器具；

③ 对计量基准、计量标准的建立，可以起到指导和预测作用；

④ 可指导企事业单位编制本单位的计量器具的检定系统和周期检定表；

⑤ 一个好的检定系统，可以使用最少的人力、物力以保证全国量值的准确一致，因此具有经济效益和社会效益。

总而言之，检定系统是建立计量基准、标准，制定检定规程，开展计量检定，组织量值传递，建立经济合理的量值传递体系的重要依据。

(2) 计量检定规程

计量检定规程是指为了评定计量器具的计量性能，由国家计量行政部门组织制定并批准颁布，在全国范围内施行，作为检定依据的法定性技术文件。计量检定规程的主要作用是统一测量方法，是计量监督人员对计量器具实施监督、检定人员执行检定任务的重要法律依据。

计量检定规程的主要内容包括对计量器具的计量性能、检定项目、检定条件、检定方法、检定周期以及检定结果的处理等所作的技术规定，分为：引言、概述、技术要求、检定条件、检定项目、检定方法、检定结果的处理、检定周期及附录等部分。我国计量法规定，计量检定必须执行计量检定规程。

按规程制定与颁布的行政关系，检定规程分为国家计量检定规程、地方计量检定规程和部门检定规程。国家计量检定规程是检定计量器具时必须遵守的法定技术文件，在无国家计量规程时，为评定计量器具的计量性能，由地方计量行政机构或部门制定并批准颁布检定规程，在本地区或本部门作为检定依据的法定性技术文件。地方、部门制定的检定规程若经国家计量行政部门审核同意，也可以推荐在全国范围内施行。

按规程的内容性质，检定规程可分为检定指导书、综合性检定规程和仅适用于具体型号计量器具的检定规程。检定指导书是针对某一类计量器具检定方法作出原则性指导的技术文件，对编制综合性检定规程或新制计量器具的检定规程有一定的指导作用；综合性检定规程适用于同一类型不同型号的计量器具的检定，如电子电压表的检定规程等；当前工作中最常用的仅适用于具体型号计量器具的检定规程，它的适用范围窄，对计量标准、操作步骤等都有详细、具体的规定。

1.3.6 计量基准与标准

计量器具是计量工作的前提和基础，也是计量学研究的一个重要内容，可分为计量基准、计量标准和工作用计量器具，其中计量基准准确度最高。

1. 计量基准

基本单位的量值需要复现和保存，以便实际应用，这样的任务是由计量基准来完成的。在特定领域内具有最高计量特性的计量标准，称为计量基准。复现和保存计量基准的方法称为基准方法。计量基准是实现量值传递的物质基础，包括实物基准和量子计量基准等。

(1) 实物基准

实物基准是实物计量基准的简称。20世纪上半叶以前，基本单位量值的复现和保存均由实物来完成，实物基准一般为根据经典物理原理，用某种特别稳定的实际物体制作完成的。如保存在巴黎国际计量局的千克原器砝码采用物理化学稳定性极高的铂铱合金制作，其质量定义为质量单位千克；按X型铂铱合金米尺的刻线间距离定义长度单位米等。

实物基准的局限性非常明显：

① 实物基准使用当时最稳定的材料和最佳工艺制作而成，满足了当时对计量基准的准确度及稳定性要求。但实物制作完成后，一些不易控制的物理、化学过程使其特性发生缓慢变化，基准保存的量值也必然有所改变。以千克原器为例，铂铱合金缓慢地吸附气体，表面沾上微尘，使用过程中的磨损或划痕等都可能使其质量发生变化，而这些日积月累的变化很难量化。

② 最高等级的计量基准世界只能有一个或一套，一旦在发生天灾、战争或其他事故中损坏或丢失，就无法完全照原样复制，因而中断了原来连续保存的单位量值。

③ 从最高等级的实物基准逐级传递到工作计量器具，多次传递必然会降低其准确度。

以实物基准为最高等级的量值传递检定系统日益不能适应科学技术和现代化工业生产的需要，20世纪下半叶以来，出现了与传统实物基准完全不同的量子计量基准。

(2) 量子基准

量子基准又称自然基准，它以自然现象或物理效应来定义计量基本单位。例如，时间(频率)单位用铯原子的超精细能级的跃迁频率定义等。量子基准较实物基准具有明显的优点：

① 量子计量基准的准确度一般较实物基准高几个数量级。

② 量子基准不会因意外造成的损伤而不可复现。量子计量基准是一种物理实验装置，一旦损坏，可按照同样的原理建立。

③ 按照相同原理建立的量子基准实验装置，其复现的量值也相同，避免了计量基准的量值在多次逐级传递过程中造成的一系列问题。

(3) 计量基准的分类

计量基准根据其在量值传递过程中的作用,按层次可分为国家计量基准(主基准)、副计量基准和工作计量基准。

国家计量基准是经国家鉴定和批准的,用以复现和保存计量单位量值,作为统一全国量值最高依据的计量器具。国家计量基准是对其他有关计量基准定值的依据,是一个国家量值传递的起始点和计量科学技术水平的具体体现。国家计量基准是全国量值传递统一的唯一依据,具备最高的计量学特性(如最高的准确度、复现性、稳定性等),只有在非常必要的情况下才会使用。

副计量基准是通过与国家基准比对或校准来确定其量值,且经国家鉴定批准的计量器具。它作为复现计量单位的地位仅次于国家基准,它的建立、保存和使用应参照国家基准的有关规定。建立副计量基准的目的主要是代替国家基准的日常使用,也可以验证国家基准的变化。一旦国家基准损坏时,副计量基准可用来代替国家基准。

工作基准是通过与国家基准和副基准比较定值,经国家计量行政部门批准,实际用以检定计量标准的计量器具。设立工作计量基准的目的主要是为了不使国家计量基准和副计量基准因使用频繁而降低其应有的计量特性或遭受损失,其地位仅在国家计量基准和副计量基准之下,一般设置在国家计量研究机构,也可视需要设置在省级和部门的计量技术机构中。

2. 计量标准

计量标准是将计量基准量值传递到工作计量器具的一类计量器具,它是量值传递的中心环节。计量标准可以按不同准确度分成若干个等级,用于检定工作用计量器具。一般说来,工作计量器具的准确度低于计量标准,高精度工作计量器具的准确度高于低等级的计量标准。

计量标准在国家检定系统中的地位在工作基准之下,按法律地位、使用和管辖范围的不同可分为社会公用计量标准、部门计量标准和企事业单位计量标准。

(1) 社会公用计量标准

社会公用计量标准是经过政府计量行政部门考核、批准,作为统一本地区量值的依据,在社会上实施计量监督,具有公证作用的计量标准。在处理计量纠纷时,只有以计量基准或社会公用计量标准进行的仲裁检定,其测量数据才具有权威性和法律效力。最高社会公用计量标准必须向上一级政府计量行政部门申请考核,其他等级的社会公用计量标准由当地政府计量行政部门主持考核。经考核合格的社会公用计量标准,由当地政府计量行政部门颁发社会公用计量标准证书后方可使用。

(2) 部门计量标准

国务院有关主管部门和省级政府有关主管部门,根据本部门的特殊需要建立的计量标准即部门计量标准。部门计量标准只能在本部门内使用,作为统一本部门量值的依据,原则上只要社会公用计量标准能够满足需要,各部门可不必再制定计量标准。部门最高计量标准考核须经同级人民政府计量行政部门主持考核合格,发给计量标准合格证书后,由部门批准,在部门内部开展计量检定,实现量值传递。部门的次级计量标准由本部门自行组织考核合格后,经批准在本部门内使用。

(3) 企事业单位计量标准

企事业单位根据生产、科研、经营管理需要建立的计量标准是企事业单位计量标准。企事业单位的计量标准作为统一本单位量值的依据,只能在本单位内部使用,其最高计量标准须经与该单位主管部门同级的政府计量行政部门考核并发给计量标准合格证书,由单位主管领导批准向主管部门备案后,方可在本单位内部开展计量检定。国家规定:部门和企事业单位建立的计量标准未经有关计量行政部门授权,不准对社会开展计量检定。为确保计量结果的准确、可靠、一致,国家对各级社会公用计量标准和部门、企事业单位的最高计量标准实行强制检定。所谓强制检定,是指这种检定所涉及的法律规定不允许人们以任何形式违反、变更,当事者没有选择余地,必须按照规定办。

1.3.7 量值传递与溯源

科学技术的发展对量值的准确性和可靠程度的要求越来越高,不仅要在国内统一,而且还要满足国际上统一的要求。"量值传递"及其逆过程"量值溯源"是实现此项重大任务的主要途径和手段。

1. 量值传递

通过对计量器具的检定或校准,将国家计量基准所复现的计量单位量值传递到各等级计量标准的工作计量器具,以保证被测对象的量值准确和一致的全过程,称为量值传递。量值传递是统一计量器具量值的主要手段,是保证计量结果准确可靠的具体措施和技术保证。组织量值传递是计量部门的主要任务之一。

任何计量器具,由于种种原因,都具有不同程度的误差。计量器具的误差只有在允许的范围内才能使用,否则会带来错误的计量结果。要使新制造的、使用中的、修理后的、各种形式的、不同地区的同一种量值的计量器具都能在允许的误差范围内工作,必须依靠量值传递。对于新制的或修理后的计量器具,必须用适当等级的计量标准来确定其计量特性是否合格。对于使用中的计量器具,必须用适当等级的计量标准对其进行周期检定,用以确定其计量特性的变化是否在允许范围之内。

2. 量值溯源

同一量值,用不同的计量器具进行计量,若其计量结果在要求的准确度范围内达到统一,称为量值准确一致。量值准确一致的前提是计量结果必须具有“溯源性”。量值传递与溯源的关系可用图 1.1 清晰地表示出来。

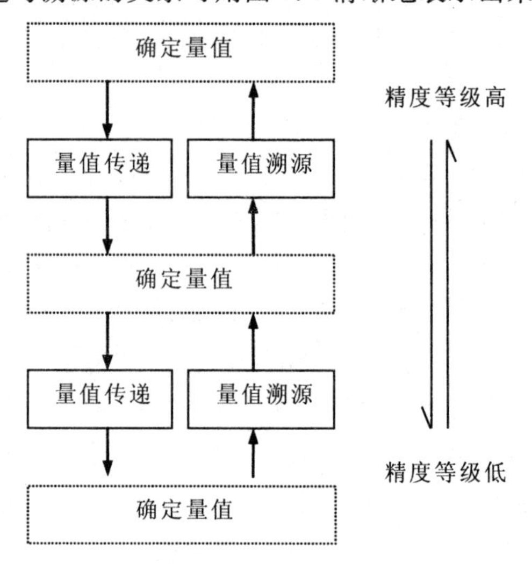

图 1.1 量值传递与溯源的关系

量值溯源是量值传递的逆过程,指的是通过不间断的比较链,使测量结果能够与国家计量基准或国家计量基准所复现的量值相联系,即被计量的量值必须具有能与国家计量基准直至国际计量基准相联系的特性。要获得这种特性,要求计量器具必须经过具有适当准确度的计量标准的检定,而该计量标准又受到上一等级计量标准的检定,逐级往上追溯,直至国家计量基准或国际计量基准。由此可见,溯源性的概念是量值传递概念的逆过程。

3. 量值传递与溯源的方式

量值传递与溯源的传统方式是把计量器具送到高一等级的计量标准部门去检定,对于不便运输的计量器具则由上级计量技术机构派人员携带计量标准到现场进行检定。此外,还可采用发放标准物质进行传递,发播标准信号进行传递等方式。

1.4 武器装备的计量保障

现代化的武器装备具有系统协调性强、高新技术多、质量可靠性要求高等特点。要把武器装备中来自不同单位、不同行业、不同地区生产的多种零件、部件和系统,按照预定要求,准确地进行连接、测量、控制,获得有效数据,并且要在质量上做到万无一失，没有一个健全完善的计量技术保障体系和计量监督管理体系是不可能实现的。因此，建立健全有效的计量监督管理体系，开展各项管理活动，为装备的科研、试验、生产与使用提供计量保证，并依照计量法律、法规和制度对计量保障的有效性进行管理监督，对完成国防装备计量具有极其重要的实际意义。

装备计量工作的任务是：通过计量法规的建设与实施，规范装备计量工作行为；通过计量标准装置的建立，开展溯源和量值传递工作，确保装备的性能和质量；通过计量科研工作，建立和完善装备测试手段和保障体系，提高试验质量和装备技术保障水平，促进装备作战效能的发挥；通过技术交流、培训与考核，加强计量工作人员管理，提高人员素质和技术水平；通过管理与监督，直接服务于装备检测，为装备的全寿命、全系统管理提供技术支持。

建立武器装备计量保障体系的主要内容包括：

(1) 建立具有相对权威的计量管理组织(包括组织管理机构和技术保障机构)，指挥和管理计量保障工作的实施。完善由指挥机关到技术阵地，职责明确、运行高效、能覆盖全区装备试验与维护，全系统、全寿命的计量保障网络。

(2) 建立明确的质量目标和方针政策。建立完整的质量标准、规范、程序，包括具有靶场特色的行政法规、技术标准和强制检定目录。制定各类人员、各技术部门的质量责任制。

(3) 建立满足新一代武器装备试验所需的计量标准装置与测试系统。根据需求，超前或同步建立适应发展的计量测试标准，形成规模适度，适应能力强，国家计量和军事计量相互补充的计量标准体系。

(4) 建立装备技术参数的量值传递系统。按检定系统表进行量值传递，保证各种测试设备的量值统一，保证装备及其计量标准在受控的环境下进行校准、调试和使用。

(5) 建立多方合作、灵活高效的联合计量保障模式。加强与工业部门、社会计量部门、科研院所的技术合作，开发和利用多种计量保障资源。

(6) 建立计量保障信息反馈体制，保证信息反馈及时准确。

思考题

1. 试述测量与计量的关系。
2. 试述电子测量的主要特点。
3. 如何选择测量方法?
4. 电子测量仪器有哪些基本类别?
5. 无线电计量中的国际单位制基本单位是什么?

6. 试述无线电计量的主要特点。
7. 对无线电计量实验室的基本要求有哪些?
8. 试述我国计量法规体系。
9. 计量基准和计量标准有何联系?
10. 什么是量值传递与溯源?
11. 武器装备计量保障工作的意义何在?

第 2 章　测量误差与数据处理

本章主要从如何提高测量精度和可靠性的角度出发，对测量误差的概念、误差的分析、测量数据的处理等方面进行分析和讨论。

2.1　测量误差基础知识

由测量的基本概念可知，测量结果是用实验方法将被测量与作为单位的同类量进行比较而确定的。但在测量过程中，由于人们对客观规律认识的局限性，测量工具的不准确，测量手段和方法的不完善，外界环境的变化以及工作中的疏忽或差错等原因，测量结果与被测量的真值并不相同，即出现了测量误差。

随着现代科学技术的发展，在很多测量中对减少误差提出了越来越高的要求。对很多测量来说，测量工作的价值完全取决于测量的精确度。当测量误差超过一定限度，测量工作和测量结果往往会变得毫无意义，甚至会带来巨大危害。

2.1.1　有关物理量的基本定义

测量误差是不可避免的，但不同的测量方法其误差的大小往往不同。我们的目的是在于寻找尽量减小测量误差的测量方法，以使测量结果尽可能地接近被测量的真值。在讨论测量误差之前，有必要首先明确与测量误差有关的几个物理量的含义。

（1）真值 A_0：在一定的时间及空间条件下，被测量所体现的真实数值。这个真实数值只有利用理想无误差引入的量具或测量仪器才能得到，实际是不可实现的。

（2）测量值 x：通过测量手段所获得的被测量的示值。测量值可以是在测量过程中从测量仪器获得的仪器示值，也可以是通过近似计算得到的近似值等等。

（3）实际值 A：用比测量仪器更高一级的标准仪器对被测量进行测量所得到的示值。

真值是物体客观存在的值，不会因为测量设备的改变而变化。而测量值是通过实验仪器测量得到的示值，会随着测量仪器的不同而改变。比如说，测量一根铅笔的直径，用游标卡尺和用普通的直尺，得到的结果（测量值）是不同的，这是因为两种仪器的精确度不一样。但事实上，不论你用何种仪器测量，铅笔的直径并没有改变(这就是真值)。

被测量的真值一般无法得到,通常用实际值 A 来近似代替真值 A_0。一般情况下,由于 A 是用更高一级的标准仪器测得的,虽然也存在误差,但比测量值 x 的误差要小。也就是说,A 并不等于 A_0,但 A 比 x 更接近真值 A_0。

2.1.2 测量误差的表示方法

影响测量精度的因素无处不在,测量结果总包含有误差。测量误差通常采用绝对误差和相对误差两种方式来表示。

1. 绝对误差

某量值的测得值 x 和真值 A_0之差称为绝对误差,通常简称为误差,用 Δx 表示,即

$$\Delta x = x - A_0 \tag{2-1}$$

真值是一个理想概念,是指观测量所具有的真实大小,一般是不知道的。为了解决在实际工作中对绝对误差的计算问题,可根据理论和实际需要,用测量应该得到的数值,即实际值 A 取代被测量的真实值 A_0进行绝对误差的计算, 即

$$\Delta x = x - A \tag{2-2}$$

为了与式(2-1)相区别,常将式(2-2)中的 Δx 称为示值误差。实际上,以后常用到的误差均是由式(2-2)所表示的示值误差。为方便起见,在以后的叙述中,我们将式(2-1)和式(2-2)所表示的 Δx 均称为绝对误差。

绝对误差 Δx 是一个有量纲的代数量。$\Delta x>0$ 表示测量值比真值大,$\Delta x<0$ 表示测量值比真值小,其量纲与测量值的量纲相同。

与绝对误差相联系的还有一个概念,即修正值。修正值 C 的定义为

$$C = -\Delta x = A - x \tag{2-3}$$

显然,修正值 C 与绝对误差 Δx 正好符号相反。通过检定,可以由上一级标准给出受检仪器的修正值,通过

$$A = x + C \tag{2-4}$$

便可以求出该仪器测得的实际值。例如,某电压表测得的示值为 10V,通过检定得到在 10V 刻度处的修正值为+0.5V,则由式(2-4)可得被测电压的实际值为 10+0.5=10.5V。

对于比较准确的仪器,常常以表格、曲线或公式的形式给出修正值。而现代自动测量仪器往往将修正值储存在仪器中,仪器在测量的同时可对测量结果自动进行修正。

绝对误差只表示测量误差的大小,当测量不同数量级的被测量时,利用绝对误差不能确切地表示出测量的精确程度。例如,测量 1cm 的误差为 1μm,测量 1m 的误差也是 1μm,绝对误差虽然一样,但精度明显不同。因此,若对测量的精

度或对测量仪器所具有的精度进行比较时，必须用相对误差作为相互比较的指标。

2. 相对误差

绝对误差 Δx 与测量真值 A_0 的比值的百分数称为相对误差，用 γ 表示，即

$$\gamma=\frac{\Delta x}{A_0}\times 100\% \qquad (2-5)$$

实践中，常用测量的实际值 A 代替 A_0 进行计算，此时的相对误差为

$$\gamma=\frac{\Delta x}{A}\times 100\% \qquad (2-6)$$

由此可见，同样 1μm 的误差，当测量值为 1cm 时，相对误差为 $1\times 10^{-6}/10^{-2}=10^{-4}$，而当测量值为 1m 时，相对误差仅为 $1\times 10^{-6}/1=10^{-6}$，相差 100 倍。

绝对误差可能是正值，也可能是负值，因而相对误差可能为正值或负值。由于测量真值一般是未知的，当测量误差不大时，还常用测量值 x 代替被测量的真值 A_0 进行相对误差的运算，即

$$\gamma_x=\frac{\Delta x}{x}\times 100\% \qquad (2-7)$$

此时的相对误差叫做示值相对误差。

【例 2.1】 测量两个电压，得到的测量值分别为 $V_1=102V$，$V_2=9.5V$，实际值为 $V_{A1}=100V$，　$V_{A2}=10.0V$，求两次测量的绝对误差和相对误差。

解：两次测量的绝对误差、相对误差分别为

$$\Delta V_1=V_1-V_{A1}=102-100=2V$$

$$\Delta V_2=V_2-V_{A2}=9.5-10.0=-0.5V$$

$$\gamma_1=\frac{\Delta V_1}{V_{A1}}=\frac{2}{100}\times 100\%=2.0\%$$

$$\gamma_2=\frac{\Delta V_2}{V_{A2}}=\frac{-0.5}{10.0}\times 100\%=-5.0\%$$

显然有 $|\Delta V_1|>|\Delta V_2|$，表明 V_1 偏离实际值 V_{A1} 的程度大。但同时 $|\Delta\gamma_1|<|\Delta\gamma_2|$，则表明 V_1 的测量准确度更高。

3. 分贝误差

在电子学中一些电参量常用分贝 dB 表示。例如，将一个电压或电流的真值 A_0 用分贝表示为

$$A_0[\mathrm{dB}]=20\lg A_0 \qquad (2-8)$$

此时，其测量误差也是一个用 dB 表示的值，叫做分贝误差 $\gamma[\mathrm{dB}]$，定义为

$$\gamma[\mathrm{dB}]=x[\mathrm{dB}]-A_0[\mathrm{dB}] \qquad (2-9)$$

式中，$x[\mathrm{dB}]$ 为测量值的分贝形式。根据式(2－1)，有

$$x[\mathrm{dB}]=20\lg(x)=20\lg(A_0+\Delta x)=20\lg A_0+20\lg(1+\frac{\Delta x}{A_0})$$
$$=A_0[\mathrm{dB}]+20\lg(1+\gamma) \quad (2-10)$$

与式(2—9)比较,可得分贝误差 $\gamma[\mathrm{dB}]$为

$$\gamma[\mathrm{dB}]=20\lg(1+\gamma) \quad (2-11)$$

同理,如果 A_0为功率量,则

$$\gamma[\mathrm{dB}]=10\lg(1+\gamma) \quad (2-12)$$

当 γ 不大时,式(2—11)与(2—12)可以近似为:

$$\gamma[\mathrm{dB}]\approx 8.69\gamma \text{ 或 } \gamma\approx 0.115\gamma[\mathrm{dB}] \quad (2-13)$$
$$\gamma[\mathrm{dB}]\approx 4.34\gamma \text{ 或 } \gamma\approx 0.230\gamma[\mathrm{dB}] \quad (2-14)$$

【例 2.2】 高频微伏表测量电压的误差为 0.5dB,其对应的相对误差是多少?

解:因为 0.5dB 的误差并不大,可用式(2—13)近似计算为

$$\gamma=0.115\gamma[\mathrm{dB}]=0.115\times 0.5=0.0575=5.75\%$$

4. 引用误差

引用误差 γ_m亦称为满度误差或额定误差,用绝对误差 Δx 与仪器的满刻度值 A_m之比来表示,即

$$\gamma_m=\frac{\Delta x}{A_m}\times 100\% \quad (2-15)$$

由于 γ_m 是绝对误差 Δx 与一个常数 A_m(量程上限即满刻度值)的比值,因而表示的是绝对误差的大小。

电工仪表正是按引用误差 γ_m 进行分级的。常用电工仪表分为 0.1、0.2、0.5、1.0、1.5、2.5、5.0 七级,分别表示它们的引用误差所不超过的正负百分比。显然,对一块满刻度值为 A_m 的 S 级($\gamma_m=S\%$) 仪表,当被测量的真值 $A_0<A_m$ 时, 有

$$\Delta x\leqslant A_m\cdot S\% \quad (2-16)$$

$$\gamma\leqslant\frac{A_m\cdot S\%}{A_0}=\frac{A_m}{A_0}\times S\% \quad (2-17)$$

由式(2—17)可看出, 相对误差 γ 与 A_m 与 A_0 的比值有关,当 A_0 越接近 A_m 时,相对误差越小。因此,用这类仪表测量时,选择量程应使被测值尽可能接近满刻度值,一般要求在满度值的 2/3 以上范围。

2.1.3 测量误差的分类

按照误差的特征规律,可将其分为系统误差、随机误差、粗大误差。

（1）系统误差，是指在重复性条件下，对同一被测量进行无限多次测量时，误差的绝对值和符号保持恒定，或在条件改变时，按一定规律变化的误差，有时也称为确定性误差。系统误差通常是由固定不变或按某一规律变化的因素造成的。系统误差虽有确定的规律性，但这一规律性并不一定确知。

（2）随机误差，是指在重复性条件下，对同一被测量进行无限多次测量时，误差的绝对值和符号随机变化，不可预知的误差。随机误差具有随机变量的一切特征，虽不具有确定的规律性，但却服从统计规律，其取值具有一定的分布范围，因而可利用概率论提供的理论和方法去研究它。

（3）粗大误差，是指明显歪曲了测量结果而使该次测量失效的误差，也称为疏失误差。含有粗大误差的测量值称为坏值或异常数据。对粗大误差，除了设法从测量结果中发现和鉴别并加以剔除外，重要的是保证测量条件的稳定，加强测量工作的责任心。

2.1.4 测量误差的来源

产生测量误差的原因多种多样，一般比较复杂。我们研究它的目的在于两个方面：一是针对原因在测量时尽量加以注意，避免产生误差；二是在不可避免地产生误差后，可以针对性地采取措施进行补救。测量误差大致有以下几种来源：

（1）设备误差：是指由仪器本身电气或机械性能不完善，量值不准或变化引起的误差。主要包括校准误差、刻度误差、分辨率误差、量化误差、稳定性误差以及内部噪声引起的误差等等。

（2）使用误差：是指使用过程中，由于仪器安装、调节、布置不当所引起的误差。例如，应当调零后使用的仪器在使用前未调零，规定水平安置的仪器水平度不达标，接地不良，仪器之间相互干扰等。

（3）方法误差：是指由测量方法不完善，特别是忽略、简化和数学模型的近似等引起的误差。例如，用万用表测量电流时，由于其具有内阻，当对测量电路本身的影响不能忽略时，就会产生所谓的方法误差。

（4）人员误差：是指由测量人员技术水平、个性、生理特点或习惯等引起的误差，如操作人员在计数时习惯性地过高估计数据等。

（5）环境误差：是指由环境因素与要求的标准状态不一致而产生的误差，如环境温度、湿度、工作电压、电磁场干扰、振动引起的误差。

2.1.5 测量结果的评价

测量结果可以用精密度、正确度和准确度来评价。

精密度表示测量结果中随机误差的大小程度，简称精度。随机误差越小，测量值越集中，测量的精密度越高。反之，测量值越分散，测量精密度越低。可以采用多次测量取平均值的方法减小随机误差的影响，提高精密度。

正确度表示测量结果中系统误差的大小程度。系统误差越大，正确度越低；系统误差越小，正确度越高。

准确度是测量结果系统误差与随机误差的综合，表示测量结果与真值的一致程度。在一定的测量条件下，总是力求测量结果尽量接近真值，即力求准确度高。

测量结果准确度的涵义可用图 2.1 来表示，图中空心点为测量值的真值 A_0，实心黑点为多次测量值 x_i。其中，图 2.1A 显示 x_i的平均值与 A_0数值相差不大，但数据比较分散，说明正确度高而精密度低；图 2.1B 显示 x_i的平均值与 A_0相差较大，但数据集中，说明精密度高而正确度低；图 2.1C 显示 x_i的平均值与 A_0数值相差很少，而且数据又集中，说明测量的正确度、精密度都很高，即测量准确度高。

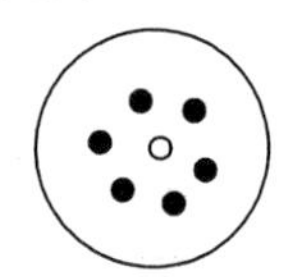
(A)正确度高，精密度低

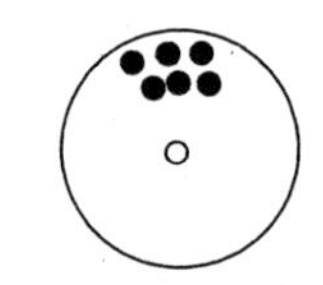
(B) 精密度高，正确度低

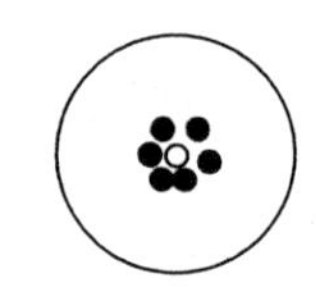
(C) 正确度、精密度均高

图 2.1 精密度、正确度与准确度图解

任何一次测量结果都可能含有系统误差和随机误差，因而仅用正确度或精密度来衡量是不完全的。精密度高的不一定正确度高，正确度高的不一定精密度高，只有准确度才能对测量结果进行确切的评价。

2.1.6 测量结果的表示

每一个测量结果都存在测量不确定度。测量不确定度是指由于存在测量误差而使被测量值不能得到肯定的程度，是测量结果中含有的一个参数，用以表示被测量值的分散性。测量结果不但要标明其量值，还应标出测量不确定度才是完整、准确和可靠的。不确定度越小，表明测量结果的质量越高，使用价值越大，其测量水平也越高。

因此，一个完整的测量结果应包含被测量值的估计与分散性参数两部分。例如，某测量结果为(9.25±0.05)kg，其中 9.25kg 就是被测量值的估计，具有的测量不确定度为 0.05kg，说明实际值在(9.20～9.30)kg 范围内。

有时，可使用绝对误差和相对误差共同表示测量精度。如衰减器的精度为±(1%+0.1dB)，万用电桥测量电感的误差为±(2%+1μH)等等。当在测量范围低端时，误差中的绝对误差部分起主要作用，反之，相对误差部分起主要作用。

还需要指出:仪器的示值和读数是有区别的,初学者往往容易混淆。读数通常是指从仪器的刻度盘、显示器等读数装置上直接读到的数字,示值则是该读数所代表的被测量的数值。一般情况下,读数与示值有所不同,通常要把读数经过简单的计算、查表或曲线才能得到示值。例如,用指针型三用表测量电压时,面板刻度为线性 0～500,量程为 100 V,当指针指在"400"刻度时,这时的读数应为"400",其示值 v 为

$$v=\frac{100}{500}\times 400=80V \tag{2-18}$$

为避免差错和便于查对,在记录测量结果时,除读数及其相应的示值外,还应同时记下尽可能多的信息。

2.2　随机误差

2.2.1　随机误差的概念

在对同一观测量的多次测量过程中,每个测得值的误差以不可预知方式变化,但整体上服从一定统计规律的测量误差称为随机误差。

随机误差是由尚未被认识和控制的规律或因素导致重复测量时观测值的变化,故而不能修正,也不能消除,只能根据其本身存在的某种统计规律,用增加测量次数的方法加以限制和减小。图 2.2 是测量值的随机误差 δ 与测量次数 N 之间的关系曲线。从图中可以看出,δ 随 N 的增加而减小,并且开始较快,逐渐变慢。在一般测量中,取 $N=10$ 就够了。

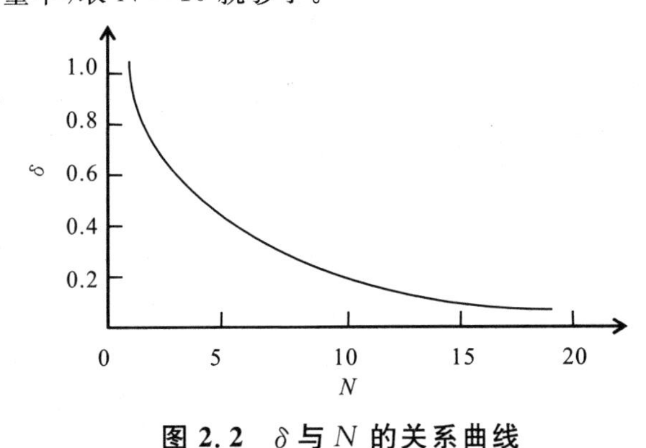

图 2.2　δ 与 N 的关系曲线

2.2.2　随机误差的特性

随机误差具有随机变量所固有的统计分布规律,不同的随机误差具有不同

分布的统计特征。随机误差的统计规律性，主要可归纳为对称性、有界性、抵偿性和单峰性。

(1) 观测结果中，给定概率 P 的随机误差的绝对值不超出一定的范围，即所谓的有界性。

(2) 当测量次数足够多时，绝对值相等的正误差与负误差出现的概率相同，测得值是以它们的算术平均值为中心对称分布的，即所谓的对称性。

(3) 当观测次数无限增加时，所有误差的代数和、误差的算术平均值的极限都趋于零，即所谓的抵偿性。

(4) 一系列的测得值是以它们的算术平均值为中心而相对集中地分布的，绝对值小的误差比绝对值大的误差出现的机会多，即所谓的单峰性。

应该说明，上述性质是对常见正态分布类测量进行大量实验的统计结果。其中的有界性、对称性和单峰性不一定对所有的误差都存在，而抵偿性是随机误差的最本质特征。

2.2.3 随机误差的估计

随机误差的处理实质上就是在一系列重复测量中，按误差的概率分布规律求出最佳近似值及估算真值的准确程度。最常用的随机误差计算方法是求均方根误差。均方根误差也称标准偏差，常作为测量结果的标准不确定度的表征量。

1. 最佳估值

设 $x_1, x_2, \cdots, x_n$ 为各次测量所得的值，被测量的真值为 A_0，则算术平均值 $\bar{x}$ 可表示为

$$\bar{x} = \frac{1}{n}\sum_{i=1}^{n} x_i \tag{2-19}$$

假如各测量值中不含系统误差和粗大误差，则第 i 次测量值 x_i 与真值 A_0 之间的绝对误差就等于该次测量的随机误差 δ_i，即

$$\delta_i = x_i - A_0 \tag{2-20}$$

于是

$$\sum_{i=1}^{n}\delta_i = \sum_{i=1}^{n} x_i - nA_0 \tag{2-21}$$

从而可得

$$\frac{1}{n}\sum_{i=1}^{n}\delta_i = \bar{x} - A_0 \tag{2-22}$$

由随机误差的抵偿性可知

$$\lim_{n\to\infty}\frac{1}{n}\sum_{i=1}^{n}\delta_i \to 0 \tag{2-23}$$

即 $n \to \infty$时，$\bar{x} = A_0$。

由此可见，当基本消除系统误差且剔除粗大误差后，虽然仍有随机误差存在，但足够多次测量的算术平均值很接近被测量真值，因此可将它作为最后测量结果，并称之为被测量的最佳估值或最可信赖值。

2. 剩余误差

当进行有限次测量时，$\bar{x}$ 与 A_0 存在差别，定义各次测量值 x_i与算术平均值 $\bar{x}$ 之差为剩余误差或残差，用 r_i表示，即

$$r_i = x_i - \bar{x} \tag{2-24}$$

剩余误差 r_i的代数和为

$$\sum_{i=1}^{n} r_i = \sum_{i=1}^{n} x_i - n\bar{x} = \sum_{i=1}^{n} x_i - n\frac{1}{n}\sum_{i=1}^{n} x_i = 0 \tag{2-25}$$

可见，剩余误差的代数和总是为零。当 n 足够大时，均值 $\bar{x}$ 趋近于真值 A_0，剩余误差 r_i也就趋近于随机误差 δ_i了。

3. 均方根误差

由于随机误差的存在，各个测得值一般各不相同，它们围绕着观测量的真值随机分布。随机误差反映了实际测量的精密度，即测量值的分散程度，一般用均方根误差来描述。均方根误差 σ 的定义式为

$$\sigma = \lim_{n \to \infty}\sqrt{\frac{1}{n}\sum_{i=1}^{n}\delta_i^2} = \lim_{n \to \infty}\sqrt{\frac{1}{n}\sum_{i=1}^{n}(x_i - A_0)^2} \tag{2-26}$$

σ 所表征的是一个被测量的 n 次测量所得结果的分散性，因而也称为标准偏差或标准差。

标准差是在 $n \to \infty$条件下导出的，当 n 为有限次测量时，可由贝塞尔公式得出标准差的估计值 $\hat{\sigma}$

$$\hat{\sigma} = \sqrt{\frac{1}{n-1}\sum_{i=1}^{n}(x_i - \bar{x})^2} \tag{2-27}$$

标准差非常重要，而且实用。根据随机误差的分布规律，单次测量的极限误差一般不会超过标准差的三倍，可以据此判断和筛除测量数据中的坏值。

4. 算术平均值标准差

如果在相同条件下做多组测量，每组测量相同次数 n，由每组测量数据都可算得一个算术平均值 $\bar{x}_i$。显然，$\bar{x}_i$ 也是一个随机变量，其标准差为算术平均值的标准差，用 $\hat{\sigma}_{\bar{x}}$ 表示。根据统计学原理，有限次测量的 $\hat{\sigma}_{\bar{x}}$ 与 $\hat{\sigma}$ 之间存在关系

$$\hat{\sigma}_{\bar{x}} = \frac{\hat{\sigma}}{\sqrt{n}} \tag{2-28}$$

可见，$\hat{\sigma}_{\bar{x}}$ 仅为 $\hat{\sigma}$ 的 $1/\sqrt{n}$。这是由于在进行平均处理的过程中，随机误差在

很大程度上互相抵消的缘故。

算术平均值标准差也是一个重要参数。因为根据统计学原理，测量结果的不确度通常为算术平均值标准的2～3倍。

2.3 系统误差

系统误差在测量过程中是确定值或服从一定的变化规律。重复测量时，系统误差不具有抵偿性，且不易被发现。因此，要尽可能地发现和排除造成系统误差的各种因素。

2.3.1 系统误差的产生原因

系统误差主要由以下几方面的因素造成：

(1) 测量装置的因素：由于测量时所使用的量具或仪器结构上的不完善或零部件制造质量不够理想，安装不准确所造成的误差。

(2) 测量环境的因素：测量仪器、测量工具没有在规定条件下使用，由于环境温度、湿度、气压、电源电压、外界电磁场等因素的影响，使测量产生按一定规律变化的附加误差。

(3) 测量方法的因素：由测量原理、测量方法不够完善而引起误差，例如采用近似的测量方法或计算公式引起的误差等。

(4) 人为误差：由操作人员的个人特点，即分辨能力、感觉器官的灵敏程度、生理变化、反应速度和固有习惯等因素引起误差。

2.3.2 系统误差的分类与特征

根据系统误差在测量过程中所具有的不同变化特性，可将系统误差分为恒定系统误差和可变系统误差两大类。

1. 恒定系统误差

在整个测量过程中，误差大小和符号均固定不变的系统误差，称为恒定系统误差。如某量块的公称尺寸为10mm，实际尺寸为10.001mm，若将按其公称尺寸使用，则始终会存在0.001mm的系统误差。

2. 可变系统误差

在整个测量过程中，误差随测量位置或时间的变化而发生有规律变化的系统误差，称为可变系统误差。根据变化规律的不同，它又可分为以下几种：

(1) 线性变化系统误差：在整个测量过程中，随着测量位置或时间的变化，误差值成比例地增大或减小，称该误差为线性变化系统误差。例如，由汽车里程表不准引起的误差，会随着行程的增大而不断增加。

(2) 累进变化系统误差：在整个测量过程中，随着测量位置或时间的变化，误差值呈非线性、单调地增大或减小，称该误差为累进变化系统误差。如电池电动势在使用过程中因放电而逐渐下降所形成的误差等。

(3) 周期性变化系统误差：在整个测量过程中，随着测量位置或时间的变化，误差按周期性规律变化，称其为周期性变化系统误差。例如，昼夜温度变化引起的测量误差，其变化周期大约为 24 小时。

(4) 复杂规律变化系统误差：在整个测量过程中，随着测量位置或时间的变化，误差按确定的更为复杂的规律变化，称其为复杂规律变化系统误差。

图 2.3 为各类特征的系统误差曲线图，各条曲线表示随测量时间 t 的变化呈现出不同特征的系统误差 ε。其中，曲线 a 是恒定系统误差，曲线 b 是线性变化系统误差，曲线 c 是累进变化系统误差，曲线 d 是周期性变化系统误差，曲线 e 是复杂规律变化系统误差。

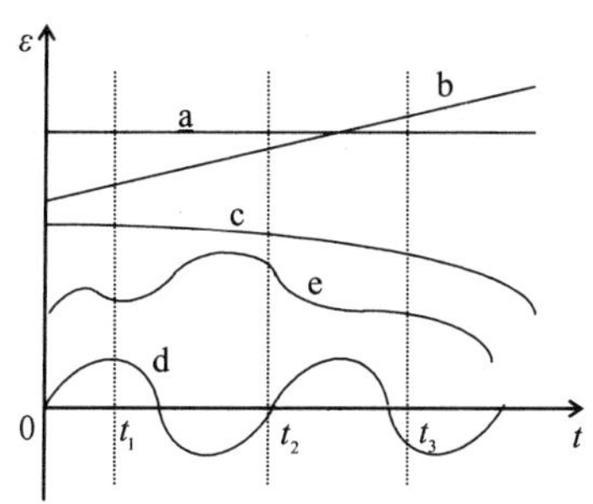

图 2.3　系统误差曲线

2.3.3　系统误差的发现方法

因为系统误差的数值往往比较大，必须消除系统误差的影响，才能有效地提高测量准确度。消除系统误差首先是发现系统误差。发现系统误差是一件困难而又复杂的工作，没有适用于发现各种系统误差的普遍方法，必须根据具体测量过程进行全面仔细的分析。下面仅介绍适用于发现某些系统误差常用的几种方法。

1. 实验比对法

实验比对法是一种常用方法，它是通过改变产生系统误差的条件，进行不同条件下的测量，以发现系统误差的方法，适合于发现恒定系统误差。如一标准电阻按标称值使用时，测量结果中就存在由电阻偏差产生的恒定系统误差，多次测量也无济于事，只有用另一只更高等级的电阻进行对比测量时才能发现它。

2. 残余误差观察法

残余误差是各次测量值与算术平均值之差，即 $r_i = x_i - \overline{x}$ 。残余误差观察法是根据测量列出残余误差大小和符号的变化规律，直接由误差数据或误差曲线图形来判断有无系统误差。这种方法主要适用于发现有规律变化的系统误差。例如，若残余误差按近似的线性规律递增或递减，且在测量开始与结束时误差符号相反，则可判断测量结果中存在线性系统误差，如图 2.4A 所示；若残余误差符号有规律地逐渐由负变正、再由正变负，且循环交替重复变化，则可判断测量结果中存在周期性系统误差，如图 2.4B 所示。

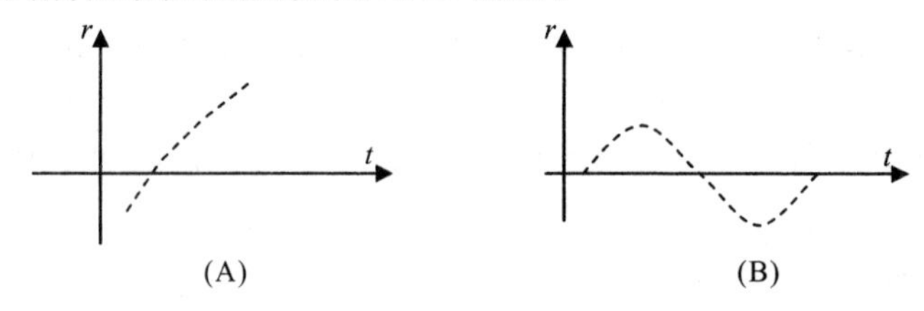

图 2.4 残余误差分布图

另外，发现系统误差的方法还有：用马利科夫准则发现线性变化的系统误差；用阿卑一赫梅特准则可有效地发现周期性系统误差；用不同公式计算标准偏差来判断是否存在系统误差。在此不作一一解释。

一般情况下，在具有高准确度测量仪器和较好的测量条件时，可用实验比对法发现不变的系统误差，残余误差观察法是发现组内系统误差的有效方法。

2.3.4 系统误差的减小和消除

减小和消除系统误差的方法与具体的测量对象、测量方法以及测量人员的经验有关，下面介绍几种最基本的方法。

1. 从产生误差根源上消除误差

在测量之前，应该尽可能预见到系统误差的来源，并设法消除或者使其影响减少到可以接受的程度。它要求测量人员对测量过程中可能产生系统误差的各个环节进行细致分析，并在正式测量前就将误差从产生根源上加以消除。例如，为了防止测量过程中仪器零位的变动，测量开始和结束时都需检查零位；测量仪表经校准后再投入使用；如果误差是由外界条件引起的，应在外界条件比较稳定时进行测量，当外界条件急剧变化时应停止测量等。

2. 用修正方法消除系统误差

预先将测量器具的系统误差检定出来或计算出来，做出误差表或误差曲线，然后取与误差数值大小相等而符号相反的值作为修正值，将实际测得值加上相应的修正值，即可得到不包含该系统误差的测量结果。由于修正值本身也包含有一定的误差，因此用这种方法不可能将全部系统误差修正掉，总要残留少量的系统误差。由于这些残留的未知系统误差相对于随机误差而言已经不明显，往往可以把它们统归成随机误差来处理。

3. 采用有效的测量方法，消除或减弱系统误差对测量结果的影响

(1) 采用对置法可消除恒定系统误差。这种方法的实质是交换某些测量条件，使得引起恒值系统误差的原因以相反的方向影响测量结果，从而中和其影响。对置法也称交换法。

(2) 采用对称观测法可消除线性系统误差。就是将测量以某一时刻为中心对称地安排，取各对称点两次测定值的算术平均值作为测量结果，即可达到消除线性系统误差的目的。由于许多系统误差都随时间变化，而且在短时间内可认为是线性变化，如果条件允许，均宜采用对称观测法消除系统误差。

(3) 采用半周期法可以很好地消除周期性系统误差。对周期性系统误差，可以相隔半个周期进行两次测量，取两次读数平均值，即可有效地消除周期性系统误差。例如，仪表指针的回转中心与刻度盘中心有偏心所引起的周期性系统误差，就可采用半周期法予以消除。

2.4 粗大误差

由前面的讨论可知，随机误差有界限，在一定测试条件下随机误差的分布处于有限的范围内。如果测量误差超过这个界限，则认为测量该值时存在粗大误差。

实际测量中测量次数 n 较多时，以 3σ 的误差作为极限误差或随机不确定度。在测量数据中，如果剩余误差 $r_i = x_i - \bar{x} > 3\sigma$，则认为该测量值 x_i 存在粗大误差，应予以剔除。这种判断准则称为莱特准则或称 3σ 准则。

2.5 测量结果的数据处理

通过实际测量取得测量数据后，通常还要对这些数据进行计算、分析与整理，有时还要把数据归纳成一定的表达式或画成表格、曲线等，也就是要进行数据处理。数据处理就是根据测量所得到的原始数据，削除或减小各种误差的影响，求出被测量的最佳估计值，并计算其准确程度。

2.5.1 有效数字的取舍规则和运算规则

1. “四舍六入五配偶”原则

如果有效数字要保留的位数 N 已确定，则第 N 位以后(右边)多余的数据应舍去，取舍的规则为：

(1) 若第 N 位数字后面的数字大于 5，则第 N 位的数字加 1。如要求把 0.366保留到小数点后两位数，结果应为 0.37。

(2) 若第 N 位数字后面的数字小于5,则第 N 位数字后面的数据全部舍去。如要求把1.664保留到小数点后两位数,结果应为1.66。

(3) 若第 N 位数字后面的数字等于5,则根据第 N 位上的数字是偶数还是奇数而定:如果第 N 位的数字为偶数,则将后面的数据全部舍去;如果第 N 位的数字为奇数,则将第 N 位数字加1配成偶数。例如,若要将1.0265和1.0255都保留到小数点后面三位数,结果均为1.26。

2. 有效数字的运算规则

(1) 加减法运算

首先对各原始数据按要求进行取舍,使取舍后的各数据比小数点后位数最少的数据多保留一位小数,然后再进行加减运算,最后对运算结果进行取舍,使其小数点后面的位数与原始数据中小数点后位数最少的项相同。例如,以下运算结果保留到小数点后面两位数。

$$24.05 + 0.032 + 4.7051 = 24.05 + 0.032 + 4.705 = 28.787 = 28.79 \tag{2-29}$$

(2) 乘除运算

先对各原始数据进行取舍,使取舍后的各数据比小数点后位数最少的数据多保留一位小数,然后再进行乘除运算,最后对运算结果进行取舍,使其有效数字的位数与原有效数字位数最少的原始数据相同。例如,以下运算结果保留到小数点后面一位数。

$$1.05782 \times 14.21 \times 4.52 = 1.058 \times 14.21 \times 4.52 = 67.954493 = 68.0 \tag{2-30}$$

(3) 乘方与开方运算

按照正常的乘方及开方进行运算,运算结果比原始数据多保留一位有效数字。例如,以下运算结果保留到小数点后面一位数。

$$25.6^2 = 655.36 = 655.4 \tag{2-31}$$

2.5.2 测量数据的分析处理

数据处理的任务就是对测量所获得的一系列数据进行深入的分析,以便得到各被测量之间的关系,例如使用数学分析的方法,找出各被测量之间的函数关系。

1. 直接测量数据的表示方法

直接测量数据可采用表格法、图示法和经验公式法表示。

(1) 表格法:应根据测试的目的和内容,设计出合理的表格,把所得直接测量数据填入。表格法具有简单、快捷的优点,是图示法和经验法的基础,但难以形象地观察直接测量数据所反映的被测量变化趋势或规律。

（2）图示法：可以先根据原始数据的特征选定合适的坐标轴及其单位，然后逐一标注各测量数据的位置，再将各图示点进行小规模分组（通常以 2～4 个点为一组），画出穿过各组图示点的重心位置的光滑曲线。图示法形象、直观，但难以直接进行数学分析。

（3）经验公式法：用与图形对应的数学公式表示所有的测量数据，并把与曲线对应的公式称为经验公式，常用的方法包括最小二乘法和一元线性回归法。

2. 一次测量数据的误差分析

在大多数的工程测量中，人们不需要确定误差的实际大小，而只要知道误差的范围就可以了。此时，只需对被测量进行一次测量即可。如果进行直接测量，仪器的基本误差（容许误差）就是测量误差的最大数值；如进行间接测量，误差可根据直接测量计算。

如果两个测量数据 A、B 的绝对误差分别为 ΔA 和 ΔB，则

（1）当 C 为 A 和 B 的和或差时，有

$$C \pm \Delta C = (A \pm \Delta A) \pm (B \pm \Delta B) \tag{2-32}$$

因为 ΔA、ΔB 可正可负，所以应从最不利的情况考虑。当两个量相加时，误差可能均取同号，而相减时误差可能取异号，此时

$$\Delta C = \Delta A + \Delta B \tag{2-33}$$

即间接测量的误差是相加或相减两个量的误差之和。

（2）当 D 为 A、B 之积时，

$$\begin{aligned} D \pm \Delta D &= (A \pm \Delta A)(B \pm \Delta B) \\ &= AB \pm A\Delta B \pm B\Delta A \pm \Delta A\Delta B \end{aligned} \tag{2-34}$$

与 $A\Delta B$、$B\Delta A$ 相比，$\Delta A\Delta B$ 可以忽略不计，此时

$$\Delta D = A\Delta B + B\Delta A \tag{2-35}$$

（3）当 E 为 A、B 之商时，则有

$$\begin{aligned} E \pm \Delta E &= \frac{A \pm \Delta A}{B \pm \Delta B} = \frac{(A \pm \Delta A)(B \mp \Delta B)}{B^2 - \Delta B^2} \\ &\approx \frac{AB \pm A\Delta B \pm B\Delta A \pm \Delta A\Delta B}{B^2} \end{aligned} \tag{2-36}$$

同样，从最不利的情况考虑，忽略二次项，可得

$$\Delta E = \frac{1}{B^2}(B\Delta A + A\Delta B) \tag{2-37}$$

3. 多次测量数据的分析处理

直接测量数据中可能同时包含系统误差、随机误差和粗大误差，采取适当的数据处理方法有利于获得被测量的最佳估计值，并计算其准确度。为强调数据处理的原理和方法，降低计算的复杂度，下面仅以等精度测量数据处理为例，介

绍多次直接测量数据的处理方法。

等精密度测量是指在测量过程中，影响测量误差的各因素不变，在相同的环境条件下、由同一测量人员在同一台仪器上、采用同样的测量方法、对同一被测量进行的多次测量。等精度测量数据的处理步骤如下：

(1) 用修正值等方法减小恒定系统误差的影响；

(2) 记录并表示各测量数据 x_i，将测量数据采用合适的方法记录并表示出来，如用表格法将数据按测量的先后顺序列于表格中；

(3) 计算测量数据的算术平均值 $\bar{x}=\frac{1}{n}\sum_{i=1}^{n}x_i$ ；

(4) 计算每个测量数据的剩余误差 $r_i=x_i-\bar{x}$ ；

(5) 计算标准偏差的估计值 $\hat{\sigma}=\sqrt{\frac{1}{n-1}\sum_{i=1}^{n}r_i^2}$ ；

(6) 判断并剔除粗大误差：将标准偏差与各数据的剩余误差进行比较，剔除大于 $3\hat{\sigma}$ 所对应的所有原始测量数据，再将剩余的数据重新计算平均值、剩余误差、标准偏差并比较，直到所有数据的剩余误差都小于 $3\hat{\sigma}$ 为止，即数据中不再含有粗大误差；

(7) 求算术平均值的标准偏差估计值 $\hat{\sigma}_{\bar{x}}=\frac{\hat{\sigma}'}{\sqrt{n'}}$（$n'$ 为去除粗大误差后剩余数据的个数，$\hat{\sigma}'$ 为去除粗大误差后剩余数据的标准偏差）；

(8) 求出算术平均值的不确定度 $\lambda=t_a\hat{\sigma}_{\bar{x}}$，当 n 足够大时，可取 $t_a=3$；

(9) 给出测量报告，测量结果由两部分组成，即 $x=\bar{x}\pm\lambda$。

需要注意的是，为避免误差累计，计算过程中可保留两位欠准数字，但最后的结果应按有效数字的规定处理，即保留一位欠准数字。

【例 2.3】 对某一电压进行 12 次等精密度测量，测量数据 x_i 中已计入修正值，具体数值如表 2.1 所示，要求给出包括不确定度在内的测量结果表达式。

表 2.1　测量数据　　单位：V

i	x_i	i	x_i	i	x_i	i	x_i
1	205.30	5	206.65	9	205.71	13	205.21
2	204.94	6	204.97	10	204.70	14	205.19
3	205.63	7	205.36	11	204.86	15	205.21
4	205.24	8	205.16	12	205.35	16	205.32

解：求解过程按以下步骤进行：

(1) 按定义求得 $\bar{x}=205.30\text{V}$；

(2) 计算剩余误差 $r_1,r_2,\cdots,r_{16}$ 并填入表 2.2 中；

(3) 按定义求得 $\hat{\sigma}=0.4434$；

(4) 根据 $|r_i| > 3\hat{\sigma} = 1.3302$ 为坏值的准则，判断第5个测量值206.65为坏值，予以剔除，重新计算15个数据的平均值 $\bar{x}' = 205.21$，$\hat{\sigma}' = 0.27$，并重新检查坏值，剩余数据全部有效；

(5) 计算 $\hat{\sigma}_{\bar{x}} = \dfrac{\hat{\sigma}'}{\sqrt{n'}} = 0.27/\sqrt{15} = 0.07$；

(6) 计算不确定度 $\lambda = 3\hat{\sigma}_{\bar{x}} = 3 \times 0.07 = 0.21$；

(7) 将测量结果表示为 $x = \bar{x} \pm 3\hat{\sigma}_{\bar{x}} = 205.2 \pm 0.2V$ 。

表 2.2　测量数据与误差　　　　单位：V

n	x_i	r_i	r'_i	n	x_i	r_i	r'_i
1	205.30	0.00	0.09	9	205.71	0.41	0.50
2	204.94	−0.36	−0.27	10	204.70	−0.60	−0.51
3	205.63	0.33	0.42	11	204.86	−0.44	−0.35
4	205.24	−0.06	0.03	12	205.35	0.05	0.14
5	206.65	1.35	—	13	205.21	−0.09	0.00
6	204.97	−0.33	−0.24	14	205.19	−0.11	−0.02
7	205.36	0.06	0.15	15	205.21	−0.09	0.00
8	205.16	−0.14	−0.05	16	205.32	0.02	0.11

思考题

1. 什么是测量误差？

2. 绝对误差与相对误差有何联系与区别？

3. 如何理解系统误差、随机误差与粗大误差？

4. 如何评价与表示测量结果？精密度与准确度有何区别？

5. 理解测量值、标称值和典型值的概念。

6. 随机误差有哪些特性？

7. 随机误差如何估计？

8. 试述均方根误差的物理意义与实用价值。

9. 系统误差有什么特点？如何发现与防范？

10. 有一批测量数据为34.3245、2013.01、5.903、10.043，请进行算术平均处理，要求保留四位有效值。

11. 根据伏—安特性测量电阻时，当电压值为5.0±0.1V，电流值为0.5±0.01A时，电阻值为多少？

12. 对某电压重复测量的数据为12.003V、12.004V、12.003V、12.006V、12.012V、12.005V、12.004V、12.006V、12.003V、12.006V，请分析处理测量结果。

第3章 信号发生器

本章介绍信号发生器的功能、分类和基本结构，重点对函数信号发生器、合成信号发生器和脉冲信号发生器的组成、工作原理、特点和应用进行分析和讨论。

3.1 概述

信号发生器也称信号源，是最基本的电子测量仪器之一。可以说，离开信号发生器，电子测量几乎无法进行。

3.1.1 信号发生器的功能与分类

1. 信号发生器的功能

在设备的研制、生产、使用、测试和维修过程中，经常需要信号源产生不同频率、不同形式的电压或电流信号加到被测器件或设备上，通过观测其输出响应来分析被测对象的性能参数(如图3.1所示)，这也是信号发生器的基本功能和用法。

图3.1 信号发生器的用途

在电子测量过程中，信号发生器主要发挥以下功能：

(1) 激励源功能。如测量电感、电容的Q值，测量接收机的灵敏度、选择性、AGC范围，测量网络的冲激响应和时间常数等。

(2) 校准源功能。如输出频率、幅度准确的正弦信号，校准仪表的衰减器、增益、刻度及频率响应等。

(3) 环境模拟器功能。如模拟生成复杂的电磁信号环境，测试、评估电子装备的抗干扰性能等。

2. 信号发生器的分类

信号发生器的种类繁多，性能各异，分类方法不尽相同。下面简要介绍几种常见的分类方法。

(1) 按频率范围划分

根据输出信号的频率覆盖范围，对无线电测量用正弦信号发生器进行分类是传统的分类方法(如表3.1所示)。需要说明的是,表中的频段划分和频率范围不是绝对的,可能会出现一定的差别。

表3.1　按频率范围划分信号源类型

类型	频率范围	应用
超低频信号发生器	0.1mHz～1kHz	地震测量、声纳、医疗、机械测量
低频信号发生器	1Hz～1MHz	音频、通信设备、家电等测试、维修
视频信号发生器	20Hz～10MHz	电视设备测试、维修
高频信号发生器	300kHz～30MHz	短波等无线通信设备、电视设备测试、维修
甚高频信号发生器	30MHz～300MHz	超短波等无线通信设备、电视设备测试、维修
特高频信号发生器	300MHz～3GHz	UHF超短波、微波、卫星通信设备测试、维修
超高频信号发生器	3GHz以上	雷达、微波、卫星通信设备测试、维修

(2) 按用途划分

根据用途的不同,信号发生器可以分为通用信号发生器和专用信号发生器两大类。

通用信号发生器是为测量各种基本或常见的参量而设计的,具有较大的适用范围。低频信号发生器、高频信号发生器、脉冲信号发生器等都属于通用信号发生器的范畴。

专用信号发生器是为某种特殊的测量而研制的,只适用于特定的测量对象和测量条件,如调频立体声信号发生器、电视信号发生器、GPS信号发生器等。

(3) 按输出波形划分

根据输出信号波形的不同,信号发生器可分为正弦信号发生器、脉冲信号发生器、函数信号发生器、任意信号发生器和噪声信号发生器等。

实际应用中,正弦信号发生器的应用最广泛,常用来测量频率、频响、增益、非线性失真等参数。首先,正弦波经过线性系统后,其输出仍为同频正弦波,不会产生畸变,线性系统内部所有的电压、电流也都是同频的正弦信号,只是幅值和相位会有所差别;其次,若已知线性系统对一切频率(或某个频率范围)的外加正弦信号的响应,就能完全确定该系统在线性范围内对任意输入信号的响应。最后,对于非线性系统,利用正弦信号输入可以方便进行谐波失真测量。

(4) 按调制方式划分

根据调制方式的不同,信号发生器可分为模拟调制和数字调制两大类。模拟调制包括调幅、调频、调相等类型,数字调制包括FSK、PSK、QAM等类型。

(5) 按性能指标划分

根据信号发生器的性能指标,信号发生器可分为一般型和标准型两类。前者对输出信号的准确度、稳定度以及波形失真等要求不高，属于低档仪器；后者输出信号的频率、幅度等通常连续可调，读数准确、稳定，属于中、高档仪器，常用于校准及高精度测量。

3.1.2 信号发生器的组成与工作原理

不同类型的信号发生器，其性能和用途虽不相同，但基本构成却是类似的，一般包括振荡器、变换器、输出电路、指示器及电源五个部分（如图 3.2 所示）。

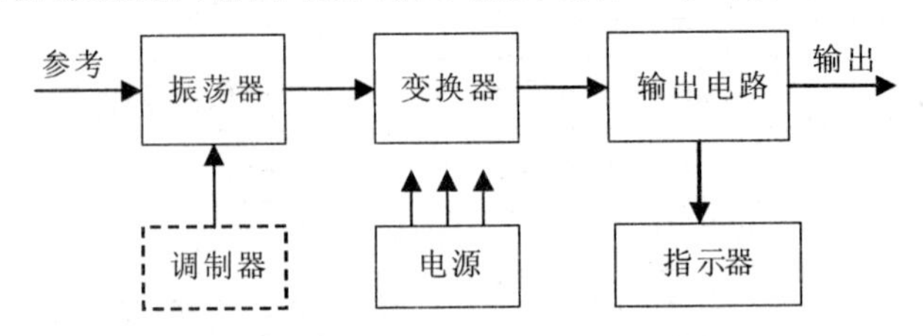

图 3.2 信号发生器的基本组成框图

1. 振荡器

振荡器是信号发生器的核心部分，负责产生各种不同频率的信号，通常是正弦波振荡器或自激脉冲发生器。振荡器决定了信号发生器的一些重要工作特性，如频率范围、频率稳定度、频谱纯度、频率分辨率等，调频功能一般也在本级通过附加调制电路实现。

2. 变换器

变换器可以是电压放大器、功率放大器或调制器、形成器等，它将振荡器的输出信号进行放大或变换，输出所要求的波形和电平。

3. 输出电路

输出电路为被测设备提供测试所要求的信号电平或功率，通常包括电平调整电路和阻抗调整电路，如放大器、衰减器、阻抗变换器、射极跟随器等。

信号源的等效电路模型如图 3.3 所示，U_s为信号源的开路输出电压，R_s为信号源的内阻（或称输出阻抗），标称值通常为 50Ω、75Ω 或 600Ω。当负载阻抗与输出阻抗共轭时，称为阻抗匹配，负载上可获得最大的传输功率。

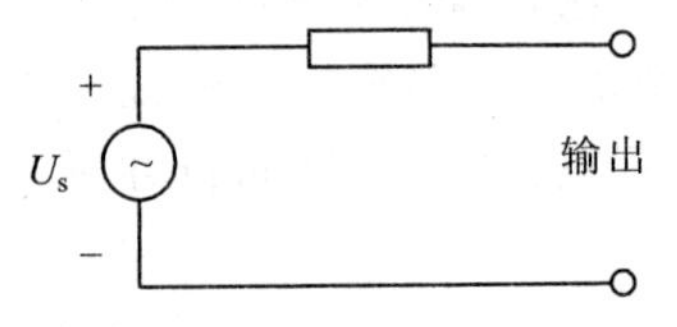

图 3.3 信号源等效电路模型

4. 指示器

指示器用来监视输出信号。不同功能的信号发生器，指示器的种类不同，可能是电压表、功率计、频率计、调制度仪或以上几种的综合等。测试者可以通过指示器提供的信息,调整输出信号的幅值、频率等各种参数。

5. 电源

电源为信号源的各部分电路提供所需的各种直流电压,通常是将 50Hz 的交流电经过变压、整流、滤波和稳压后得到。

随着电子技术水平的不断发展,尤其是微处理器和数字信号处理技术的广泛应用,信号发生器不断向着数字化、自动化和智能化的方向发展,不但能利用数字技术合成更多种类、更加复杂的输出信号,而且具备了自校、自检和自动故障诊断功能,可与控制计算机及其他测量仪器一起方便地构成自动测试系统。

3.1.3　信号发生器的主要技术指标

对信号发生器来说,通常要求它能够迅速而准确地把输出信号调整到被测电路所需的频率上,并满足测试电路对信号电平(幅值)的要求,有时还要求在主振信号的基础上进行调制。因此,我们把评价信号发生器的技术指标归纳为频率特性、输出特性和调制特性三大体系,其中包括了 30 余项具体指标,本节重点介绍正弦信号发生器中最常见的性能指标。

1. 频率特性

频率特性包括频率范围、频率分辨率、频率准确度和频率稳定度等。

(1) 频率范围

频率范围是"有效频率范围"的简称,是指各项指标均能得到保证时的输出频率范围。在该频率范围内,有的信号源提供全范围内频率连续可调,有的则分波段连续可调,还有的则以较小的频率间隔(称为频率分辨率)离散地覆盖其频率范围。

(2) 频率分辨率

频率分辨率指信号发生器输出频率可调整的最小频率间隔。

(3) 频率准确度

频率准确度是指输出信号频率的实际值与其标称值的相对偏差,即

$$\alpha = \frac{f_x - f_0}{f_0} = \frac{\Delta f}{f_0} \tag{3-1}$$

式中,f_x 为输出信号的实际频率,f_0 为标称值,Δf 为频率的绝对偏差,实际频率 f_x 一般由更高一级精度的频率测量设备测量得出。

(4) 频率稳定度

频率稳定度是指在一定的时间间隔内,在其他环境条件不变的条件下,信号源维持其工作于恒定频率的能力,表示为

$$\delta=\frac{f_{\max}-f_{\min}}{f_0} \qquad (3-2)$$

式中，$f_{\max}$、$f_{\min}$ 分别是输出频率在规定时间间隔内的最大值和最小值，f_0 是标称频率。

频率稳定度是信号发生器的重要指标，也是频率准确度的基础，通常以 10^{-6} 为单位。频率稳定度可分为长期稳定度和短期稳定度。短期稳定度的时间间隔通常是分钟或秒（如 15 分钟、1 秒等），而长期稳定度通常是年或月（如 1 年、1 月等），也称为频率漂移。

2. 输出特性

信号发生器的输出特性主要有输出波形、输出电平及其频响、频谱纯度和输出阻抗等。

(1) 输出波形

输出波形是指信号发生器所能输出信号的种类。信号发生器一般都能输出正弦波。除此之处，函数信号发生器还能输出方波、脉冲波、三角波、锯齿波和阶梯波等，合成信号发生器能输出 AM、FM、FSK、PSK、MSK 等调制信号，矢量信号发生器能提供当今通信领域的 I/Q 矢量调制信号，如 QAM、PSK、OQPSK 等，可满足 GSM、CDMA、EDGE、Bluetooth、WLAN 等系统的测试需求。

(2) 输出电平

输出电平包括输出电平范围和输出电平准确度。

输出电平范围是指输出信号幅度的有效范围，也就是输出电平的可调范围，通常用有效值来度量。输出幅度可用电压（V、mV、μV）和分贝（dB、dBm）两种方式表示。

输出电平准确度是指在规定范围内，输出信号提供给额定负载阻抗实际功率偏离指示值的误差，一般由电压表刻度误差、输出衰减器衰减误差、参考电平准确度等决定，温度及供电电源的变化也会导致输出电平的变化。

(3) 频率响应

输出电平的频率响应是指在有效频率范围内调节频率时，输出电平的变化情况，也就是输出电平的平坦度。现代信号发生器一般都有自动电平控制电路（ALC），可使输出电平平坦度保持在 ±1dB 以内，即功率波动在 ±10% 以内。

(4) 频谱纯度

输出信号的频谱纯度反映输出信号波形接近理想正弦波的程度，常用非线性失真系数进行描述。理想的正弦信号发生器输出信号应为单一频率的正弦波，但仪器内部的非线性电路、电路的非线性和噪声等因素会导致输出信号中含有不同幅度的谐波分量，若信号发生器输出信号基波的有效值为 U_1，各次谐波分量的有效值分别为 $U_2, U_3, \cdots, U_n$，则非线性失真系数可表示为

$$\gamma=\frac{\sqrt{U_2^2+U_3^2+\cdots+U_n^2}}{U_1^2}\times 100\% \tag{3-3}$$

一般情况下，信号发生器的非线性失真应小于 1%。

(5) 输出阻抗

输出阻抗的高低随信号发生器的类型而异。低频信号发生器一般有 50Ω、600Ω 等几种不同的输出阻抗，而高频信号发生器一般只有 50Ω 不平衡输出。在使用高频信号发生器时，要注意阻抗的匹配。

3. 调制特性

对高频信号发生器来说，一般还具有输出一种或多种调制信号的能力，如幅度调制、频率调制、相位调制、脉冲调制、数字调制等功能。调制特性包括调制的种类、频率、调幅系数或最大频偏以及调制线性等。这类带有输出已调波功能的信号发生器，是测试无线电收、发设备不可缺少的仪器。

当调制信号由信号发生器内部产生时，称为内调制；当调制信号由外部加到信号发生器时，称为外调制。内调制频率大多固定为 400Hz 或 1000Hz，实际应用中经常使用。

3.2 函数/任意波信号发生器

3.2.1 概述

函数信号发生器(AFG)或任意波信号发生器(AWG)采用直接数字合成技术，可以提供各种常用波形，非常适合于自动检测和设计期间的电路特性测定，有时可用来做一些以往难以想象的工作。例如，AFG/AWG 能模拟编码雷达、机械振荡和各种冲击信号，对非标准的实际过程进行仿真，能复现数字存储示波器(DSO)捕获的波形，实现偶发事件的重复再现等。AFG/AWG 与普通函数发生器的功能对比如表 3.2 所示。

表 3.2　普通函数发生器与 AFG/AWG 的比较

一般函数发生器	函数/任意波信号发生器
只提供标准波形	可提供任意波形
以模拟电路为基础设计	以数字电路为基础设计
波形不能存储	波形可以存储
一般不能在 PC 控制下调整波形	可以在 PC 控制下任意编辑波形

AFG/AWG 的输出波形是通过微处理器系统建立的，以模拟形式输出的波形在内部是以数字形式表达的，用户构造波形时，能享有时域、频域和视觉上的

多重灵活性,整个过程具有可编程性、可重复性、可存储性等一系列优点,具体包括:

(1) 信号输出灵活,既可输出各种标准信号,也可输出任意复杂的信号;

(2) 信号编辑方便,既可独立编辑信号,也可结合计算机提供多种信号编辑途径;

(3) 信号表达精确,信号参数精确可控;

(4) 特殊应用广泛,可以方便复现DSO等捕获的特殊信号。

3.2.2 函数/任意波信号发生器的基本结构与工作原理

AFG/AWG的基本结构如图3.4所示。

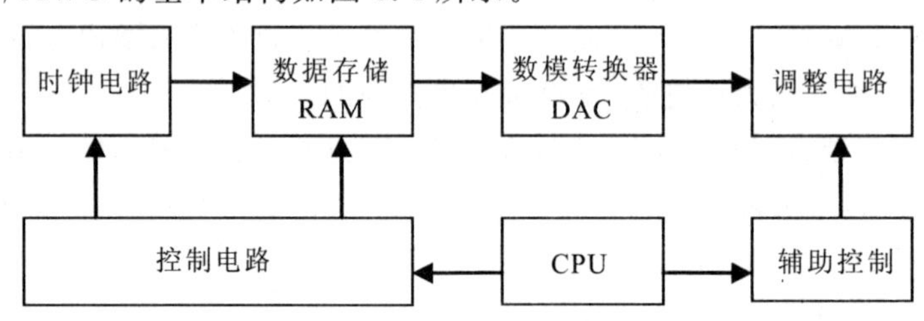

图3.4 AFG/AWG**的原理框图**

其工作过程是:编辑信号时,由软件生成目标信号的波形数据,写入波形存储器(RAM)中;波形输出时,由时钟控制RAM中的数据依次读出,通过数模转换器(DAC)转换成模拟信号,再经过调整电路,调整信号参数并提高驱动能力。

3.2.3 YB33200系列函数/任意波信号发生器

YB33200是江苏绿扬电子仪器有限公司生产的AFG/AWG系列产品中的一员。它采用直接数字频率合成技术(DDS)生成正弦和方波信号,具备基于任意波形产生功能,使用方法及技术指标与HP33120A类似。

1. 主要特点

YB33200的主要特点是:

- ◆ 多达9种函数波形
- ◆ 频率分辨率100μHz或8位数字显示
- ◆ 可通过GPIB或RS232与PC联机,构建虚拟仪器环境
- ◆ 可存储六种任意波形、存储长度32K
- ◆ 中文显示,操作简便快捷
- ◆ 线性扫频、对数扫频、频移键控、填充脉冲、脉冲串、内调频、内调幅、外调幅
- ◆ 全中文任意波形编辑、下载软件

2. 主要技术指标

YB33200基于数字技术生成信号，技术指标受限于波形数据速率、波形存储长度、DAC精度、时钟稳定度、时钟分辨率和输出电路的特性，主要技术指标包括：

- 波形种类：正弦、方波、三角波、斜波、Sa函数、指数函数、噪声、任意波等
- 频率范围：10mHz～20MHz(正弦、方波)、10mHz～100kHz(其他)
- 频率分辨率：8bit
- 频率稳定度：50×10^{-6}
- 任意波存储长度：32768
- 最高采样速率：80MSPS
- 幅度分辨率：12bit
- 幅度范围：50mV～10Vpp(50Ω)
- 频率响应：5%(1MHz@1Vpp)
- 直流偏置：±100%(±5V以内)
- 输出阻抗：50Ω
- 谐波失真：－60dBc@1kHz、－50dBc@100kHz
- 相位噪声：－55dBc (10MHz@30kHz)
- 调制特性：AM(内、外部)、FM(内部)

3. 使用方法

整个YB33000系列的面板上共设有10个功能键、12个数字键、4个上下左右方向键和1个手轮(如图3.5所示)，使用较为方便，其操作流程如图3.6所示。

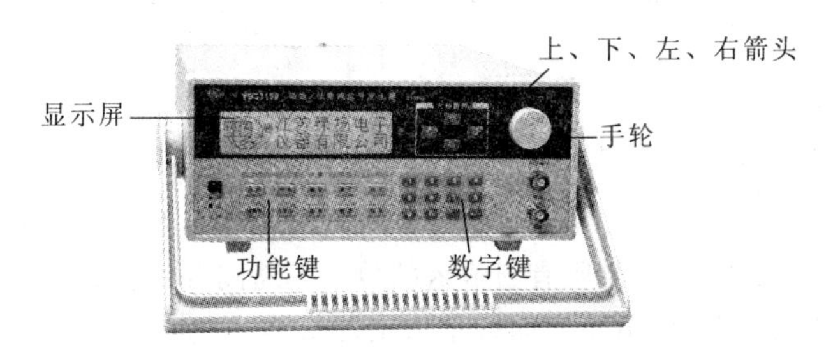

图3.5　YB33000系列函数/任意波形发生器面板结构

常用功能实现了一键式操作。当要改变波形、频率、幅度、偏置或占空比等参数时，面板均有相应的按键。其他功能，如联机、模式以及调制参数等，可按【菜单】键进入滚动菜单状态，利用上、下方向键循环滚动变换菜单。

基本操作可分为两种：参数设置和状态设置。诸如频率、幅度、占空比等操

作为参数设置,波形、模式、联机等为状态设置。

参数设置可直接通过手轮旋转进行调节(只要屏幕上有闪烁,即表示可用手轮操作)。屏幕显示参数的某一位闪烁时,表示以当前位的量级进行步进变化。此时,转动手轮,数值进行相应增大或减小,也可用左、右方向键改变闪烁的数位,即改变步进调节的量级,实现粗调或微调。手轮调节过程的同时仪器随之改变参数配置。

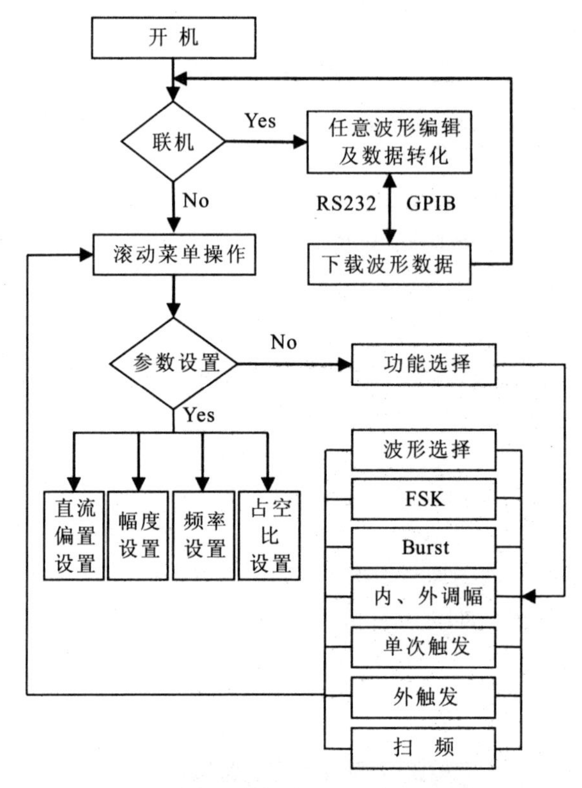

图 3.6 YB33200 的操作流程图

参数设置的另一种方式是通过数字键完成:按【确定】键,屏幕上原有数字全部消失,按键输入数值,此时所有新输入的数字不断闪烁,表示正处于输入状态。若发现输入数据有误,可用左方向键依次消除最右边的数字。在键盘输入状态下,按【取消】键可退出输入状态,原参数即刻恢复。数字输入完成后,按【确定】键,仪器调整为新的参数状态,数字停止闪烁。

有些参数有上、下限值,仪器会自动限位。当仪器处于线性扫频、对数扫频、内调频、内调幅等状态时,部分参数只能用键盘输入,这是因为内部软件进行相应数学运算时速度较慢,跟不上手轮的快速变化。此时,屏幕上没有任何数字位闪烁。

状态的设置只能通过手轮或左、右键来完成。此时，状态变量在闪烁，例如“波形”菜单中的“正弦”字样。通过手轮或左、右键便能够循环调节。

3.2.4 AWG5000任意波形发生器

AWG5000系列任意波形发生器采用独特的设计，把业内领先的采样速率、垂直分辨率、信号保真度和波形存储长度融合起来，结合强大的图形编辑显示功能，直接在屏幕上生成和编辑波形，可为复杂电子设计的检验、检定和调试提供了极具挑战性的信号激励。

1. 主要特点

(1) 最高1200MS/s的采样速率，可产生更大的信号宽带。

(2) 最大32M点的记录长度，支持更长的数据流。

(3) 基于14位数模转换器，信号动态范围和保真度更加出色。

(4) 延时控制精确，可实现50ps分辨率、1ns范围的通道延迟控制，边沿时间位移控制分辨率可达800ps。

(5) 提供连续模式、触发模式、选通模式、增强模式等多种工作模式，测试功能更强大：连续模式时，波形反复地输出；触发模式时，波形只在受到外部、内部、GPIB、LAN或手动触发时才输出一次；选通模式时，当选通条件为真时输出波形，当选通条件为假时复位到起始位置；增强模式时，波形根据序列定义输出。

(6) 具备混合信号输出功能，可解决复杂测试中的最棘手问题：提供2或4路任意波形差分/单端输出、4～8路数字同步标记输出、28路数字输出，方便无线窄带I/Q通信、数字消费品设计、数据转换设备和半导体设计的测试应用。

(7) 可实时排序，建立无穷大波形循环、跳转和条件分支。

(8) 支持从数字存储示波器直接传输波形，内置应用程序可生成抖动、数据通信和磁盘驱动器波形。

(9) 基于开放的Windows XP的环境，容易连接外设和第三方软件(如MATLAB、MathCAD、Excel等)，提供了内置DVD、可移动硬驱、LAN和USB端口，用户界面直观，易学易用。

2. 主要技术指标

AWG5000系列任意波形发生器的主要技术指标如表3.3所示。

表 3.3 AWG5000 系列任意波形发生器的主要技术指标

型号	AWG5012	AWG5014	AWG5002	AWG5004
取样速率	10～1200MS/s		10～600MS/s	
D/A 分辨率	14 位			
存储长度	16,200,000 或 32,400,000(选件 1)			
通道数目	2	4	2	4
模拟带宽	480MHz		240MHz	
频率切换时间	2.1ns		4.2ns	
幅度范围	－30～0dBm			
幅度分辨率	0.01dB			
幅度精度	1.0dB(0dBm、无偏移输出时)			
标记输出	4 路	8 路	4 路	8 路
数字数据输出	28 位(选件 3)	无	28 位(选件 3)	无

3. 应用领域

AWG5000 主要的应用领域和使用方法包括：

(1) 通信设计和测试，如产生 AM 和 FM 调制信号，测量低频 RF 系统的性能；产生 FSK、PSK 和 QAM 数字信息信号对蜂窝系统、传真和调制解调器通信进行测试等。

(2) 光通信设计测试，如模拟信号反射、串扰、接地跳动等。

(3) 脉冲信号生成与应用，如产生占空比位可调的脉冲信号测试时钟/选通宽度偏差等。

(4) 模拟实际信号环境：如破坏理想波形；在波形中增加抖动；模拟噪声等。

(5) 代替标准函数发生器和扫频信号发生器。

4. 使用方法

AWG5000 基于 Windows XP 系统，支持触摸屏操作，前面板如图 3.7 所示，控制面板如图 3.8 所示，显示界面如图 3.9 所示。

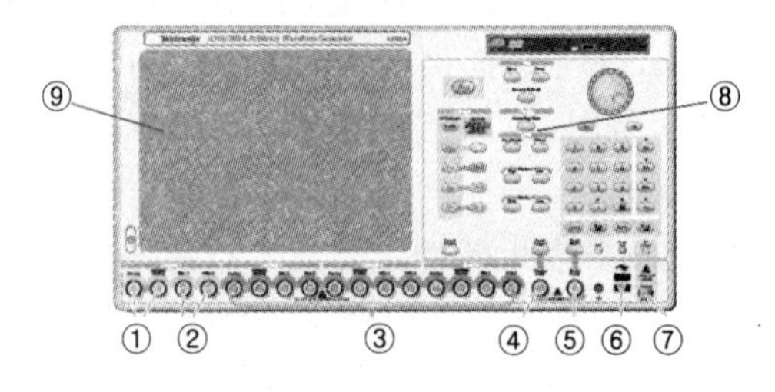

① Ch1 模拟输出　② Ch1 标记输出　③ Ch2～Ch4 模拟与标记输出
④ 触发输入　⑤ 事件输入　⑥ USB 连接器
⑦ 直流电压输出　⑧ 控制面板　⑨ 显示屏与界面

图 3.7 AWG5014 前面板结构图

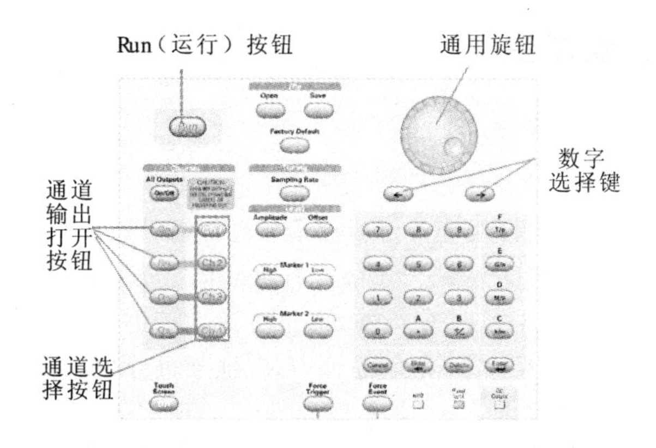

图 3.8 AWG5014 控制面板结构

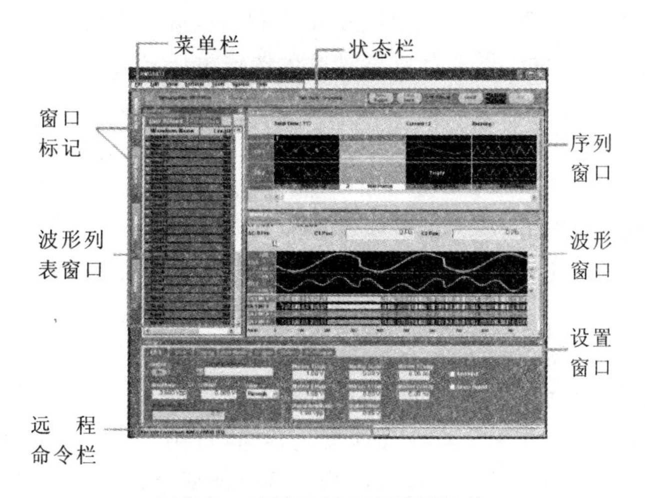

图 3.9 AWG5014 显示界面结构

AWG5000 要求的工作环境温度为 10～40℃(50～104℉)。仪器自动监控环境温度，在机箱内温度达到第一阈值水平时出现警告信息，达到第二阈值水平则自动关机。如果仪器出现警告信息或者自动关机，应检查仪器的风扇是否正常工作、环境温度以及仪器周围的散热间隙是否满足要求等。

特别提醒：AWG5000 系列任意波形发生器的前面板上同时有输入和输出连接器，切不可在输出连接器上施加外部电压。

3.3 合成信号发生器

3.3.1 概述

由 LC 或 RC 振荡电路组成的正弦波信号发生器，因可调节频率的元件稳定性较差，频率稳定度很难优于 10^{-4} 量级。石英晶体振荡器的频率稳定度一般可达 10^{-6} 量级，如采取恒温、稳压等措施，更是可达 10^{-9} 以上量级，但其输出频率主要取决于石英晶体的尺寸，不能随意调节，仅能通过分频器或倍频器获得若干点频频率。

合成信号发生器就是以高稳定频率源(通常是石英晶体振荡器)为参考，通过频率合成技术，极大拓展输出频率范围的信号源装置。因此，合成信号发生器既有良好的输出和调制特性，又有高稳定度和高准确度的优点，是一种先进、高档、应用广泛的信号发生器。合成信号发生器输出信号的频率、电平、调制深度等参数均可控制，输出频率可从毫赫兹到数十吉赫兹不等。

合成信号发生器一般比较复杂，但其核心都是频率合成器。频率合成器是以一个固定的频率为参考，通过一系列加、减、乘、除组合运算，获得一定范围内的频率输出，输出信号的频率稳定度与参考源相近。

频率合成的方法包括直接频率合成、间接频率合成和直接数字频率合成等。

3.3.2 合成信号发生器的基本结构与工作原理

1. 直接频率合成

直接频率合成是用多个石英晶体振荡器(也可用一个石英晶体振荡器及其系列谐波)作为基准频率，从中取出恰当的两个或两个以上频率进行组合，进行和、差的运算，再经过适当方式处理(如滤波)，即可获得需要的频率，且输出具有与基准石英晶体振荡器统一的频率稳定度和准确度。

(1) 非相干式直接频率合成器

图 3.10 为非相干式直接频率合成器的原理图。图中，f_1、f_2 为两个参考频率，可根据需要选用不同的石英晶体振荡器。如 f_1 可以从 5.000～5.009MHz 这 10 个频率中任选一个，f_2 可以从 6.00～6.09 MHz 这 10 个频率中任选一个。所选出的两个频率送入混频器，通过带通滤波器取出合成频率。显然，按图中给出的参考频率，可获得 11.000～11.099MHz 共 100 个频率点，步进 0.001MHz。如果想要获得更多的频率点与更宽的频率范围，可根据类似的方法多用几个振荡器与混频器来组成。

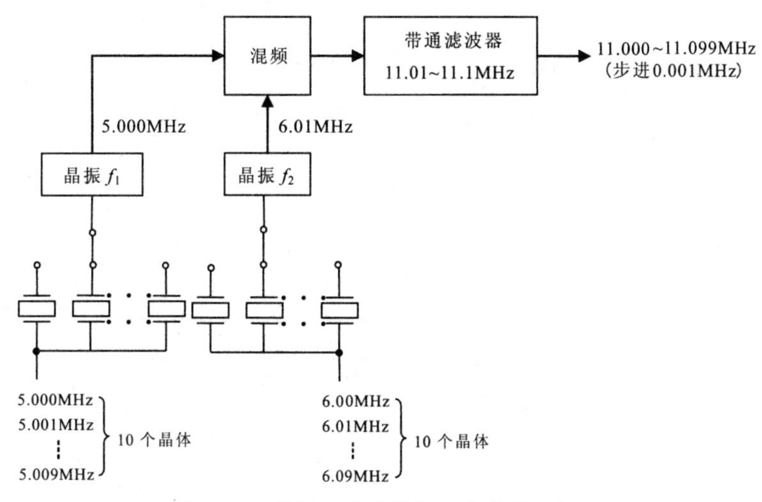

图3.10 非相干式直接频率合成原理框图

非相干式直接频率合成方法所需用的石英晶体较多,可能产生某些落在频带之内的互调分量,形成杂散输出。因此,必须适当选择参考的频率,避免这种情况发生。

(2) 相干式直接频率合成器

图3.11是相干式直接频率合成器的原理图。图中晶振产生1MHz的基准情号,并由谐波发生器产生相关的1MHz、2MHz、…、9MHz的频率,然后通过十进制分频器(÷10运算)、混频器和滤波器(完成加、减法运算),最后产生4.628MHz输出信号。只要选取不同次谐波进行适当组合,就能得到所需频率的高稳定度信号,频率间隔可以做到0.1Hz以下。

这种方法频率转换速度快,频谱纯度高,但需要众多的混频器、滤波器,因而显得笨重。目前多用在实验室、固定通信、电子对抗和自动测试等领域。

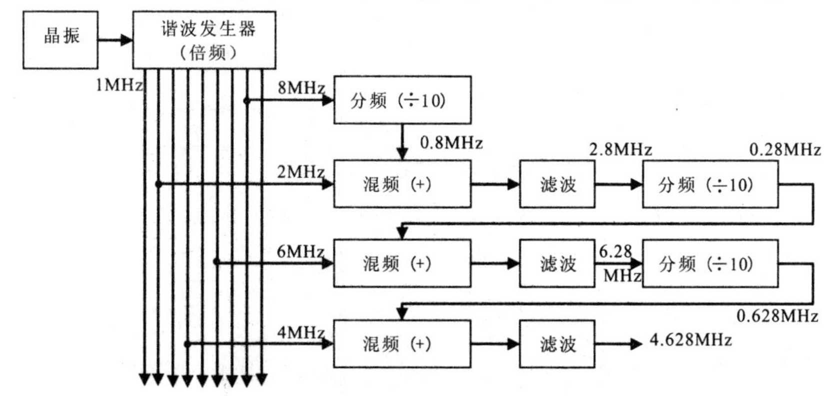

图3.11 相干式直接频率合成原理框图

2. 间接频率合成

间接合成法也称为锁相合成法，它通过锁相环实现频率的合成。锁相环具有滤波功能，其通带可以做得很窄，且中心频率易调，又能自动跟踪输入频率，因而可以省去直接合成法中所使用的大量滤波器，有利于简化结构，降低成本，易于集成。

锁相环路是间接合成法的基本电路，是完成两个电信号相位同步的自动控制系统，通常由鉴相器(PD)、环路低通滤波器(LPF)和电压控制振荡器(VCO)三部分组成(如图 3.12 所示)。

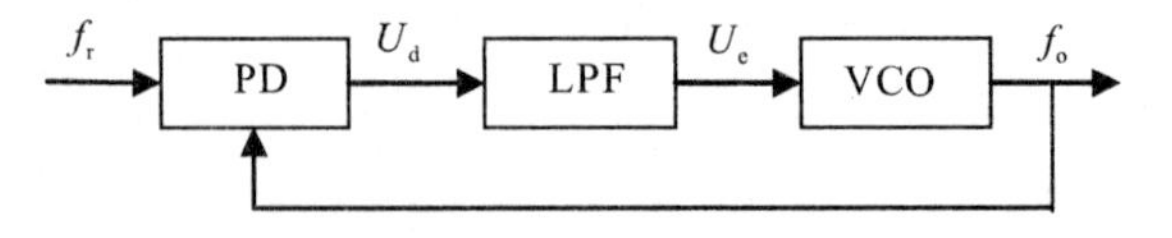

图 3.12　基本锁相环原理框图

锁相环的工作原理是：参考输入信号 f_r和输出信号 f_o加到鉴相器 PD 上进行相位比较，鉴相器输出端的误差电压 U_d同两个信号的瞬时相位差成比例。误差电压 U_d经环路低通滤波器 LPF 滤除噪声后得到 U_e，U_e用于控制压控振荡器 VCO，使其振荡频率向参考输入频率靠拢，直至锁定。此时，两信号的相位差保持为某一恒定值，因而鉴相器的输出为一直流电压，振荡器就在此频率上稳定下来，使得

$$f_o = f_r \tag{3-4}$$

如果仅仅是为了使输出与参考输入的频率相同，那锁相环就失去了其存在的价值。在合成信号发生器中实际使用的锁相环往往要复杂得多，以解决频率覆盖、频率调节、频率跳步、频率转换时间及噪声抑制等问题。实用锁相环可由多种方案组合而成，数字锁相环路是最常用的方式，其原理如图 3.13 所示。

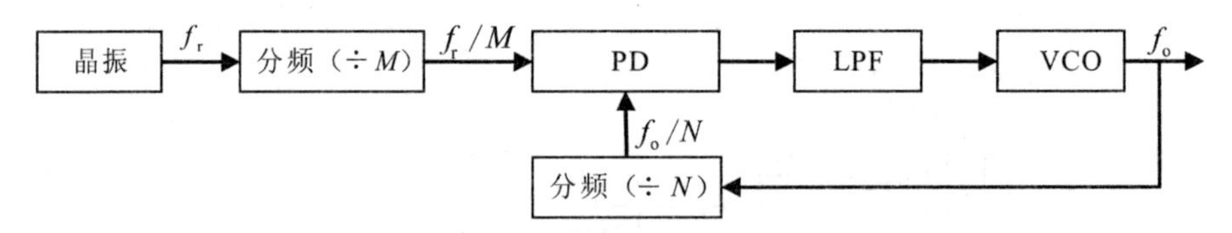

图 3.13　数字锁相环原理框图

晶振频率经分频后送往鉴相器，与来自压控振荡器输出频率经分频后得到的信号进行相位比较。当环路锁定时，有

$$\frac{f_o}{N} = \frac{f_r}{M} \Rightarrow f_o = \frac{Nf_r}{M} \tag{3-5}$$

数字锁相环的最大特点是体积小，便于实现集成，因而特别实用。

3. 直接数字频率合成

直接数字频率合成(Direct Digital Synthesis,简称 DDS)的原理与晶振信号分频非常相似,但一改传统的模拟方法,采用了全数字概念和大规模集成电路,能轻松获得与晶振相同的频率稳定度(即使在极低频输出时依然如此),基本原理如图 3.14 所示。

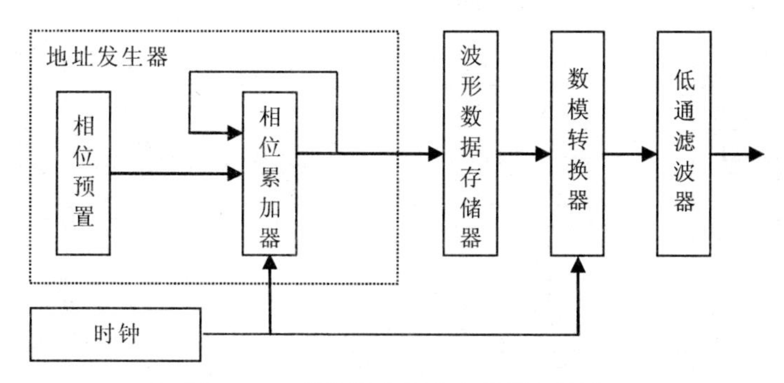

图 3.14　直接数字频率合成原理框图

晶体振荡器产生一个参考时钟作为本机的采样频率,需要的频率换算成相位增量后送入相位累加器,累加器输出设定频率的相位值,经地址变换后作为波形数据存储器(正弦波函数资料已固化其中)的地址,取出波形幅度数据,完成相位/幅度的实时变换,经数模转换器生成模拟信号,再经过低通滤波器,滤除残存噪声,得到较为纯净的信号输出。

直接数字频率合成的频率变换速度快(可达 ns 量级),频率分辨率极高,变频时相位连续,电路中只有很少的模拟器件,稳定性和可靠性显著提高,一经出现,便得到迅速而广泛的应用。

3.3.3　AV1485/1486 合成信号发生器

在国内信号源市场,中国电子科技集团第 41 研究所一直占据主导地位。其中,AV1485 射频合成信号发生器和 AV1486 微波信号发生器具有典型的代表性。

1. 主要特点

(1) 精度高、纯度高、分辨率高。

(2) 支持频率扫描和功率扫描。

(3) 支持脉冲、幅度、频率调制及组合调制。

(4) 具备较为完善的自测试、自校准功能。

(5) 模块化结构,选项方式扩展,便于功能定制和升级配置。

(6) 支持 GPIB 通信,全面支持自动测试系统组建。

(7) 全中文界面、大屏幕菜单控制，用户操作方便。

2. 主要技术指标

AV1485、AV1486 的主要性能指标如表 3.4 所示。

表 3.4 AV1485/1486 的主要性能指标

型号 项目	AV1485	AV1486
频率范围	250kHz～4GHz	10MHz～20GHz
频率分辨率	0.01Hz	1Hz
输出功率范围	－136dBm～＋7dBm	－20dBm～＋10dBm
功率准确度	±0.5dB(250kHz～2GHz)	±1.0dB
	±0.9dB(2～4GHz)	
谐 波	＜－30dBc	＜－30dBc
非谐波	＜－53dBc(频偏＞100kHz)	＜－50dBc(频偏＞500kHz)
单边带相位噪声	＜－104dBc/Hz(4GHz@20kHz)	－75dBc/Hz(10GHz@10kHz)
扫瞄方式	频率扫瞄、功率扫瞄	
调制功能	脉冲调制、幅度调制、频率调制	

3. 使用说明

AV1485 与 AV1486 的前面板基本一致，如图 3.15 所示。

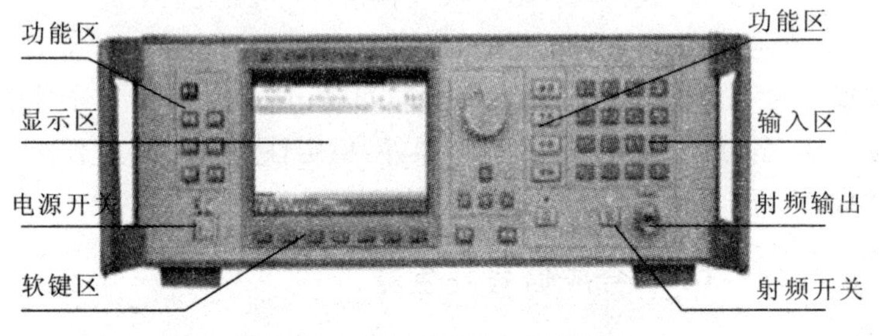

图 3.15 AV1485/1486 的前面板

功能区包括两部分：前面板左边有 9 个功能键，分别执行仪器的复位、系统、频标、存储、本地、调用、用户、帮助、返回等功能；在显示屏的右边靠近旋钮的地方还有 4 个功能键，分别执行仪器的功率、频率、扫描、调制功能。

输入区包括方向键、旋钮、单位键、←/－(退格/负号键)、数字键。所有的输入都可由输入区的按键和旋钮改变。用数字键置入数字时，后面必须跟上单位键。

当按下软键区的某一个软键时，显示区将显示对应下面软键的名称，其中被点亮的软键表示当前选中的状态。

信号由 N 型射频接头输出，输出阻抗为 50Ω。

调制开关控制调制功能的打开或关闭，当它作用时，键上方绿灯亮，调制打开，否则绿灯灭，调制关闭；射频开关控制射频输出的打开或关闭，当它作用时，键上方绿灯亮，射频打开，否则绿灯灭，射频关闭；电源开关按下时，绿色指示灯亮，表示仪器处于“工作”状态，电源开关弹出时，黄色指示灯亮，表示仪器处于“待机”状态。

AV1485 的显示区如图 3.16 所示，AV1486 的显示区如图 3.17 所示，在此不做赘述。

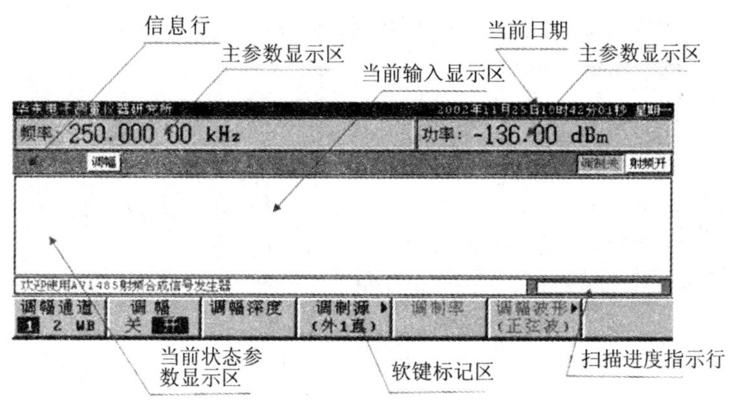

图 3.16　AV1485 的屏幕显示

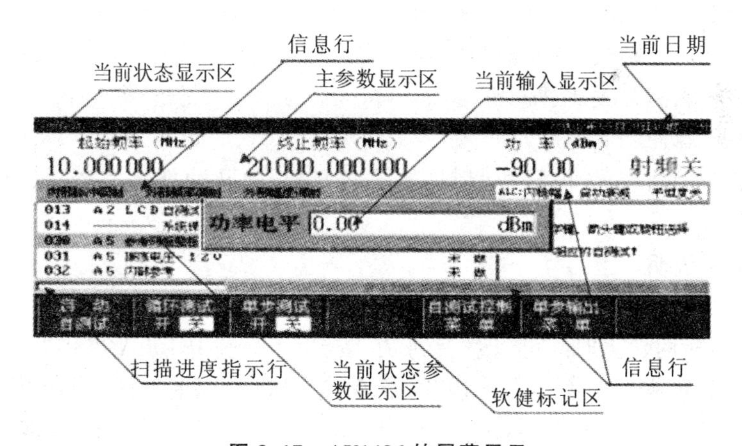

图 3.17　AV1486 的屏幕显示

3.3.4　SMF100A 微波信号发生器

罗德与施瓦茨公司(R&S)推出的微波信号源 SMF100A，最高输出频率可达 43.5GHz，信号输出功率大，单边带相位噪声性能为同类微波信号源中的最高技术水平，配备图形用户界面，能产生所有常见类型的模拟调制(AM、FM、脉冲调制等)，是高性能微波信号发生器的典型代表之一。

1. 主要特点

(1) 最大频率范围从 100kHz 至 43.5GHz。

(2) 单边带相位噪声极佳。

(3) 输出功率大。

(4) 创新的图形用户界面。

(5) 可通过 GPIB、USB、LAN 进行远程控制，方便自动测试系统组建。

(6) 覆盖研发、生产、服务、维护和维修等众多应用领域。

2. 主要技术指标

SMF100A 输出信号频谱纯度高，功率大，杂波抑制优于 70dB@10GHz，谐波抑制优于 50dB，输出功率在 20GHz 的频段内可达 25dBm。主要技术指标可概括为：

◆ 频率范围：100kHz～43.5GHz；

◆ 功率范围：－130～＋25dBm(20GHz)；

◆ 幅度精度：0.8dB(20GHz)；

◆ SSB 相位噪声：－101dBc@1kHz(10GHz)
－115dBc@10kHz(10GHz)
－113dBc@100kHz(10GHz)

◆ 杂波抑制性能：62dB(10GHz)

◆ 调制信号制式：脉冲调制信号

◆ 脉冲调制开关比：80dB

◆ 最小脉冲调制宽度：20ns

◆ 脉冲调制方式：内脉冲调制、外脉冲调制、内脉冲外触发调制、双脉冲调制等

3. 使用说明

SMF100A 具有非常短的电平和频率建立时间，特别是在列表模式下，频率和电平切换时的建立时间可以缩短到 700μs 以下。SMF100A 提供非常宽的输出电平范围，可满足绝大多数的应用，特别是 SMF－B31 选件，能在 20GHz 频率时输出高达＋25dBm 的信号。此外，SMF100A 仅占据 3U 的高度，节约空间，上架使用方便。图 3.18 给出了 SMF100A 的前面板及说明。

特别值得一提 SMF100A 的图形用户界面(如图 3.19 所示)，通过功能框图操作和控制仪器，快速直观，信号生成与参数设置流程一目了然。

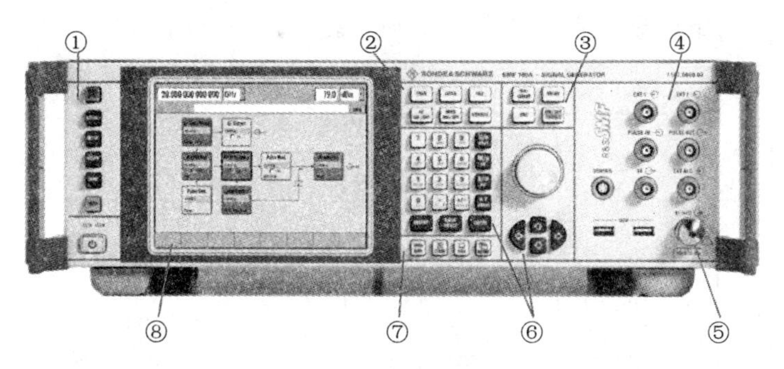

①实用工具　②功能控制　③系统控制　④辅助输入输出

⑤射频输出　⑥数据输入　⑦显示控制　⑧显示区

图 3.18　SMF100A 的前面板

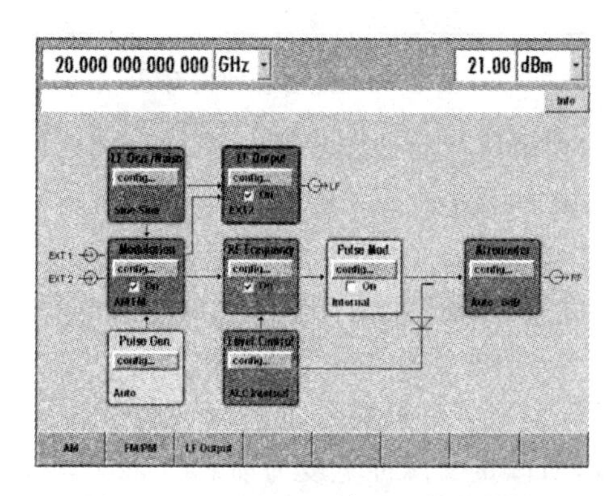

图 3.19　SMF100A 的图形操作界面

3.4　脉冲信号发生器

脉冲信号发生器是用来产生脉冲波形的信号源，是时域测量的重要仪器，广泛应用于雷达、激光、数字通信、计算机、集成电路和半导体器件的测量中。

3.4.1　概述

1. 脉冲信号

脉冲信号通常指持续时间较短，宽度及幅度有特定变化规律的电压或电流信号。常见的脉冲信号有矩形、锯齿形、阶梯形、钟形、数字编码序列等。因为各种形状的脉冲信号之间可通过整形电路进行变换，所以标准脉冲信号发生器的主要任务是提供各种重复频率和宽度的矩形波脉冲。

最基本的矩形脉冲信号如图 3.20 所示，包括以下基本参数：

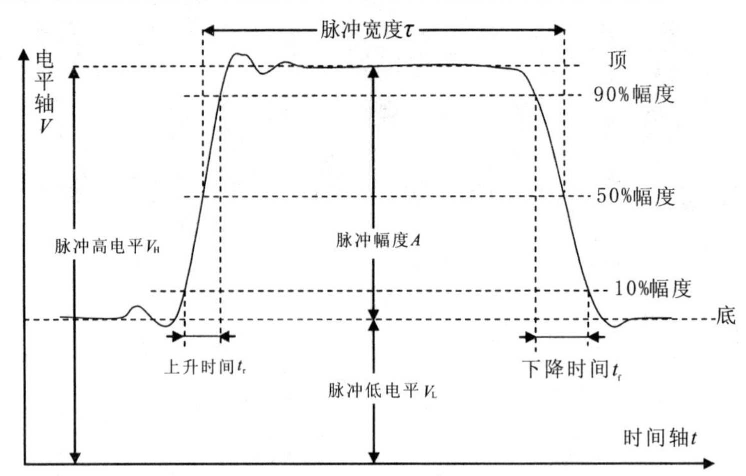

图 3.20 矩形脉冲信号

(1) 幅度 A：脉冲顶量值与脉冲底量值之差。

(2) 上升时间 t_r：由 10％幅度电平上升到 90％幅度电平所需的时间，也叫脉冲前沿。

(3) 下降时间 t_f：由 90％幅度电平下降到 10％幅度电平所需的时间，也叫脉冲后沿。

(4) 脉冲宽度 τ：脉冲出现后所持续的时间。由于脉冲波形差异很大，顶部和底部宽度并不一致，所以定义脉冲宽度为前后沿 50％电平处的时间间隔。

(5) 脉冲周期 T：周期性脉冲相邻两脉冲之间的时间间隔。

(6) 重复频率 F：脉冲周期的倒数。

(7) 占空系数 ε：脉冲宽度与脉冲周期的比值，即 $\varepsilon=\tau/T$，也可称为占空比。

2. 脉冲信号发生器的分类

按照频率范围来分，脉冲信号发生器有射频脉冲信号发生器和视频脉冲信号发生器两种。前者一般由高频或超高频信号发生器通过矩形脉冲调制获得，后者则是以产生矩形脉冲为主的通用脉冲信号发生器。

按照用途和产生脉冲的方法不同，脉冲信号发生器可分为通用脉冲发生器、快沿脉冲发生器、函数信号发生器、特种脉冲发生器等。通用脉冲发生器是最常用的脉冲发生器，其输出脉冲的幅度、频率、脉宽、时延均可在一定范围内连续调节，脉冲极性可变，有些还具有前后沿调节、双脉冲、群脉冲、闸门、外触发及单次触发等功能。

3. 脉冲信号发生器的主要性能指标

脉冲信号发生器的主要性能指标包括：

（1）脉冲频率：包括输出脉冲重复频率、同步脉冲频率、外触发输入信号频率等。

（2）脉冲持续时间：包括脉冲宽度、延迟时间、微调范围、前后沿要求等。

（3）脉冲幅度：包括主脉冲、前置脉冲（同步脉冲）和外触发输入脉冲幅度的范围。

（4）输出脉冲状态：包括单极性/双极性、单脉冲/双脉冲等。

（5）工作方式：包括外触发、单次触发等。

（6）波形失真：包括过冲、倾斜等指标。

（7）输出阻抗：如 50Ω、75Ω、600Ω 可选。

3.4.2 脉冲信号发生器的基本结构与工作原理

基本的脉冲信号发生器包括主振级、延迟级、脉宽形成级、整形级、输出级五部分（如图 3.21 所示）。

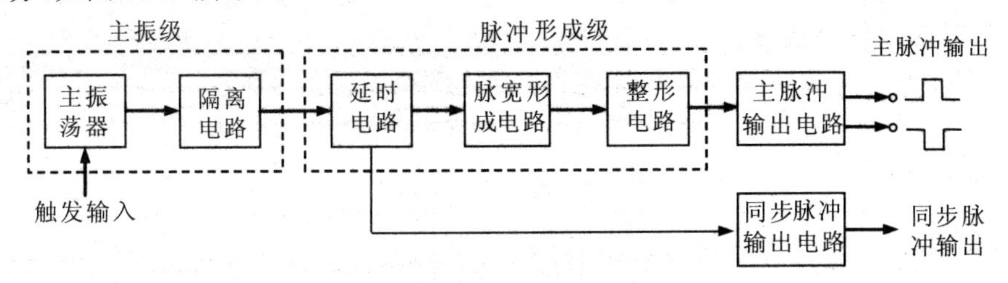

图 3.21　脉冲信号发生器原理框图

1. 主振级

主振级由主振荡器和隔离电路构成，其作用是形成一个频率稳定度高、调节性能良好的周期信号，作为脉冲形成级的输入。其中，主振荡器在“内触发”时一般为多谐振荡器，在“外触发”时演变为单稳态电路；隔离电路由电流开关组成，作用是减小下一级电路与主振荡器的影响，提高输出信号的频率稳定度。

2. 脉冲形成级

脉冲形成级由延时电路、脉宽形成电路以及整形电路构成。延时电路是为了补偿主脉冲和同步脉冲由于通道不同而产生的延迟差，达到同步的目的；脉宽形成电路一般由单稳态触发器和相减电路组成，形成稳定性好、宽度可调的脉冲信号；整形电路是利用几级电流开关电路对脉冲信号进行限幅放大，从而改善波形并满足输出级的激励需要。

3. 输出级

输出级包括主脉冲输出电路和同步脉冲输出电路。主脉冲输出电路为脉冲输出提供一定的负载能力，并通过衰减器使实现幅度调节功能；同步脉冲输出电路功能类似，只是信号适应性要求要低得多，一般也不需要幅度调节能力。

3.4.3 81100 系列脉冲信号发生器

81100 系列脉冲信号发生器能提供内、外触发单脉冲、双脉冲和脉冲串，具有内部 PLL 触发突发、外部脉冲恢复等功能，可调节脉冲重复率、时延、宽度和变化沿等所有定时参数，频率设置精度可达 0.01%以上。

1. 主要特点

(1) 从 1kHz 至最高 660MHz 的频率覆盖范围。

(2) 支持高达 10 Vpp 的输出幅度。

(3) 全面的码型和脉冲输出(包含伪随机二进制序列)。

(4) 可选择的触发或 PLL 操作模式。

(5) 有效提高时序精度的自校准功能。

(6) 易于使用的图形用户界面。

(7) 100%外形及安装兼容性。

2. 主要性能指标

81100 系列脉冲信号发生器的主要性能指标如表 3.5 所示。

表 3.5 581100 系列脉冲码型发生器的主要性能指标

主机型号	81101A	81104A	81130A	
通道型号	无	81105A	81131A	81132A
通道数(个)	1	1 或 2	1 或 2	
	单端	单端	单端	差分
频率范围	1mHz～50MHz	1mHz～80MHz	1kHz～400MHz	1kHz～660MHz
周期范围	20ns～999.5s	12.5ns～999.5s	2.5ns～1ms	1.5ns～1ms
可变延迟范围	0.00ns～999.5s	0.00ns～999.5s	0.00ns～3.00μs	
周期抖动 RMS	0.01%+15ps	0.01%+15ps	0.01%+15ps	
宽度范围	10ns～999.5s	6.25ns～999.5s	1.25ns～(T−1.25ns)	70ps～(T−750ps)
幅度范围	100mV～20.0V	100mV～20.0V	100mV～3.8V	100mV～2.5V
跳变时间范围	5.00ns～200ms	3.00ns～200ms	800ps 或 1.6ns	500ps
输出阻抗	50Ω 或 1kΩ	50Ω 或 1kΩ	50Ω	
无漏失和毛刺信号定时更改	是	是	否	

3. 使用说明

81100 系列脉冲信号发生器能提供可重复、干净、精确的脉冲信号，为逻辑测试生成所需要的全部标准脉冲和数字码型(包括 CMOS、TTL、LVDS、ECL

等)。通过可选的第二通道,用户可使用内部通道附加特性获得多级信号和多定时信号。清楚的图形显示、自动设置、存储/调用、联机帮助、负载补偿以及可选单元(如电流、电压、宽度、占空比)等特性使得仪器的操作十分简便。

81100系列脉冲信号发生器的外形及前面板如图3.22所示。这里仅将略显复杂的“模式/触发”(对应MODE/TRG按键)功能进行说明(如图3.23和表3.6所示)。

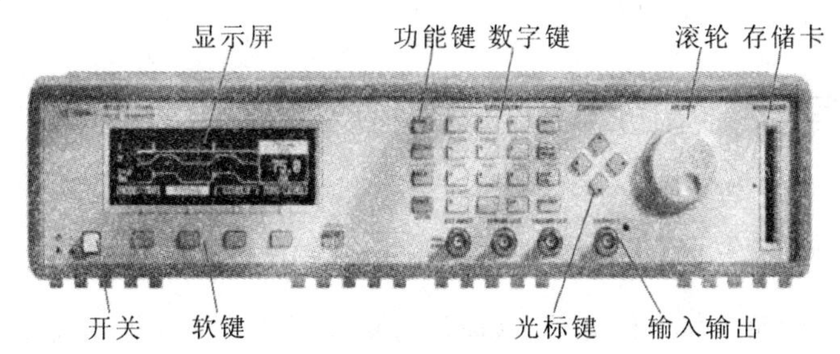

图3.22 81100系列脉冲信号发生器的前面板

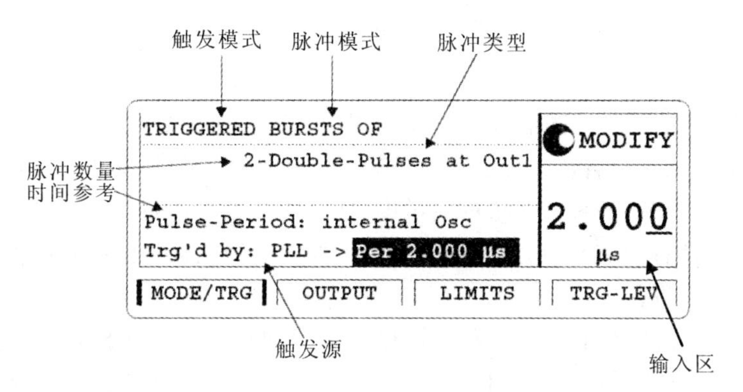

图3.23 81100系列脉冲信号发生器模式与触发功能

表3.6 81100系列脉冲码型发生器的模式与触发功能

触发模式	连续		边沿触发		电平触发		外部脉冲恢复
脉冲模式	脉冲	突发	脉冲	突发	脉冲	突发	—
脉冲类型	单脉冲/双脉冲						—
脉冲数量	—	2～65536	—	2～65536	—	2～65536	—
时间参考	内晶振 内锁相 外输入		—	内晶振 内锁相 外输入	内晶振 内锁相 外输入		—

续表 3.6

触发源	软件		MAN 键 外输入	MAN 键 外输入 PLL	MAN 键 外输入		MAN 键 外输入
同步输出	与每个输出脉冲同步						
锁存输出	无	有	无	有	无	有	无

3.5 信号发生器的选择与使用要点

3.5.1 信号发生器的选择

信号发生器的型号、种类繁多，通常可从以下几个方面根据具体情况进行选择使用：

（1）被测信号的频率。可根据被测信号的频率在对应频段选择超低频信号发生器、低频信号发生器、视频信号发生器、高频信号发生器、超高频信号发生器等。

（2）测试功能。不同信号发生器的用途是不同的，低频信号发生器主要用于检修、测试或调整各种低频放大器、扬声器、滤波器等的频率特性；高频信号发生器主要用于测试各种接收机的灵敏度、选择性等参数；函数信号发生器用于波形响应研究及各种实验研究；脉冲信号发生器用于测试器件的振幅特性、过渡特性和开关速度等。

（3）输出信号波形。信号发生器输出波形的种类多种多样，输出电平也有多种，测量需求大不相同。如低频、高频信号发生器主要用于模拟电路的测量；函数信号发生器和脉冲信号发生器既可用于模拟电路，又可用于数字电路的测量；数字序列发生器主要用于数字设备的测试等。

（4）测量准确度的要求。不同的测量测试目的，对测量准确度的要求也是不同的。如实验中，对信号的稳定度、准确度以及波形失真等要求不高时，可采用普通信号发生器；在仪器校准等对测量准确度有严格要求时，应选用准确度和稳定度较高的标准信号发生器。

3.5.2 信号发生器的使用要点

使用信号发生器时，使用要点如下：

（1）了解面板

要正确地使用仪器，在使用之前必须充分了解仪器面板上各个开关旋钮的功能及其使用方法。信号发生器面板上的开关旋钮等通常按其功能分区布置，一般包括：波形选择开关、输出频率调节部分(频段、粗调、微调等)、幅度调节旋钮、衰减器旋钮、阻抗选择开关、输出电压指示及其量程选择等部分。

(2) 注意正确的操作步骤

◆ 开机准备：使用符合要求的电源电压，开机预热到仪器稳定后方可使用

◆ 设置信号参数：如频率、幅度、调制等

◆ 选择输出阻抗：根据外接负载情况，选择输出阻抗，以获得最佳输出

◆ 选择输出电路形式：根据外接负载电路的形式，选择平衡或不平衡输出

◆ 控制信号输出开关

思考题

1. 信号发生器在电子测量中有什么样的作用?
2. 通用与专用信号发生器的主要区别是什么?
3. 画出信号发生器的基本组成框图?
4. 正弦波信号发生器的三大评价指标是什么?
5. 什么是频率准确度与频率稳定度?
6. 如何得到信号发生器的实际输出频率值?
7. 输出电平准确度由哪些因素决定?
8. 试说明信号发生器相位噪声指标为－55dBc(10MHz@30kHz)的含义。
9. 信号源的内阻为何要统一设计为几个标准?
10. 任意函数/波形发生器与传统函数发生器的主要区别是什么?
11. 任意波形发生器的核心指标有哪些? 简述其工作过程。
12. 合成信号发生器有哪些主要优点?
13. 试画出锁相环的原理框图，并叙述其工作原理。
14. 合成信号发生器中晶体振荡器的功用是什么?
15. 频率合成有哪些主要方法?
16. 什么是直接数字频率合成技术，其主要优点是什么?
17. 直接频率合成与直接数字频率合成有何异同?
18. 脉冲信号发生器的主要作用是什么? 简述其工作原理。
19. 脉冲信号与脉冲调制信号有何区别?
20. 选择信号发生器时应主要考虑哪些因素?

第4章 时间频率测量

时间与频率是电子技术领域内两个重要的基本参量，许多电参量的测量方案和结果都与频率有着十分密切的关系。本章讲述时间频率测量的基本原理和方法，重点介绍利用电子计数器法测量时间频率的方法。

4.1 概述

时间是基本物理量之一，也是法定计量单位的基本量。频率是时间的导出量，也是法定计量单位中具有专门名称的导出量。

时间与频率是用来度量周期现象及其属性的量。在所有物理量中，时间与频率具有最高的精度和稳定度。因此，时间与频率的测量在电子测量领域具有非常重要的地位，人们常把一些非电量或其他电量转换为频率或时间进行测量，以提高测量的准确度。

4.1.1 时间的基本概念

时间是人们感官无法感知，不能制造，也不能消失的量。时间大到无穷，小到无穷，转瞬即逝，无始无终。时间包括时刻和时间间隔两个含义。广义上还包括时标、同步和测量等内容。

1. 时间尺度

指描述时间的尺度或坐标，又称时间坐标，有时可简称为"时标"。坐标的原点又称"历元"，坐标的单位长度为"时间单位"。由于单位长度不同，历元不同，所得到的时间尺度亦不同。任何一个时标都是通过一个时钟，或一组时钟的连续运转来体现的。目前有三种常用的时间测量尺度。

(1) 世界时(Universal Time，简称 UT)

世界时根据地球自转周期确定的时间，是以地球自转为基础的时间尺度。

(2) 原子时(Atomic Time，简称 AT)

原子时是以原子能级跃迁所辐射电磁波的振荡周期为基础确定的时间尺度，根据原子铯跃迁定义秒长，以 UT 时间 1958 年 1 月 1 日 0 时 0 分 0 秒为始点、连续计数。原子时通常由多台原子钟读数经一定的算法导出。

国际原子时(International Atomic Time，简称 ATI)是国际计量局根据时间单位秒的定义，以世界各地守时实验室运转的原子钟读数为依据，经相对论修正，在海平面上建立的时间参考坐标。现有分布于世界各地的二百多台原子钟为ATI提供数据。国际计量局在这些数据的基础上，采用ALGOS计算方法和引入铯基准校准导出国际原子时读数，公布在国际计量局的月报和年报上。

在我国，中国计量科学研究院、上海天文台以及台湾电信研究所均各自建立了地方原子时，并为ATI提供数据，参加ATI的计算。

(3) 协调世界时(Coordinated Universal Time，简称UTC)：是一种采用国际原子时的速率(即以原子秒定义的秒长)，通过闰秒方法使其时刻与世界时接近的时间尺度。UTC是世界时和原子时的协调产物，是当今采用的国际标准时间。

2. 时间的单位

秒(s)是时间间隔的基本单位，是国际单位制(SI单位制)的七个基本单位之一。现在采用的秒长，是由1967年第13届国际计量大会定义的：秒是铯－133原子(133Cs)基态的两个超精细能级之间跃迁所对应的辐射电磁波的9192631770个周期所持续的时间。

秒的准确度可达5×10^{-14}数量级，相当于62万年才有±1秒的误差。

3. 时刻与时间间隔

时刻是指连续流逝的时间的某一瞬间，表征事件何时发生，在时间尺度上用某一点与原点间的距离或长度来描述。

时间间隔是指连续流逝的时间中两个瞬间的距离，表征事件持续了多久，在时间尺度上用两个特定点间的距离或长度来描述。

4. 时钟

时钟是指计时的器具。通常称为表或钟(比较小的称为表，反之称为钟)。利用时钟可以指示时间，即能指示时刻和时间间隔。如8点钟就是指时刻，25分钟则是指时间间隔。

4.1.2　频率的基本概念

1. 频率及其单位

频率是单位时间间隔(1秒)内周期性过程重复、循环或振动的次数，其基本单位为赫兹(Hz)。1秒时间内周期性过程正好重复一次的频率为1Hz。如果t秒时间内，周期现象重复出现n次时，则频率f为

$$f=\frac{n}{t}(\mathrm{Hz}) \tag{4-1}$$

当频率更高时，采用千赫兹kHz、兆赫兹MHz和吉赫兹GHz作单位比较方便。同样，也可用毫赫兹mHz、微赫兹μHz、纳赫兹nHz为单位表示更低的频率。

2. 周期

周期是指周期现象出现一次所经历的时间，通常用T表示，单位也是秒。如果在t秒的时间间隔内，周期现象重复出现n次时，则周期T为

$$T=\frac{t}{n}=\frac{1}{f} \tag{4-2}$$

显然，频率和周期在数学上互为倒数关系，频率越高，周期越短。

3. 波长

波长是指电磁波在一个周期时间内所传播的距离，常用λ表示，单位为米。如果电磁波的频率为f，传播速度用c表示，则波长定义为

$$\lambda=\frac{c}{f}=cT \tag{4-3}$$

可见，波长与频率成反比关系。即频率越高，对应的波长越短。

通常的电磁波频率按10倍关系划分为频段，对应的波长也按10倍关系增减。如中波频率为300kHz～3MHz，对应波长为$1\times10^3\sim1\times10^2$m。

4.1.3 时间同步与时间编码

1. 时间同步

几台时钟在同一参考系里读数完全一致，称为同步或相对时间同步。时钟实现与UTC读数完全一致，称为绝对时间同步。实际上，不同时钟的读数完全一致是不可能的，总会有一定的偏差。确定和维持时间同步，就是要利用时频传输技术，测定和调整各台时钟之间的时刻差，使之保持在允许的同步偏差范围之内。

使某台时钟与参考时钟（或参考时间尺度）在时刻上保持某种严格的特定关系，称为时刻校准。时刻校准是进行时刻比对，建立时间同步的过程，通常采用秒信号相位比较方法或频率相对偏差测量方法实现。与时刻校准有关的时间同步技术有：

（1）对时：确定时钟秒信号与参考时钟秒信号的初始相位差，并使其建立某种特定关系的操作过程，包括建立钟面读数的一致性、秒信号时间差的测量、秒相位特定关系的建立等内容。对时的结果使某时钟与参考时钟实现初始时间同步。

（2）定时：确定时钟秒信号相位和标准时钟秒信号相位的时间差，并使其在一定时间间隔内维持给定的同步偏差要求。定时的结果使时钟与标准钟实现时间同步。

（3）守时：把经过对时或定时后建立的时间尺度，长期连续地保持下去，使同步偏差保持在一定的允许偏差范围之内。

2. 时间编码

为了将标准时间信息从时钟传给用户，需将时间信息编码。把年、月、日、时、分、秒的信息转换为一串数字，称为时间编码。时间编码广泛用于“时间统一服务系统”(简称“时统”)之中，有多种编码方式和编码格式，但多数国家采用美国的 IRIG 标准时码格式。我国的试验靶场也推广使用 IRIG 时间码格式。

4.1.4　时间频率测量的特点

与其他物理量测量相比，时间频率测量具有如下特点：

(1) 动态性。时刻始终在变化，上一次和下一次的时间间隔是不同时刻的时间间隔，频率也是如此。因此，我们必须特别重视信号源和时钟的稳定性，还有其他一些反映频率和相位随时间变化的技术指标。

(2) 便捷性。频率信息的传输和处理比较容易，如通过倍频、分频、混频和扫频等技术，可以对各种不同频段的频率实施灵活方便的测量。

(3) 量程范围大。现代科技所涉及的频率范围极其宽广，从 10^{-2} Hz 甚至更低开始，一直到 10^{12} Hz 以上。

(4) 测量精度高。由于采用了以“原子秒”和“原子时”定义的量子基准，使得频率测量精度远远高于其他物理量的测量精度。不同应用场合对测量精度的要求不尽相同，我们都可以使用相应等级的时频标准源。例如，石英晶体振荡器结构简单，使用方便，其精度在 10^{-10} 左右，能够满足大多数电子设备的需要，是一种常用的标准频率源；原子频标的精度可达 10^{-14}，广泛应用于航天、测控等频率精确度要求很高的领域。

(5) 测量速度快。时间频率的测量实现了自动化，不但操作简便，而且大大提高了速度。

(6) 自动化程度高。时间频率测量极易实现数字化，如电子计数器利用数字电路的逻辑功能，很容易实现自动重复测量、自动量程选择以及测量结果的自动显示功能。

(7) 应用范围广。时间频率基准最高准确度可达 10^{-14} 数量级且校准比对方便，数字化时间频率测量可达到很高的准确度。因此，电子学和其他领域的研究都离不开频率测量，有许多物理量都是转化为时间频率测量的。特别是时间频率信号可通过无线传播，人们可以利用相应的比对设备接收含有标准时间频率信息的电磁波，轻松获取性能极好的频率标准，改变了传统的量值分级传递方法，极大地扩展了时间频率的比对和测量范围，提高了全球范围内时间频率的同步水平。例如，GPS 卫星导航系统就可以实现全球范围内高准确度的时间频率比对和测量。

4.2 模拟式频率测量方法

频率测量的方法很多，按照工作方式可分为模拟式和数字式两大类。虽然数字测频技术是当前的主流（下一节单独介绍），但模拟测频技术也曾得到广泛的应用，对我们理解相关测量技术很有帮助。

模拟测频技术又可分为无源测频和有源测频两种方法。其中，无源测频方法根据被测频率 f_x 是电路中某些参数的函数，利用电路的频率响应特性确定 f_x 值，如谐振法和电桥法等；有源测频方法则拿被测频率 f_x 与标准频率 f_r 进行比较，根据 f_x 与 f_r 的关系确定 f_x 值，如拍频法、差拍法、示波器法等。

4.2.1 谐振法测频

谐振法是将被测信号加到谐振电路上，在电路对信号发生谐振时，根据频率与电路参数的关系测量频率。

谐振法的原理如图 4.1 所示。被测信号通过互感器 M 与 LC 回路耦合（松耦合）。根据电路知识，谐振回路的固有谐振频率 ω_o 为

$$\omega_o^2=\frac{1}{LC},\omega_o=2\pi f_o \tag{4-4}$$

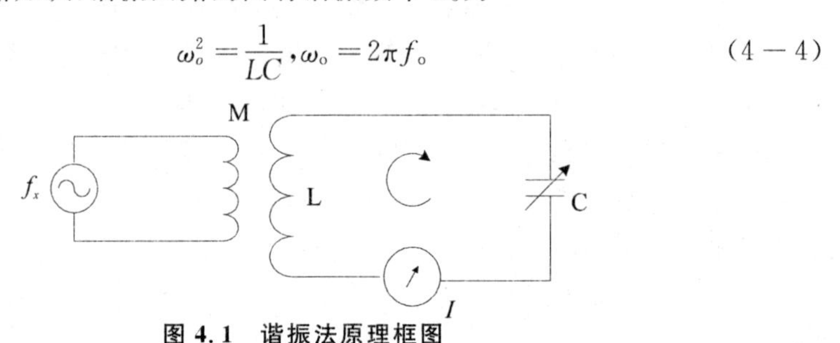

图 4.1 谐振法原理框图

测量时，通常先用改变电感的方法选择频段，再调节可变电容器 C 使回路发生谐振，即使回路中的电流达到最大值。此时有

$$f_x=f_o=\frac{1}{2\pi\sqrt{LC}} \tag{4-5}$$

利用 LC 回路的谐振特性测量频率的范围为 0.5～1500MHz，准确度受限于电路元件的精度，大约为±(0.25～(1)%。

4.2.2 电桥法测频

电桥法是将被测信号加到电桥上，根据电桥的平衡条件和频率有关的特性测量频率。为实现电桥的平衡，桥路中至少应有两个电抗元件。通常采用的文氏电桥如图 4.2 所示。

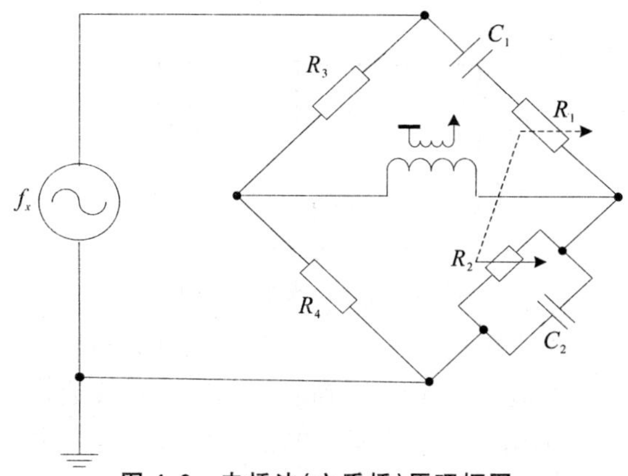

图 4.2　电桥法(文氏桥)原理框图

测量时,调节 R_1、R_2 使检流计的指示为 0,即电桥达到平衡,此时有

$$\frac{R_1+\dfrac{1}{j\omega_x C_1}}{R_2/(1+j\omega_x R_2 C_2)}=\frac{R_3}{R_4} \tag{4-6}$$

令电桥平衡的条件是表达式两端实虚部分别相等,即

$$\frac{R_1}{R_2}+\frac{C_2}{C_1}=\frac{R_3}{R_4} \tag{4-7}$$

$$\omega_x R_1 C_2-\frac{1}{\omega_x R_2 C_1}=0 \tag{4-8}$$

被测信号频率为

$$f_x=\frac{1}{2\pi\sqrt{R_1R_2C_1C_2}} \tag{4-9}$$

通常情况下,取 $R_1=R_2=R$, $C_1=C_2=C$,$R_3=2R_4$,于是

$$f_x=\frac{1}{2\pi RC} \tag{4-10}$$

电桥法的测频精度取决于桥路的谐振特性、电路元件的精确度、指示器的灵敏度、被测信号的频谱纯度和屏蔽性能等因素,大约为±(0.5～1)%。但当被测信号频率较高时,由于寄生参数的影响,会使测量精确度大大降低。因此,电桥法一般只适用于 10kHz 以下的频率测量。

4.2.3　拍频法测频

拍频法是将待测频率为 f_x的正弦信号 u_x与标准频率为 f_r的正弦信号 u_r通过线性元件直接叠加,通过观测合成信号 u 的振幅变化实现测频功能(如图 4.3 所示)。

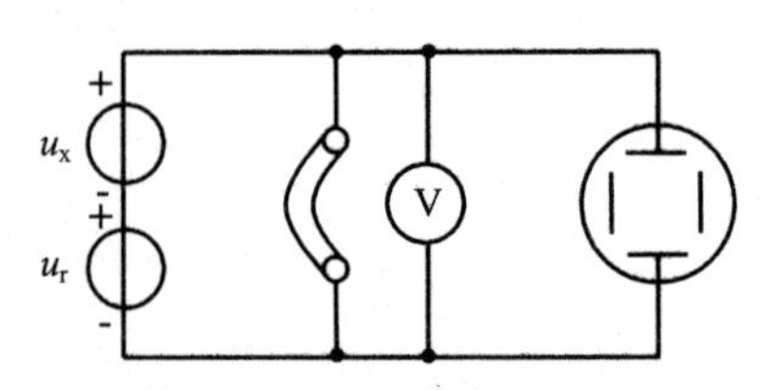

图 4.3 拍频法原理框图

两个单频信号的线性叠加仍近似为正弦波，幅度会随时间变化，变化频率等于 f_x 与 f_r 之差，称之为拍频（如图 4.4 所示）。f_x、f_r 越接近，合成信号振幅变化周期越长，拍频越小。设在 t 时间内指示的拍频数为 n，则拍频频率 $\Delta f=n/t$，待测频率为

$$f_x = f_r \pm \Delta f \tag{4-11}$$

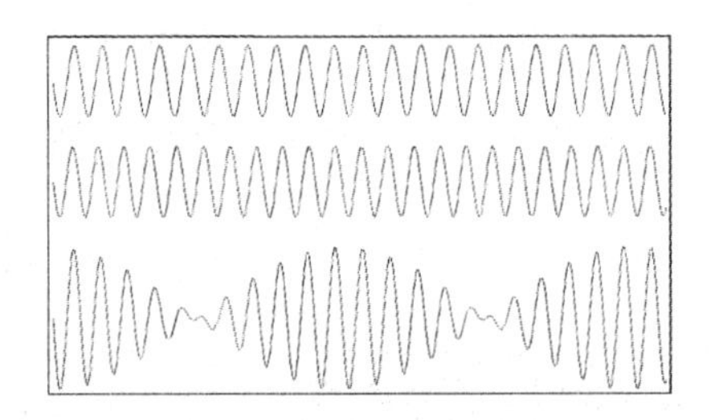

图 4.4 拍频现象波形图

测量时，通过调节 f_r，控制 $1/\Delta f$ 在 10 秒或几十秒左右，可用电压表、耳机、示波器等作为指示器来检测拍频频率。其中，示波器可以直接显示合成信号波形，从而得到较高的测量精度。

拍频法测量频率的绝对误差约为零点几赫兹。

4.2.4 示波法测频

示波法是指利用示波器，根据李沙育图形测量频率的方法。具体来讲，就是将待测信号加到示波器的 X 轴，将标准信号加到 Y 轴，并使示波器工作于 $X-Y$ 方式，此时示波器显示的就是李沙育图形，可以根据图形特性得到被测信号的频率。

测量时，通过调节标准信号的频率，使示波器显示稳定的李沙育图形。此时，被测信号与标准信号的频率存在固定关系，李沙育图形是若干静止的环（如图 4.5 所示）。

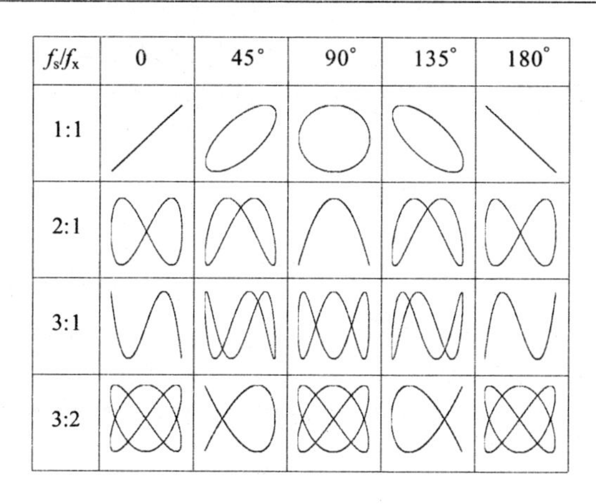

图 4.5　典型的李沙育图形

获得稳定的李沙育图形后，在水平和垂直方向上各作一条与图形相交的直线，并注意不让直线通过图形中的任何已有的交点，用 N_X、N_Y 分别表示水平和垂直直线与李沙育图形的交点个数，则有

$$\frac{f_r}{f_x}=\frac{N_X}{N_Y}\Rightarrow f_x=\frac{N_Y}{N_X}f_r \tag{4-12}$$

使用示波法测量频率时，最简单、准确的方法就是通过调节标准信号的频率，使李沙育图形为直线或椭圆，此时的频率比为 1，即被测频率与已知频率相等。

示波法可测量从音频到几百兆赫兹的高频信号，准确度取决于示波器的分辨能力和标准信号的频率准确度，一般约为 0.3%。

4.2.5　外差法测频

外差法又叫差频法或差拍法，其实质是用一个标准频率的信号与被测信号进行混频，取其差频进行观测，当通过改变标准信号的频率使差频为零时，即可从标准源上直接读取被测信号的频率（如图 4.6 所示）。

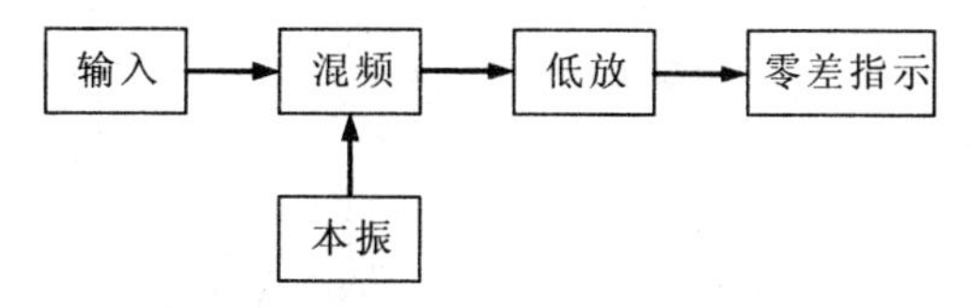

图 4.6　外差法原理框图

外差式频率计正是根据外差测频原理设计的。使用外差法测量时，几乎不从被测信号吸收功率，对被测电路的影响很小，非常适合微弱高频信号的测量。灵敏度高是外差法的最大优点，通常可达 0.1～1μV。

外差法的测量误差:在高频段主要取决于标准源的精度,一般可达 10^{-6};在低频段,主要取决于零差指示器的灵敏度,一般存在±20Hz 左右的绝对误差。

4.3 数字式时间频率测量

数字式时间频率测量也叫计数器法时间频率测量,其实质是比较法:先利用已知频率的参考信号产生单位时间,然后计数单位时间内被测信号的脉冲个数,再以数字形式显示频率或时间。

电子计数器法的测量精确度高、速度快,可满足不同频率、不同精确度的测量需要。

4.3.1 计数法测量频率

电子计数法的测频原理如图 4.7 所示。频率为 f_x 的被测信号经过放大整形和倍频,形成频率为 Mf_x、周期为 T_x/M 的计数脉冲,作为闸门的输入信号;频率为 f_r 的本地时钟经分频器,频率改变为 f_r/K,周期改变为 KT_r,再经过门控双稳电路,形成脉宽为 KT_r 的脉冲作为闸门的控制信号;闸门的开启或关闭受门控信号控制(图中假设高电平有效),开启时间等于分频器输出信号的周期 KT_r。

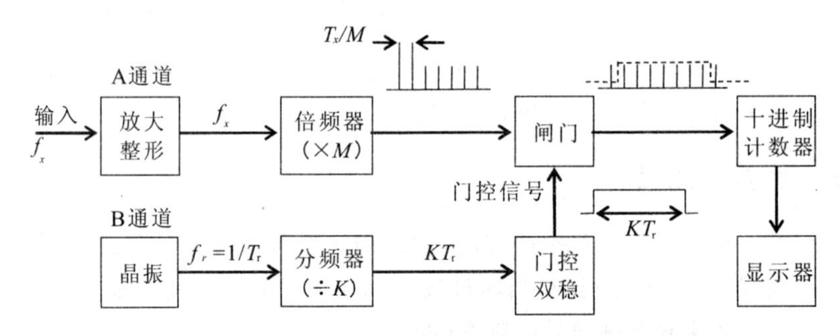

图 4.7 电子计数器测量频率原理框图

只有当闸门开启时,计数脉冲才能通过闸门进入十进制计数器去计数,假如计数结果为 N,则存在关系

$$N\frac{T_x}{M}=KT_r \quad \Rightarrow \quad f_x=\frac{N}{MKT_r} \tag{4-13}$$

式中,K 为本振的分频次数,调节 K 的旋钮称为"闸门时间选择"开关,与 T_r 的乘积等于闸门时间。

为了使 N 值能够直接表示 f_x,常取 MKT_r =1ms、10ms、0.1s、1s、10s 等几种闸门时间,并且使闸门开启时间的改变与计数器显示屏上小数点位置的移动同步进行时,无需对计数结果进行换算就可直接读出测量结果。

4.3.2 计数法测量周期

频率的倒数就是周期,电子计数器测量周期的原理与测量频率非常相似,其原理框图如图 4.8 所示。

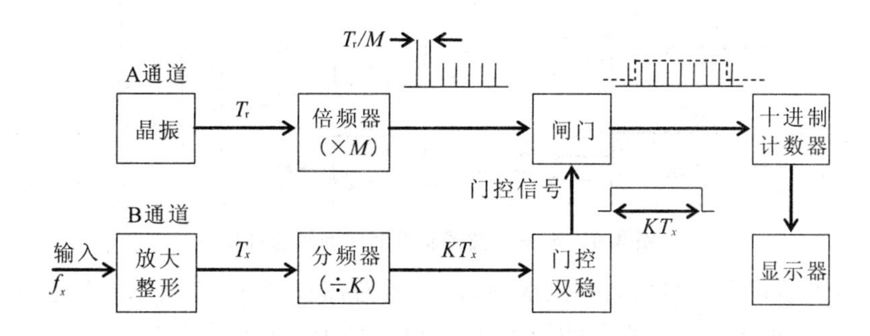

图 4.8 电子计数器测量周期原理框图

与频率测量相比,只要交换被测信号与频标参考信号的输入通道即可。此时,门控电路改由经放大整形、分频后的被测信号控制,计数脉冲则是晶振信号经倍频后的时间标准信号(即时标信号)。存在关系

$$KT_x = N\frac{T_r}{M} \quad \Rightarrow \quad T_x = \frac{NT_r}{MK} \tag{4-14}$$

在频率计中,我们习惯将调节 K 和 M 的旋钮称为"周期倍乘率"和"时标选择"开关。通常选择 K 为 10^n(如×1,×10,…),T_r/M 为 1ms、1μs、0.1μs 等数值,从而直接读出测量结果,无需进行换算。

由测量过程可以看出,电子计数器法测量频率和周期所依据的原理是一样的,即闸门时间等于计数脉冲的周期与闸门开启时通过的计数脉冲个数的乘积,然后根据被测量的定义进行推导计算而得出被测量。同样的道理,也可以据此来测量时间间隔、频率比等。

4.3.3 计数法测量时间间隔

图 4.9 所示为测量时间间隔的原理框图,其测量原理与测量周期原理相似。不过,控制闸门启闭的是两个输入信号 B、C 在不同时间产生的开启、关闭触发脉冲。触发脉冲的产生由触发器的触发电平与触发极性选择开关来决定。

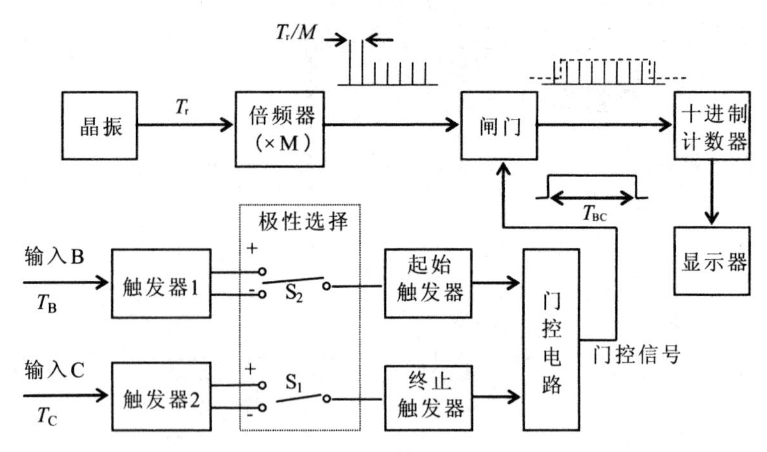

图 4.9 电子计数器测量时间间隔原理框图

当测量两个信号的时间间隔时，测量示意图如图 4.10 所示。B 输入（假设时间超前）产生起始触发脉冲用于开启闸门，使十进制计数器开始对时标信号进行计数；C 输入（假设时间滞后）则产生终止触发脉冲以关闭闸门，停止计数。假设起始脉冲和终止脉冲分别选择输入 B、C 正极性（即开关 S_1、S_2 置于"+"处）、50%电平处产生，计数值为 N，则时间间隔 T_{BC} 存在以下关系：

$$T_{BC}=NT_r/M \tag{4-15}$$

当测量脉冲信号的时间间隔时，只要调节触发器 1、2 的触发电平和极性，选择合适的时标信号即可。如测量脉宽 τ，根据脉宽定义，调节触发器 1、2 的触发电平均为 50%，分别调节触发极性选择 S_1、S_2 为"+"、"-"，假如闸门开启期间计数结果为 N，则有

$$\tau=NT_r/M \tag{4-16}$$

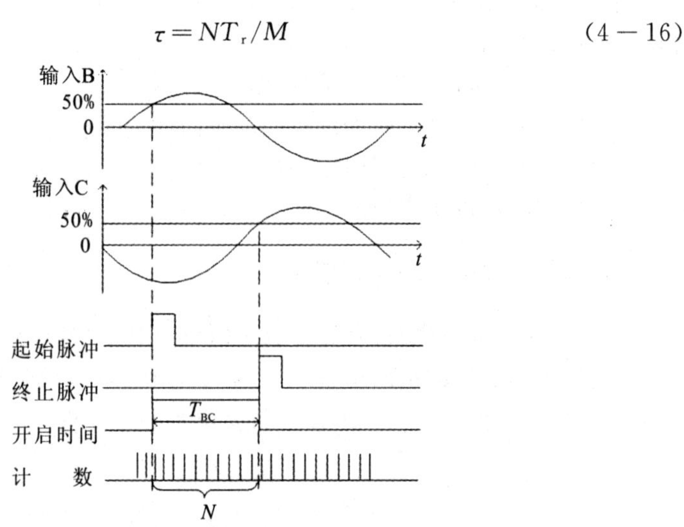

图 4.10 通用电子计数器测量时间间隔测量示意图

4.3.4　计数法测量时间频率的误差分析

计数法时间频率测量的误差主要包括量化误差、触发误差和标准频率误差。

1. 量化误差

量化误差可以用图 4.11 进行很好的解释：虽然闸门开启时间都为 T，但因为闸门开启时刻不一样，一个计数值为 10，另一个却为 9，两个计数值相差 1 个字。

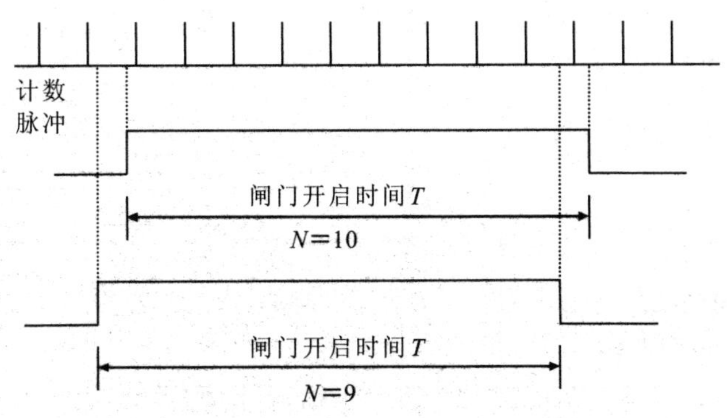

图 4.11　量化误差产生示意图

量化误差是数字化仪器所特有的、且不可消除的误差，是在频率计将模拟量转换为数字量的过程中，闸门开启动作与输入计数脉冲在时间上的不确定性造成的，其结果只可能是±1 的差别。

由于无论计数值 N 为多少，量化误差只可能是±1，所以量化误差也被称为±1 误差。又因为量化误差是在计数过程中产生的，故又称为计数误差。

量化误差的相对误差为

$$\gamma_N = \frac{\Delta N}{N} \times 100\% = \pm \frac{1}{N} \times 100\% \tag{4-17}$$

2. 触发误差

被测信号在整形过程中，由于整形电路本身触发电平的抖动或者被测信号叠加有噪声等原因，整形后的脉冲周期不等于被测信号的周期，由此产生的误差称为触发误差。

如图 4.12 所示，测量周期时，由被测信号产生门控信号。假如门控电路的触发电平为 U_B，当被测信号上升沿电平达到 U_B（A_1点）时，闸门打开；当一个周期后的上升沿电平再次达到 U_B时（A_2点）时，闸门关闭。显然，在无噪声和干扰信号的理想情况下，闸门开启时间就等于被测信号的周期 T_X。当信号中叠加有噪声或干扰信号时，闸门开启时间改变为 $T_x + \Delta T_1 + \Delta T_2$，不等于被测信号的周期，即产生了触发误差。

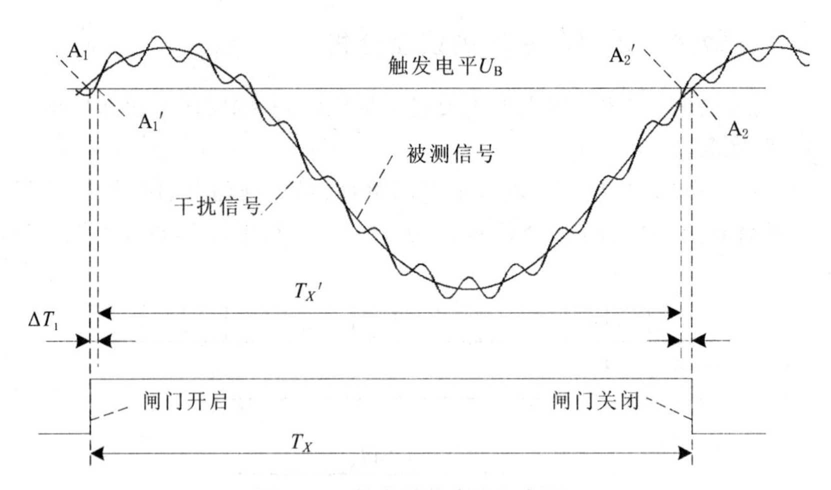

图 4.12 触发误差产生示意图

触发误差对周期测量的影响较大,频率测量时一般可以忽略。

3. 标准频率误差

标准频率误差指的是由于晶振信号不稳定等原因而产生的误差。测频时,晶振信号用来产生门控信号(时基信号),标准频率误差称为时基误差;测周时,晶振信号用来产生时标信号,标准频率误差称为时标误差。

一般情况下,由于标准频率误差较小,可以不予考虑。

4. 时间频率测量的误差分析

频率测量时,影响最大的是量化误差,触发误差一般不予考虑。经过推导得知,测频量化误差等于

$$\frac{\Delta f_x}{f_x}=\pm\frac{1}{N}=\pm\frac{1}{MKT_r f_x} \tag{4-18}$$

周期测量时,量化误差和触发误差的影响较大。经过推导得知,测周量化误差为

$$\frac{\Delta T_x}{T_x}=\frac{\Delta N}{N}=\pm\frac{1}{MKf_r T_x} \tag{4-19}$$

测周触发误差为

$$\frac{\Delta T_x}{T_x}=\pm\frac{\sqrt{2}U_n}{2\pi KU_x} \tag{4-20}$$

式中,U_n 为噪声或干扰信号的最大幅度(包括触发电平的抖动影响,一般可以忽略);U_x 为被测信号的电压幅度;K 为输入通道分频次数。

根据式(4-17)~(4-19),可以得到以下结论:

(1) 不论是测量频率或时间,要想减小量化误差,都应设法增大计数值 N,即在 A 通道中增加倍频次数 M,产生短时标信号;在 B 通道中增大分频次数 K,

延长闸门时间。

（2）在相同测量时间下，高频信号测量频率的精度高于测量周期的精度，低频信号正好相反。因此，对高频信号，应通过测量频率计算周期，而对低频信号，应通过测量周期计算频率。这里所谓的高频或低频是相对于电子计数器的中界频率而言的。中界频率指的是采用测频和测周两种方法进行测量时，量化误差相等时的被测信号频率，有时会在计数器技术说明书中给出。

（3）减小周期测量中触发误差的影响，除了尽量提高被测信号的信噪比外，还可通过增大输入通道的分频次数，即采用多周期法进行周期测量。

4.3.5　数字式频率计的主要技术指标

数字式频率计是一种承担频率测量或计数任务的电子仪表。它具有精度高、速度快、自动化程度高、操作简便，以及直接数字显示等特点。特别是与微处理器结合构成的智能频率计，实现了很高的程控化和智能化。数字式频率计的技术指标主要涉及测量功能、测量范围、本机参考和通道特性等方面。

（1）测试功能：仪器所具有的测试项目，如测频、测周期、测时间间隔等。

（2）频率范围：被测信号的频带宽度。

（3）输入特性：频率计通常设置多个信号通道以适应不同的测试功能，输入特性指的是通道特性，包括：

◆ 输入灵敏度：使仪器正常工作的输入电压最小值

◆ 最大输入电压：仪器正常工作所允许的最大输入电压峰值

◆ 输入阻抗：电阻和电容的并联值。100MHz 以下的数字式频率计典型值为 1MΩ/25pF，高频时应采用 50Ω 的匹配阻抗。

（4）测量准确度：用测量误差表示。

（5）石英晶体的频率稳定度：一般优于 10^{-9}。

（6）闸门时间和时标：由标准频率分频或倍频产生，供测量时选择。

（7）显示方式：显示的位数、显示时间等。

（8）输出：输出标准信号的形式、电平和编码方式等。

4.4　典型数字式频率计介绍

电子计数器属于通用低端仪器，市场上的产品十分丰富，下面以南京盛普仪器科技有限公司生产的 SP3382A 和美国安捷伦公司的 53200A 为例，简要介绍电子计数器的电路原理、性能指标及其使用注意事项。

4.4.1　SP3382A 智能微波频率计

SP3382A 智能微波频率计数器是以高性能的 AVR 单片机进行功能控制、数据处理和测量显示的高精度频率计。SP3382A 智能微波频率计数器采用了外差谐波取样计数、倒数计数和内插技术，实现了全量程范围内的高精度测量；并采用了 CPLD 可编程器件，提高了仪器的集成度和可靠性。

1. 基本原理与电路组成

SP3382A 整机电路组成如图 4.13 所示，主要由微波取样、中频放大、低频放大整形、参考时基、频率合成、功率放大、微机控制、电源、键盘及显示九个部分构成。

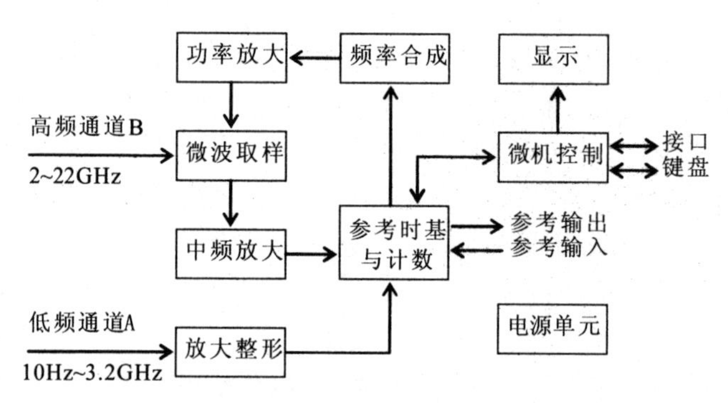

图 4.13　SP3382A 微波频率计数器原理框图

仪器有两个输入通道：低频通道 A 和高频通道 B。A 通道虽然外部只有一个端口，内部却按频率分两段分别放大计数。10Hz～80MHz 为高阻抗输入，60MHz～3.2GHz 为 50Ω 输入。

低频放大整形单元将 3.2GHz 以下的信号进行放大整形，直接进行计数处理。微波通道需要采用谐波外差混频技术，将微波信号变成频率较低的中频信号，才能送入计数电路。

频率合成器单元提供本振信号；功率放大单元对本振信号进行放大；微波取样单元对被测的微波信号进行取样；中频放大单元对微波取样后的信号进行放大；键盘及显示单元完成对用户命令接受、测量状态、测量结果的显示；微机控制单元提供对被测信号的处理控制；参考信号单元提供整机内、外时基控制；整机电源由开关电源提供。

2. 主要技术指标

(1) A 通道输入特性

◆ 频率范围：10Hz～3.2GHz

◆ 分辨率：1Hz、10Hz、100Hz、1kHz、10kHz 可选

◆ 输入灵敏度：－20dBm(≤3GHz)、－15dBm(＞3GHz)

◆ 最大输入电平：＋13dBm

◆ 抗烧毁电平：＋23dBm

◆ 输入阻抗：1MΩ(10Hz～80MHz)、50Ω(60MHz～3.2GHz)

◆ 耦合方式：AC

(2) B 通道输入特性

◆ 频率范围：2～22GHz

◆ 分辨率：1Hz、10Hz、100Hz、1kHz、10kHz 可选

◆ 输入灵敏度：－25dBm(2～12.4GHz)、－15dBm(12.4～22GHz)

◆ 最大输入电平：＋7dBm(＜3GHz)

◆ 抗烧毁功率：＋20dBm

◆ 输入阻抗：50Ω

◆ 驻波比：＜3∶1

(3) 时基特性

◆ 内部参考标称频率：10MHz

◆ 内部参考日老化率：1×10^{-8}/日(标准)

◆ 外部参考频率：5MHz 或 10MHz

◆ 外部参考幅度：≥1Vpp

◆ 参考输出频率：10MHz 正弦波

◆ 参考输出幅度：≥1Vpp

(4) 测量误差：±1LSB ±(触发误差 ± 时基误差)× 被测信号频率

需要注意的，A 通道有较强的抗烧毁能力，其上限频率典型值可达3.8GHz，B 通道也能测量 500MHz～2GHz 的信号，但均不保证技术指标。

内、外时基参考的选择方法是：后面板主电源开关开启，前面板电源指示灯显示橙色，内部恒温晶振即开始预热；前面板电源开关开启后，若选外部时基时，仪器自动停止对内部恒温晶振供电。

3. 使用说明及注意事项

(1) 面板说明

SP3382A 的前面板主要由显示屏、菜单操作键、闸门指示灯、功能选择键、USB 接口、通道输出、时基输入、时基输出、时基和通道指示灯和电源开关构成(如图 4.14 所示)。

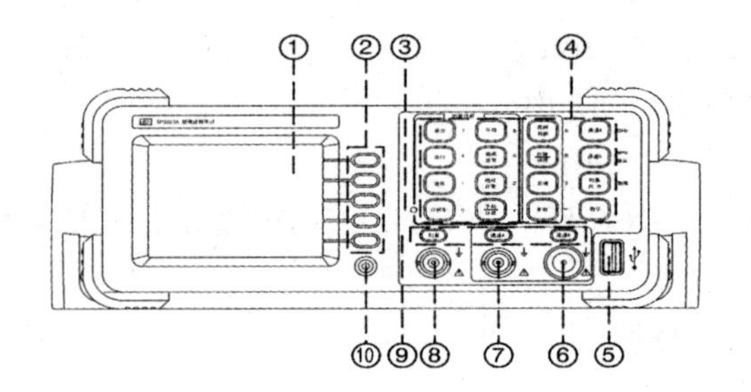

① LCD 显示屏　② 菜单操作键　③ 闸门指示灯　④ 功能选择键
⑤ USB Host　⑥ 通道 B 输出　⑦ 通道 A 输出　⑧ 时基输入输出
⑨ 时基和通道指示灯　⑩ 电源开关

图 4.14　SP3382A 微波频率计数器面板图

SP3382A 的后面板主要由主电源开关、电源插座、风扇及控制接口构成(如图 4.15 所示)。其中,主电源开关打开后,仪器内部恒温晶振开始预热,仪器处于待机状态。

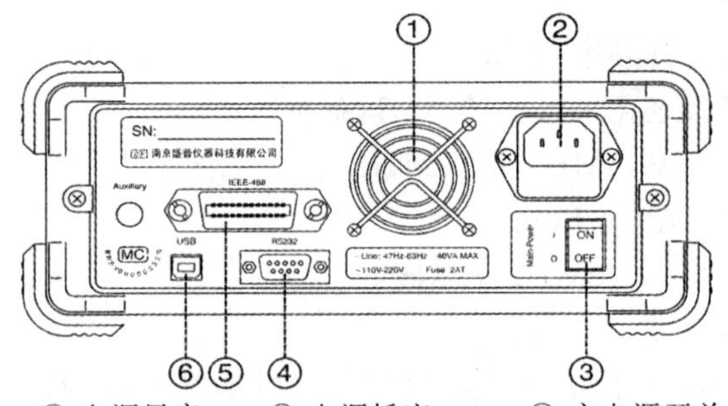

① 电源风扇　② 电源插座　③ 主电源开关
④ RS232 接口　⑤ IEEE488 接口　⑥ USB 接口

图 4.15　SP3382A 微波频率计后面板图

(2) 常见故障处理方法

SP3382A 本身具有一定的故障处理能力,常见故障及检修方法可参照表 4.1。

表 4.1　常见故障及检修方法查询表

序号	故障现象	故障原因	检修方法
1	开机后仪表无显示	交流电源线断线或接触不良	检查更换交流电源线
		交流保险丝断	检查更换交流保险丝
		开关电源无输出	检查更换开关电源模块
		显示屏与显示驱动板之间未连通	检查更换连接插座或连接电缆

续表 4.1

2	开机烧交流保险丝	整流滤波电路短路	检查整流滤波电路，更换损坏元件
		开关稳压电路短路	检查开关稳压电路，更换损坏元件
		高频整流滤波电路短路	检查高频整流滤波电路，更换损坏元件
		开关电源负载电路短路	检查负载电路，更换损坏元件
3	测量小信号时灵敏度普遍超差	仪器地线与被测设备地线未可靠连接	将仪器地线与被测设备地线可靠连接
		外部测试电缆没连接好	将测试电缆连接好
		内部连接电缆没连接好	将测试电缆连接好
		如果是微波通道：取样器坏	换取样器
		如果是低频通道：放大器坏	换放大器
4	不能与计算机通信	串口线未连上或接触不良	检查连线是否正确或接触是否良好
		串口选择错误	选择正确的串行口
5	不能远程遥控	接口芯片坏	检查接口芯片
		网络连接有误	对仪器与计算机进行正确连接
		计算机 RS232 接口损坏	检查并更换 RS232 接口电路
6	面板功能按键失灵	功能按键损坏或接触不良	检查并更换损坏按键
		面板功能按键板与控制主板连接电缆断线或接触不良	检修或更换功能按键板与控制主板连接电缆
		键盘扫描译码驱动电路损坏	检查或更换扫描译码驱动电路元件
7	显示屏只亮，无字符	显示屏坏	更换显示屏
		显示驱动板坏	检查并更换显示驱动板电路
8	开机屏不亮	开关电源＋20V 电压没有	检查开关电源＋20V 输出电路。
9	微波通道不能测量	频率合成单元电路失锁	检修频率合成单元电路
		功率放大单元无输出	检修功率放大单元电路
		微波取样器坏	换取样器

(3) 使用注意事项

先检查电源电压是否符合仪器的电压工作范围，再检查确保仪器接地良好；在与其他仪器相连时，各仪器间应无电位差；进行远程控制时，插拔电缆应断开电源；使用过程中，应正确选择闸门时间，从而获得较高的测量精度和速率。

4.4.2 53200A 系列频率计数器

安捷伦公司的53200A系列频率计数器包括53210A、53220A和53230A三个型号，是当前市场占有率较高的产品之一，其主要功能与技术指标差别如表4.2所示。

表4.2 53200A系列频率计数器的技术指标对比

型号	53210A	53220A	53230A
标准(DC～350MHz)	通道1	通道1和通道2	
可选(6GHz或15GHz)	通道2	通道3	
测量速度	10位/秒	12位/秒	12位/秒
最大显示分辨率	12位	15位	15位
闸门时间	1ms至1000s，步进10μs	100μs至1000s，步进10μs	1μs至1000s，步进1μs
信号类型	连续波(CW)		连续波/脉冲/突发
DC耦合	DC(1mHz)至350MHz		
AC耦合50Ω或1MΩ	10Hz至350 MHz		
单次时间分辨率	N/A	100ps	20ps
输入范围	±5V		
最大输入50Ω损坏电平	1W		
USB设备端口	USB2.0		
显示	4.3″彩色TFT WQVGA(480×272)，LED背光		
功耗	最大90W(接通电源或给电池充电时)；最大6W(关机或待机时)		

安捷伦53200A系列频率计数器具有以下特点：

(1) 更高的带宽

◆ 可选的6GHz或15GHz微波测量通道

(2) 更高的分辨率和速度

◆ 12位/秒频率分辨率

◆ 20ps单次时间分辨率

◆ 高达75,000/秒和90,000/秒的读数

(3) 更好的洞察能力

◆ 数据记录趋势图、累积直方图

◆ 内置运算分析和统计

◆ 1M读数存储器和USB闪存

(4) 更多的连通能力

◆ LAN/USB以及可选的GPIB接口

◆ 确保时基精度的电池选件，提供现场和野外测试的便利

(5) 更多的测量能力(仅限 53230A)

◆ 连续的无隙测量

◆ 基本调制域分析(MDA)能力

◆ 可选脉冲和突发微波信号测量

思考题

1. 简述时间与时刻及频率的区别及联系。

2. 简述时间频率测量的重要意义和特点。

3. 模拟式频率测量包括哪些方法？各有什么特点？

4. 画出数字式频率计测量频率的原理框图，简述其工作原理。

5. 画出数字式频率计测量周期的原理框图，简述其工作原理。

6. 使用数字式频率计测量时间频率时存在哪些误差？如何减小这些误差的影响？

7. 使用数字式频率计时，如何理解闸门时间与量化误差的关系？

8. 在使用频率计测频的某次实验中，闸门时间 T 的设置和读数 N 如表 4.3 所示，请求出被测信号的频率 f_x，并填入表中。

表 4.3　闸门时间和读数值

$T(s)$	10	1	0.1	0.01	0.001
N	1000002	99998	9999	1001	100
f_x (kHz)					

9. 已知某频率计的时标频率为 1MHz，测量 50μs 时间间隔的计数值为 10000，如果测试条件不变，当计数结果为 15000 时，被测信号的周期是多少？

10. 请画出 SP3382A 频率计的组成框图。

第5章　波形测量

本章介绍示波器的功能、分类、基本构成和性能，重点对数字存储示波器的组成、工作原理、特点和应用进行分析和讨论。

5.1　概述

电信号大部分是时间的变量，一般可以用一个时间函数 $s(t)$ 来描述。一些简单的函数，可以用几个参数或特征量来确切地描述它。例如，可以用幅度、频率和相位三个参数来描述正弦波或余弦波；用幅度、方波宽度和周期三个参量来描述矩形波等等。但对于复杂信号（如失真的正弦波），仅仅用几个参数往往不能全面准确地描述。于是人们就想将这种看不见的复杂变化过程转化为可直接观看的图像，并对其进行全面而准确的了解和分析。研究信号随时间变化的测试称为波形测量（或时域测量），通常用示波器来实现。

示波器能以 X 轴代表时间，Y 轴代表幅度，在屏幕上实时描绘被测信号随时间变化的规律。更广义地说，示波器是一台 $X-Y$ 图示仪，只要我们把两个有关系的变量转化为电参数分别加到 X、Y 通道，它就可以在屏幕上显示这两个变量之间的关系。

示波器在人的感官和看不见的电子世界之间架起了一道桥梁，是观察和测量信号时域波形不可缺少的工具，已成为许多高端系统和仪器（如雷达、频谱分析仪、时域反射计、时域网络分析仪等）的必然组成部分，是用量最多、用途最广的电子测量仪器之一。

5.1.1　示波器的主要特点

示波器把人眼看不见的电信号转换成具体的可见图像，并显示在屏幕上，是波形测量的主要工具，其主要特点包括：

（1）直观性好，能直观显示信号随时间的变化规律，测量瞬时值。

（2）输入阻抗高，对被测信号（或电路）影响很小。

（3）灵敏度高，通常可达到 $10\mu V/div$，可观测微弱信号。

（4）工作频带宽，可观察高频、窄脉冲波形，也可观察信号波形的局部细节。目前示波器的带宽已高达 40GHz 以上。

（5）过载能力强，能承受较大的信号输入。

(6) 产品类型多，功能较完备，可测量的参数多。在具体测量场合中，还可根据需要对信号波形进行多种调节、转换或运算，便于信号波形的实时或非实时观测。

5.1.2　示波器的功能与分类

示波器广泛应用于工业生产、科研、试验及教学等领域，是名副其实的"万用仪器"，不但能对电信号做定性观察，还能进行定量测量，其主要功能包括：

(1) 显示信号时域波形。一般用 X 轴代表时间，Y 轴代表信号在某时刻的值，描绘被测信号随时间变化的规律。

(2) 测量信号参数，如幅度、频率、周期、时间、相位、调幅系数等。

(3) 测量脉冲信号的前后沿、脉宽、过冲等参数，这是其他测量仪器很难做到的。

(4) 观测两个电信号之间的关系。只要将两个信号通过 X、Y 通道同时接入示波器，就可得到两个变量之间的变化关系，如李沙育图形等。

(5) 间接测量电子器件的伏安特性。

(6) 通过外接扫频信号源的配合，可辅助测量电子网络的频率特性。

示波器的种类很多，按功能可分为通用示波器和专用示波器；按观测时间可分为实时示波器和非实时示波器；按结构可分为便携式、台式和架式示波器等。

目前，一般将示波器按模拟和数字两大类划分。100MHz 以下的示波器有模拟示波器和数字示波器两种，而 100MHz 以上的示波器几乎都是数字存储示波器。

5.2　模拟示波器

5.2.1　模拟示波器的基本结构与工作原理

通用模拟示波器主要由 X 通道(水平系统)、Y 通道(垂直系统)、主机和示波管四大部分组成(如图 5.1 所示)。

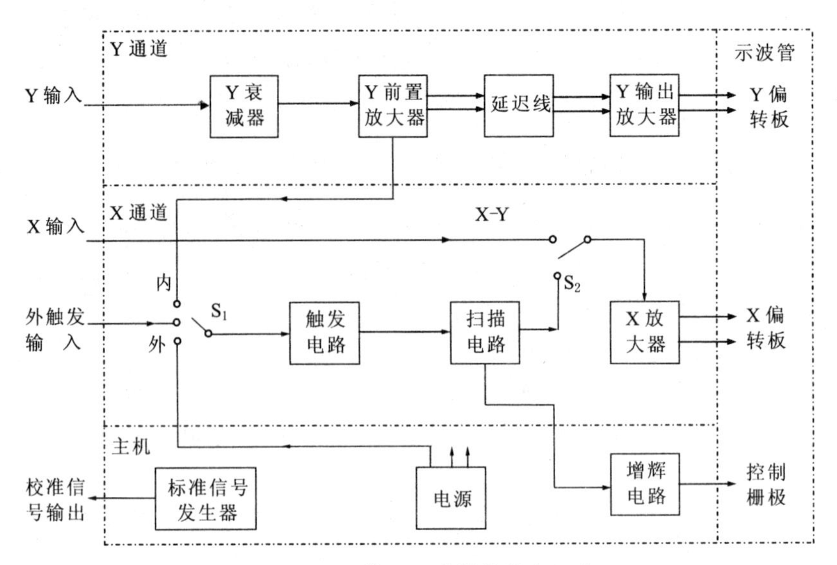

图 5.1　通用模拟示波器的基本组成

1. X 通道

X 通道由触发电路、扫描电路和 X 放大器组成(如图 5.2 所示)。它的主要作用是:在触发信号的作用下,产生对称扫描电压用以驱动电子束水平偏转,使波形在水平方向展开;给示波管提供增辉、消隐脉冲信号;如果是双踪示波器,还要提供交替显示时的控制信号。

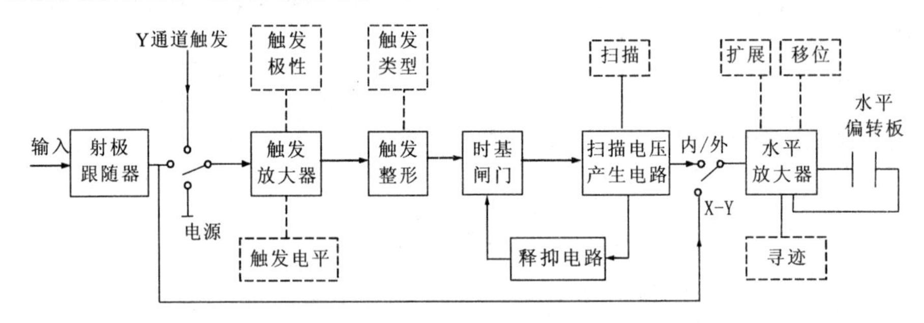

图 5.2　X 通道的基本组成

2. Y 通道

示波器 Y 通道主要由输入电路、前置放大器、延迟线以及输出放大器等组成(如图 5.3 所示)。Y 通道的主要作用是:把被测信号变换成为大小合适的双极性对称信号,并加到 Y 偏转板上,使显示的波形适合观测;向 X 通道提供内触发信号源;补偿 X 通道的时间延迟,以便获得诸如脉冲等信号的完整波形。

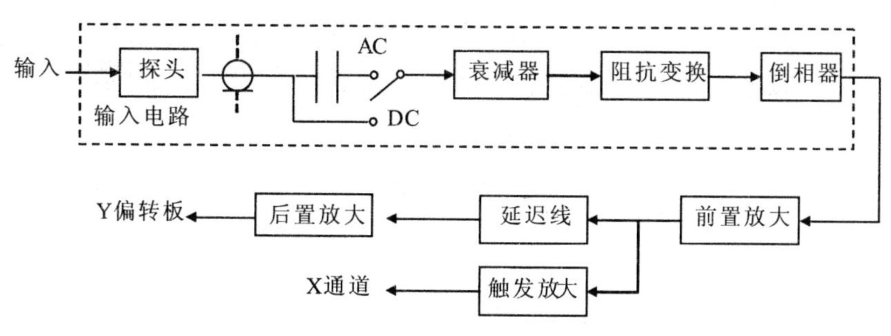

图 5.3　Y 通道的基本组成

3. 主机部分

主机部分主要由增辉电路、标准信号发生器和电源三部分构成。

增辉电路的作用是：在扫描正程时控制波形显示的辉度，在扫描逆程或扫描休止期时使回扫线和休止线消隐，或在外加高频信号的作用下，对显示波形进行亮度调制，使波形亮暗变化情况受外加信号的控制，波形可由实线变为虚线，从而方便测量信号的周期或频率。

由于增辉信号加在示波管的控制栅极或阴极上，而控制栅极或阴极均与偏转板垂直，符合三维坐标关系，故增辉电路又称为 Z 轴系统，有时也将主机部分称为 Z 轴系统。

标准信号发生器用于提供幅度、周期等都很准确的方波信号，例如 1kHz、10mV 的方波，以便对示波器有关技术指标进行校准和调整。

4. 示波管

模拟式电子示波器通常以阴极射线管（Cathode Ray Tube，简称 CRT）作为波形显示器件。示波管通过电子束激发荧光粉层，利用荧光物质发光及余辉显示激发点踪迹，主要由电子枪、偏转系统和荧光屏三部分构成。示波管工作时，电子束在水平轴、垂直轴方向上的偏转量受到被测信号与扫描信号的电压值控制，激发点在示波管荧光屏上的运动轨迹就是被测信号的波形。有关示波管的内容请参阅相关资料，在此不作介绍。

5.2.2　模拟示波器的主要技术指标

1. 频带宽度 *BW* 和上升时间 t_r

如不加说明，示波器频带宽度 BW 均为 Y 通道的频带宽度，它是 Y 通道输入信号上、下限频率 f_H 与 f_L 之差，即

$$BW = f_H - f_L \tag{5-1}$$

现代示波器的 f_L 一般延伸至 0Hz，因此可用上限频率 f_H 表示示波器的频带宽度。

上升时间 t_r 表示输入为脉冲信号时，Y 通道的过渡特性（瞬态响应特性），可

定义为在Y通道输入一个理想的脉冲信号时，显示波形从稳定幅度的10%上升到90%所需的时间。上升时间反映示波器跟随输入信号变化的性能，t_r越小，性能越好，可测信号的频率就越高。频带宽度BW与上升时间t_r之间存在如下关系

$$BW \times t_r = 0.35 \tag{5-2}$$

为了在测量时不产生明显的测量误差，通常要求$t_r < t_{ry}$，否则，应按下式修正

$$t_{ry} = \sqrt{t_{ro}^2 - t_r^2} \tag{5-3}$$

式中，t_{ry}为被测脉冲的实际上升时间，t_{ro}为根据波形直接测出的被测脉冲上升时间，t_r为示波器的上升时间。

2. 垂直偏转因数与精度

电子束在示波器Y轴方向偏转单位刻度所对应的输入电压值称为垂直偏转因数。垂直偏转因数越小，示波器的垂直偏转灵敏度越高。通用模拟示波器的偏转因数一般可达5mV/div，“×5”扩展后可达1mV/div。

垂直偏转因数的精度反映示波器测量电压值时的误差比例。一般情况下，未扩展时的垂直偏转因数精度较高（如±3%），扩展后的精度略有下降（如±5%）。

3. 时基因数与精度

电子束在示波器X轴方向偏转单位刻度所对应的时间称为时基因数。时基因数越小，示波器在水平方向展开信号波形的能力就越强，就越适合于观察高频信号或快速脉冲信号。通用模拟示波器的时基因数一般可达0.2μs/div，水平“×10”扩展后可达0.02μs/div。

时基因数的精度反映示波器测量时间的误差比例。一般情况下，未扩展时的精度较高（如±3%），扩展后的精度略有下降（如±5%）。

4. 输入阻抗与最大输入电压

示波器的输入阻抗为通道的输入电阻与输入电容的并联等效阻抗值，一般会同时标注输入电阻值和输入电容值（如1MΩ±5%/20pF±5pF）。输入阻抗越大，示波器对被测信号的影响越小。选择示波器时，一般希望仪器的输入电阻大、输入电容值小。

5. 通道工作模式与同步系统工作方式

示波器的通道工作模式影响到观察信号的方式，常见的工作模式有：单踪模式、双踪交替模式、双踪断续模式、相加模式等，配合通道信号的反相功能，示波器也可观察两信号差值所对应的波形。

同步系统的工作方式即触发方式，影响到示波器的同步性能及其适于观察

的信号种类，常见的触发（同步）方式包括：自动触发、常态触发、单次触发、电视信号触发等。

6. 环境条件要求与平均无故障工作时间

通用模拟示波器对于使用及存储环境的要求主要体现于环境的温度、湿度值上。例如，工作温度范围－10～＋50℃、使用湿度范围20～90％RH等。

平均无故障工作时间（MTBF）为规定条件下两次故障的平均间隔时间，反映了仪器或系统的可靠性。通常，通用模拟式双踪示波器的平均无故障工作时间应大于500～800h。

5.3　数字示波器

5.3.1　概述

无论是电信号还是非电量信号，都可分为周期性重复信号、非周期性重复信号和不可重复的单次信号。一般来说，对于大多数周期性信号，以及那些虽然不是周期性的，但是能够重复发生且重复速率较高（每秒几十次以上）的信号，使用传统的模拟示波器都能进行较好的观察和测量。然而，对于不能重复出现的单次信号，以及那些重复周期很长（几秒钟以上）或持续时间很短的信号，由于CRT荧光粉余辉时间的限制，很难得到满意的测量结果。

随着科学技术的飞速发展，在核物理学、材料力学、激光、爆炸、电力等各个领域，随机信号和单次信号的捕捉、测量和研究越来越受到人们的关注与重视。特别是在信息技术领域，高速计算机、高速数据通讯和高速数字集成电路及其系统，对示波器单次信号测量能力提出了新的挑战，也为数字存储示波器（Digital Storage Oscilloscope，简称DSO）带来了发展机遇。从20世纪80年代开始，DSO得到蓬勃发展。

早期的数字存储示波器，是在模拟示波器的基础上，额外增加一个数字化和存储电路，经过数字存储之后的信号，仍然需要转换为模拟信号送给静电偏转CRT进行显示。随着微处理器和平板显示技术在数字存储示波器中的应用，被测信号数字化存储以后的数字信号不再转换为模拟信号，而是经过计算机处理，直接以像素的方式显示出来。因此，数字存储示波器又称为数字化示波器，后来统称为数字示波器。

如今的有线电话、无线移动通信、卫星通信、网络传输、数字电视等各种数字通信和信息业务，都以复杂的数据流传输为基础，许多质量指标和性能，包括码间干扰、抖动、眼图分析等，必须在时域范围内对信号波形质量进行分析和评价，传统的模拟示波器无能为力，数字示波器已成为必不可少的测量手段和工具。

20世纪90年代以来,集成电路技术的高速发展为DSO技术的迅速成熟提供了条件,国外各大仪器厂家纷纷投巨资开发DSO产品,示波器的发展历史由此发生了翻天覆地的变化。最新数字示波器的取样速率和测量带宽高达120GSa/s和45GHz以上,数字示波器全面取代传统模拟示波器的时代已经到来。

5.3.2 数字示波器的主要特点

DSO采用数字和计算机技术,可根据需要对数字化的信号进行存储、运算等处理,最终恢复并显示被测信号波形,因而在观察瞬变信号或非周期信号波形时显示出独特的价值,具备许多传统模拟示波器(包括早期意义的数字存储示波器)无法比拟的特点和优点:

(1) 能够捕捉单次信号、随机信号、低重复速率信号,并进行测量和分析。

(2) 能够获得触发前或触发后的信息。

(3) 通过软件实现自动参数测量,测量精度高,不受人为因素影响。

(4) 灵活多样的触发和显示,增加了捕捉和测量能力。

(5) 容易进行波形存储、比较和后处理。

(6) 容易实现硬拷贝输出、存档和交流。

(7) 容易组成自动测试或远程控制系统。

(8) 容易扩展为其他专用设备,如加上通信信号分析软件成为通信信号分析仪等。

(9) 容易构建虚拟系统,如由与PC相连的数据采集卡和软件构成的虚拟DSO等。

同时需要说明一点,由于DSO的信号采集、转换与重构需要一定的时间,DSO显示的波形在时间上存在一定滞后,并非实时信号波形,且可能会因为采样与波形重构等方面的原因损失部分波形信息,但可以通过适当的触发方式予以弥补。

5.3.3 数字示波器的基本结构与工作原理

1. 波形取样与恢复

为了观察、测量和研究模拟信号,通常要求示波器必须不失真地显示出被测波形,数字示波器也是如此。但是,DSO与传统模拟示波器不同,它首先将被测信号经过取样和数字化,变成一些离散的信号样本后,再经过重新组合把波形显示在屏幕上。DSO是如何保证所恢复出来的被测波形不失真、不走样呢?

根据奈奎斯特抽样定理,一个频带有限的信号 $f(t)$,如果它的最高频率为 f_m,则可以用 $2f_m$ 以上的均匀抽样的离散值代替原信号,不会丢失任何信息。

由离散的样本恢复原始模拟信号，只要将离散变化的信号通过截止频率为 $\omega_m=2\pi f_m$ 的低通滤波器即可。在时域，相当于抽样函数与取样点的卷积，即

$$f(t)=\sum f_n Sa(\omega_m t-n\pi) \tag{5-4}$$

式中，f_n 为离散样本的幅值，$Sa(\omega_m t-n\pi)$ 为抽样函数。

上式表明，将每个离散值幅度的抽样函数，按照时间顺序进行叠加求和后，即可恢复原始信号的波形。信号的抽样与恢复过程如图 5.4 所示。

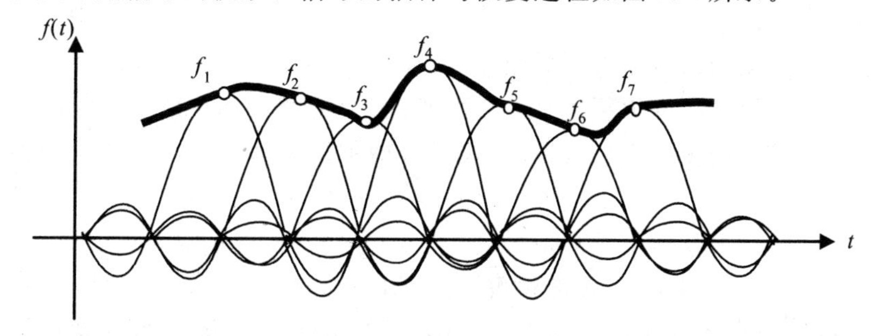

图 5.4　模拟信号的抽样与恢复

日常生活中有很多这样的例子。如电影胶片上的一幅幅画面，就是以均匀时间间隔对景像进行抽样的离散样本。我们对波形进行恢复，就好比看电影，当电影胶片以 48 帧/秒的速度放映时，由于人的视觉残留效应（相当于低通滤波器），呈现出来的就是连续动作的图像。

取样电路是实现抽样的器件，可等效成由一个高速开关 K 和一个保持电容 C_S 所组成的电路（如图 5.5 所示）。

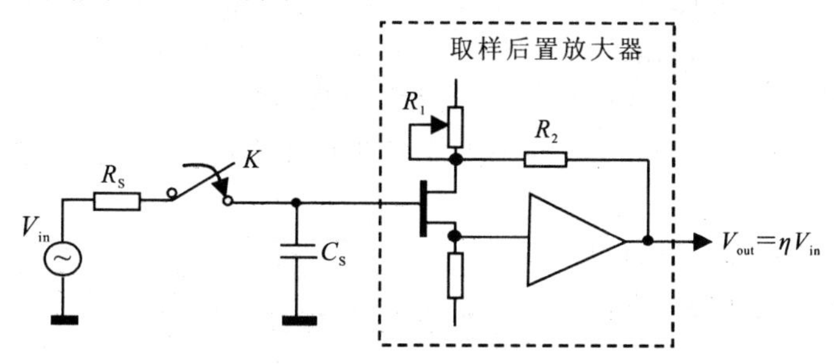

图 5.5　取样器原理电路

取样器后面通常跟随一个后置放大器，起到放大和缓冲的作用。取样脉冲序列，以时间间隔 T 打开取样门开关 K，在取样门极短的接通时间 τ 内，信号源对保持电容充电，所充电位的高低与取样时刻信号的幅度大小成比例。取样效率 η 通常与取样门动态内阻 R_S 以及保持电容 C_S 的大小有关，当 C_S 的值趋近零时，η 接近 100%。因此，希望保持电容 C_S 的值越小越好。

减小保持电容 C_S 的方法，主要是靠调节取样后置放大器的 R_1 和 R_2 组成的

正反馈电路来实现的。因为取样后置放大器的正反馈在场效应管的栅极形成一个负电容，与输入端的电容相互抵消，如果设计并调节得当，可以使总的等效取样电容趋于零，从而实现接近100%的取样效率。

2. DSO的取样方式

根据对采集样本重组技术的不同，数字示波器有实时取样和等效取样两种取样方式。

(1) 实时取样

实时取样是指通过一次取样收集，对所采集的样本点按时间顺序进行简单排列重组出被测波形的取样方法，其原理示意图如图5.6A所示。实时取样的每个采集周期都能重组出输入波形，没有等效取样积累波形样本所必须的重复采集过程。

实时取样示波器测量重复信号和单次信号具有相同的测量带宽，称为实时带宽(Real－Time BW)。通常情况下，采用内插算法进行显示时，实时取样DSO的取样频率是带宽的4～5倍。如果不采用内插显示，取样速率应为实时带宽的8～10倍。

提高实时带宽的唯一方法就是提高取样速率。如要实现500MHz的实时带宽，通常要求ADC的转换速度高于2GSa/s。因为高速ADC和存储器非常昂贵，所以大带宽、深存储实时取样DSO的价格都很高。

(2) 等效取样

很多数情况下，被测信号是重复的。这为我们以较低的取样速率获得更高的测量带宽提供了可能，等效取样由此产生。

利用被测信号的周期特性，采用适当的方法，拼合多个采集周期的样本数据进行波形重构，可使恢复波形的取样点十分密集，相当于以非常高的取样速率进行的实时取样，这就是等效取样。等效取样有随机取样和顺序取样两种实现方法。

所谓随机取样，是指在每个采集周期采集一定数量(通常较少)的样本，通过多个随机采集周期的样本积累与组合，最终恢复出被测波形的取样方法，其原理示意图如图5.6B所示。

随机取样时，被测信号与DSO取样时钟之间的相位通常是不同步的(为了避免同步，常在DSO内部，对取样时钟采取一定的措施)，因而每个采集周期的触发点(通常是由信号沿产生的时间参考点)与取样点之间的时间位置关系是随机的。在每个采集周期内，触发点与下一个取样点之间的时间由触发精密内插器测量。恰当地设计触发内插器，就能大大提高示波器的时间测量分辨率。如样点间隔为10ps时，等效取样率即为100GSa/s。

所谓顺序取样，是指在每个采集周期采集一定数量(通常较少)的样本，通过多个等时间间隔(通常很小)采集周期的样本积累与组合,最终恢复出被测波形的取样方法,其原理示意图如图 5.6C 所示。

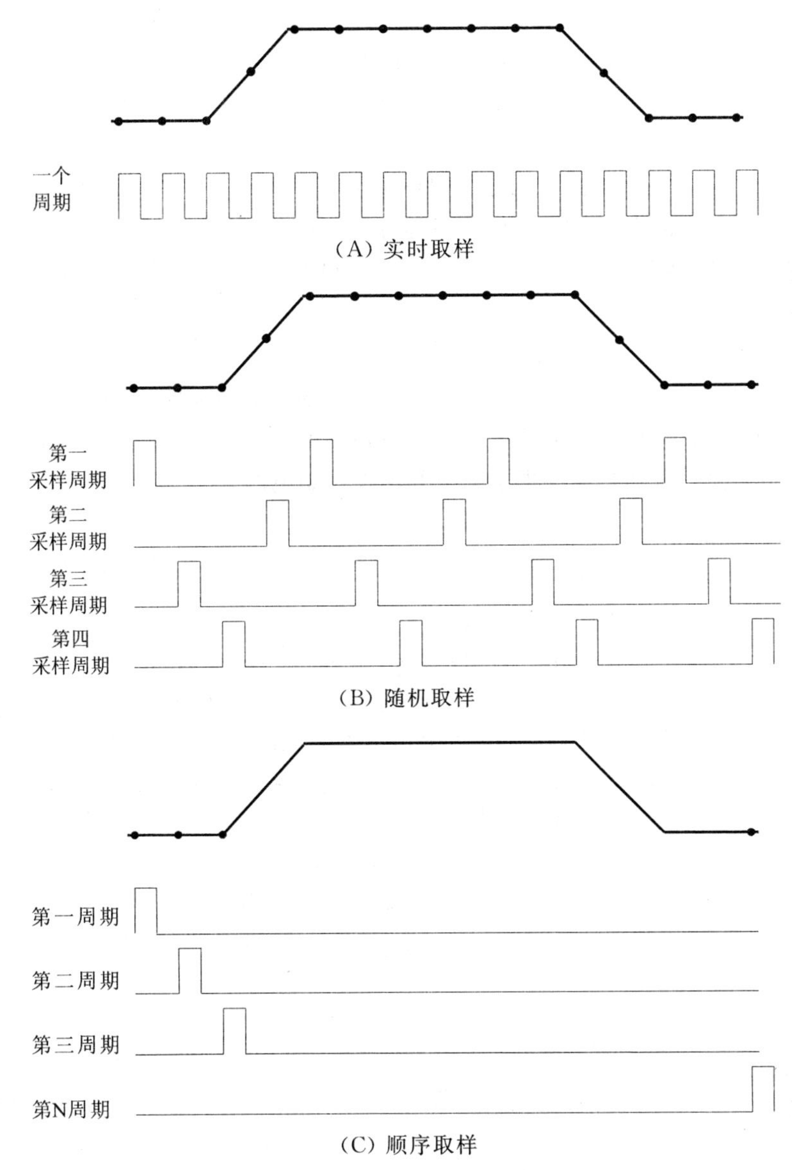

图 5.6　DSO 取样方式示意图

等效取样能获得极高的等效取样速率,从而获得极高的带宽(重复带宽),具有很高的性价比。中国电子科技集团第 41 研究所生产的 AV4446A,其最大取样速率为 1GSa/s,但最高等效取样速率高达 250GSa/s;安捷伦公司生产的 86100D 更是依赖 40kSa/s 的连续取样速率实现了 3～90GHz 的测量带宽。

等效取样示波器在每个采集周期只取很少的波形样点，要想采集足够多的样本，需要更长的时间，因而只能观察重复信号，不能进行单次捕捉和预触发，这是它无法克服的缺点。

事实上，为了获得较高的重复信号测量带宽，又能应对一般单次信号，从而取得更高的性价比，大多数 DSO 都同时具备实时取样和等效取样两种取样功能。

目前，生产厂家一般会分别给出 DSO 的重复取样带宽和单次取样带宽。如果生产厂家给出的取样速率是该产品标称带宽的 8～10 倍，则说明标称带宽是单次取样带宽，例如美国 Tektronix 公司的 TDS3000 和 Agilent 公司的 54800 就是如此。

3. DSO 的结构与工作原理

数字示波器一般由模拟通道、触发控制、数据采集与存储、时钟电路、接口与控制、处理器系统、显示电路、输入/输出设备和电源构成(如图 5.7 所示)。下面简要介绍与使用密切相关的模拟通道和触发控制电路。

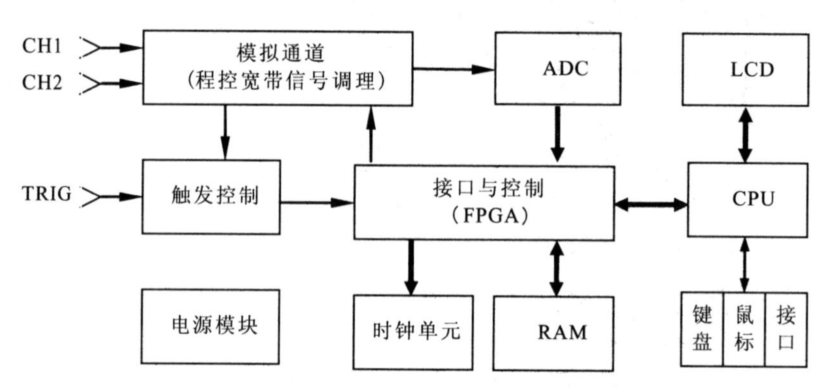

图 5.7 数字示波器基本原理框图

模拟通道主要由阻抗变换器、步进衰减器和可变增益放大器组成(如图 5.8 所示)。

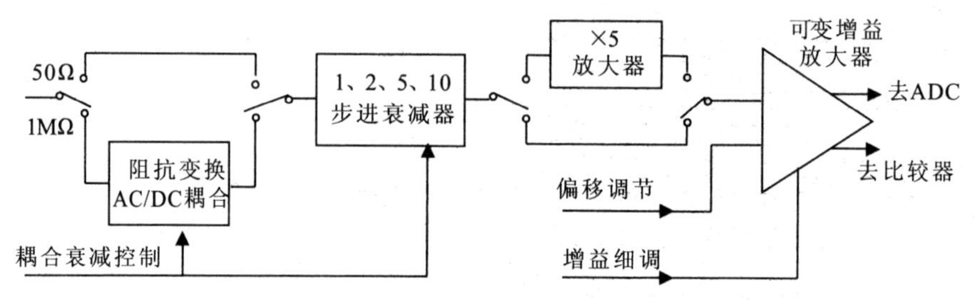

图 5.8 模拟通道电路

阻抗变换器只有1MΩ输入阻抗被选择时才起作用，并同时具有AC/DC耦合控制选择和垂直偏移调节控制能力，当选择50Ω输入时，探头输入信号直接连通到步进衰减器；步进衰减器由÷2、÷5、÷10三级π型衰减组成，最大衰减量为100，也可以被旁路直通而不产生衰减；可变增益放大器能够进行幅度增益细调、带宽限制选择、限幅和差分放大，形成两路输出：一路经过缓冲放大器到采集电路进行A/D转换，另一路到触发同步比较器，经比较整形后，产生触发同步脉冲信号，供给数字触发逻辑电路。

触发电路主要由触发同步比较器、触发源选择、异步/同步触发翻转器、双斜坡扩展器、内插计数、释抑等电路组成(如图5.9所示)。触发同步比较器的主要作用包括触发源选择(由哪个通道进行触发同步)、触发条件选择(上升沿或下降沿或电平)、触发方式选择(毛刺触发、组合逻辑触发)等触发逻辑电路。触发发生器和精密内插器的任务是产生触发同步信号，并通过二次内插斜坡电路的扩展，对取样点到触发参考点的时间间隔进行精确测量，由精密内插计数器获得的数据表达某个取样点在显示波形上对应的精确位置。时钟与触发电路的性能直接影响波形显示的稳定性和测量信号的准确程度。

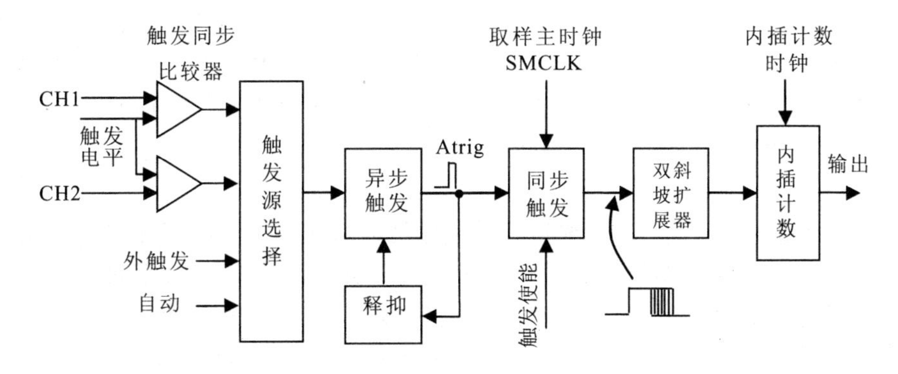

图5.9　触发电路原理框图

显示系统必须以尽可能高的速率对显示波形进行更新，提高波形采集和显示的实时性。同时，显示系统还能帮助主CPU承担一些数据处理任务，让主CPU有更多的时间去处理采集的数据，从而减少波形采集的间隔时间，增加捕获波形的比例，降低波形遗漏的概率(如图5.10所示)。为了达到这个目的，许多DSO采用专门电路控制显示系统工作。

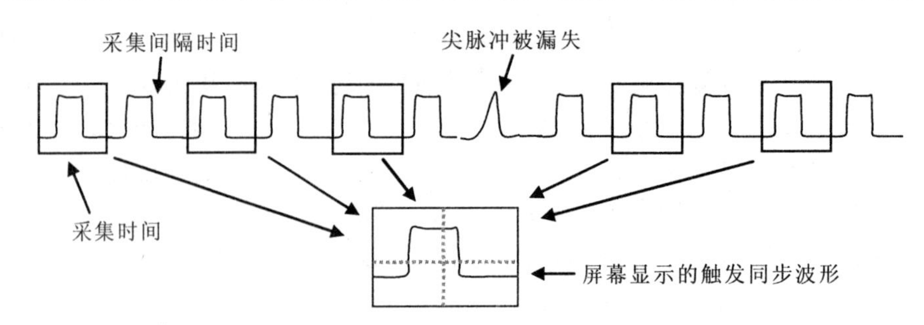

图 5.10 DSO 在采集间隔时间上漏失掉的尖脉冲

5.3.4 数字示波器的主要技术指标

数字示波器的部分技术指标，如垂直灵敏度与精度、时基因数与精度、触发灵敏度与精度等，与通用模拟示波器几乎没有什么区别。数字示波器所特有的技术性能和指标并不多，主要有取样速率（等效取样速率）、记录长度（或称存储深度）、实时带宽（或单次带宽）、有效比特分辨率、平均（平滑）显示、毛刺触发等。

需要说明的是，由于具有强大的数字信号处理能力，DSO 的触发功能通常要比通用模拟示波器强大得多，毛刺触发是其独有的触发方式。有些 DSO 还提供了类似逻辑分析仪的时间延迟触发、事件延迟触发、模式触发、上升或下降时间触发等功能。正是这些强有力的触发功能，为 DSO 在数字逻辑电路设计、调试和维修中的应用提供了极大方便。

1. 取样速率与记录长度

通常，DSO 厂家给出的取样速率指标是最高取样速率，由于数据存储器深度（记录长度）的限制，取样时钟频率（保存数据样本的速率）不能总是等于 ADC 的最高转换速率。也就是说，DSO 不可能（也不需要）总是以最高取样速率工作，实际取样速率与设置的扫速（扫描时间因数）和记录长度有关。取样速率 f_s 与扫描时间因数 s/div 以及记录长度 N 之间的关系可表示为

$$f_s \times (s/div) \times 10 = N \tag{5-5}$$

很明显，只有记录长度更长的 DSO，才能够以更高的取样速率捕捉更长时间的信号波形。这说明，要想观察到又长又复杂波形的细节，不仅需要取样速率高，也需要记录长度大。由于高速存储器制造技术和显示处理技术的限制，目前 DSO 的记录长度（RAM 的容量）还不可能无限加长。当测量周期性重复信号时，DSO 可以工作于随机取样方式，取样速率和记录长度不会给测量带来太大的影响。可是，当用于捕捉单次信号，或者同时观测高速和低速两种信号，或者时间相距较远的快变事件时，记录长度就显得十分重要了。

举例来说，如果使用存储深度为 4kpts 的数字示波器，即使最高取样速率为 1GSa/s，当扫描时间因数设在 2ms/div 时，取样速率必须随之降至 200kSa/s。

也就是说，时间分辨率（样点间隔）增大到 5μs，不可能看清数据流中的细节情况。当然，这种示波器通常也不具备“窗口放大”和“移动观察”能力。

图 5.11 表示三种不同 DSO 的扫速、取样速率和记录长度的关系曲线。从图中可以看出：一台最高取样速率为 1GSa/s、记录长度为 1kpts 的 DSO，当扫速为 100μs/div 时，实际取样率已降到 1MSa/s（A 点）；而另一台 DSO 虽然最高取样速率只有 100MSa/s，但由于记录长度达到 1Mpts，在同样扫速下，仍然能保持 100MSa/s 的取样速率（B 点）；还有一台 500MSa/s 最高取样速率、100kpts 记录长度的 DSO，在相同扫速下，取样速率大于 100MSa/s（C 点）。

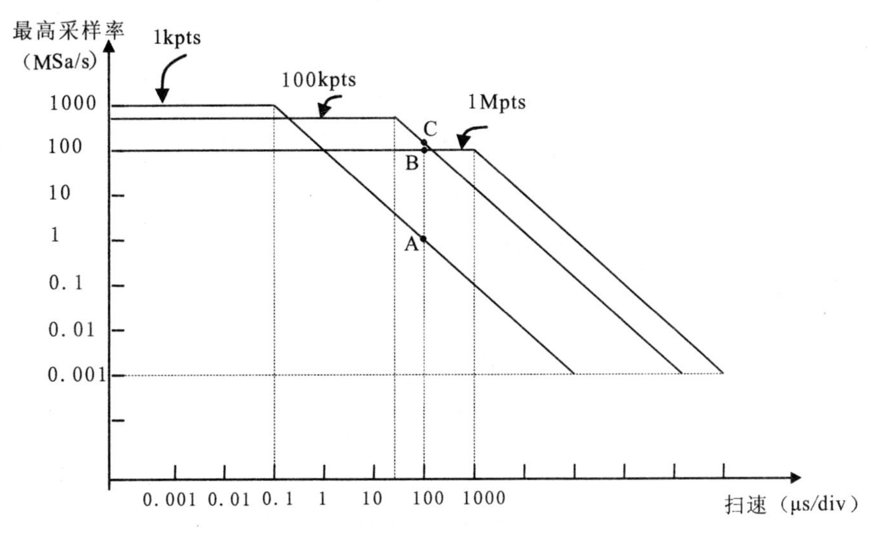

图 5.11　扫速、取样速率和记录长度关系曲线

2. 重复带宽、单次带宽和实时带宽

DSO 的重复带宽是指测量重复信号时所表现出来的示波器带宽。此时的 DSO，一般都工作于等效取样（随机取样或顺序取样）方式。前面已经讲过，在等效取样方式下，要求信号必须是周期性重复的，DSO 一般要经过多个采集周期，对采集到的样本进行重新组合，才能精确地显示出被测波形。

DSO 的单次带宽又称实时带宽，是指不需要多个采集周期的样本积累，仅一次采集就能构造出精确的被测波形。为了准确地恢复波形，一般要求取样频率是实时带宽的 10 倍左右。也有产品规定取样频率是实时带宽的 4～8 倍，此时需要对被测波形数字化后的数据进行插值。经插值算法恢复的波形会产生 5%左右的幅度误差，其结果表现为被测信号受到额外调制。使用示波器测量波形时，一般对测量精度不会有特别高的要求，基本上可以放心使用。

3. 有效比特分辨率

模拟示波器的垂直分辨率以示波管良好聚焦情况下每格多少线来表示，由于模拟信号的连续性，通常认为模拟示波器的分辨率是无限的。而DSO的垂直分辨率是以比特数来表示的，所以叫比特分辨率。当前各公司给出DSO的比特分辨率都是DSO内ADC的比特数，只代表理想情况下满刻度信号的量化能力。实际上，ADC的真正比特分辨率，应该用有效比特分辨率来衡量。有效比特分辨率与被转换信号的频率和输入信号的信噪比有关，具体原因比较复杂，读者可以参阅相关书籍，这里不予讨论。

通常情况下，ADC的有效比特分辨率都会随着输入信号频率的提高而下降，且不同的ADC器件具有不同的变化特性。例如，同为200MSa/s、8bit的AD770和CXA1076，在输入100MHz满刻度信号时，前者的有效比特分辨率约为5bit，而后者不到4bit。在DSO整机中，通道噪声、非线性、时基抖动、代码丢失等都会降低ADC的有效比特分辨率。因此，简单地用ADC转换器的比特数代表DSO的垂直分辨率，是不科学的，用户对此应有所了解。

4. 平滑与平均显示

为了减小通道噪声的影响，一般数字示波器都具有平滑和(或)平均显示功能。

平滑功能的具体过程是：在一次采集过程中，连续不断地按顺序从ADC产生的、每组相邻的N个样本进行平均，再将平均的结果作为一个样点送去显示。平滑功能由硬件通过流水线运算完成，能够实时地显示波形的变化情况。显然，平滑功能可以用于单次信号测试，但要求显示窗口内包含足够多的样本(至少是显示样点数的N倍)，因而只有在较慢的扫描时间因数($\geq 2\mu s/div$)时才能使用。

平均显示是通过多次重复采集，将不同采集周期中落在同一个时间窗内的样点进行平均，再进行波形显示的过程。平均显示通常由软件完成，要求信号必须是周期性重复的，这是平均与平滑两种显示方式的重要区别。

在平均显示方式下，由于平均运算的当前结果含有“老样本”的特征，当输入信号变化时，显示波形可能不会立刻变化，特别是当平均次数较多时，显示波形变化迟缓的现象非常明显，这也是平均和平滑两种显示方式的另一个差别。

5. 毛刺触发

在众多的触发功能中，毛刺触发是DSO所特有的重要功能，也是进行复杂数据流测试和查找数字电路硬件故障能力的有力工具。一般情况下，DSO说明书上都会给出最小毛刺宽度和毛刺宽度设置分辨率指标。

所谓“毛刺”是指有用信号中夹杂的、不希望的窄脉冲。毛刺的宽窄程度是相当于有用信号而言的。最窄毛刺宽度是指DSO能够捕捉得到的最窄脉冲，它与通道带宽和检测毛刺的时钟周期有关。如果通道带宽足够，最窄毛刺宽度仅取决于检测毛刺的时钟周期。

毛刺触发包含了脉冲宽度触发的概念。毛刺触发条件既能设置成正脉冲或负脉冲、大于或小于某个脉宽值，也可以设置成介于两个脉冲宽度值之间，实际使用用非常灵活。

5.4 典型数字示波器介绍

5.4.1 YB44200 型数字存储示波表

江苏绿扬电子仪器集团有限公司推出的数字存储示波表 YB44200，将示波器、数字表和记录仪功能融于一身，拥有波形回放/缩放和光标测量、幅度域/时间域参数自动测量、通道波形运算、FFT 频谱分析、波形记录、RS232 接口通讯以及 $3\frac{3}{4}$ 位数字电压表等功能，配备可充电锂电池组，非常适合于野外使用。

1. 基本原理与电路组成

YB44200 的整机电路如图 5.12 所示，主要由程控宽带信号调理单元、触发单元、高速数据采集与存储单元、高速 DSP 处理单元和数字表单元等电路构成。

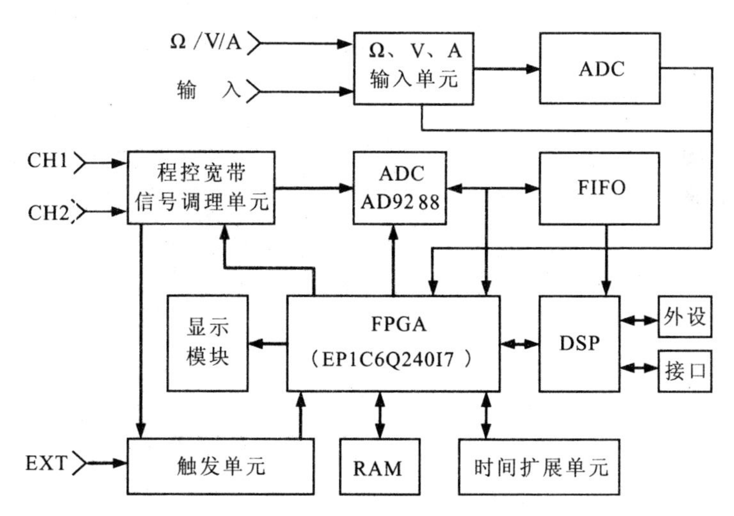

图 5.12　YB44200 数字存储示波表原理框图

输入通道为程控宽带信号调理单元，由高阻输入无源衰减网络、前置输入放大级、可变增益放大/衰减级、输出驱动级组成，并插入了耦合方式、带宽限制、移位等可实现程控调理的电路；后者由触发信号调节、触发比较器、触发抑制和主触发器组成。

在高速数据采集与存储单元，使用了 100MSa/S、8bit 的 ADC（ADI 公司的

AD9288),可通过分相差拍并行采样实现 200MSa/S 的实时采样速率,通过低功耗高速电路设计、屏蔽、隔离、电源滤波等措施,保证了时基的精度和触发的可靠性。

在高速数字信号处理单元,采用 TMS320VC5416 承担信号数字化采集过程控制、数据快速传输、数字信号分析、信号波形重建、键盘处理与显示控制等任务,具有较强的控制功能和很强的实时数据处理能力。

数字电压表单元具有为电压、电流、电阻/通断、二极管测量功能而设计的独立输入通道(如图 5.13 所示),由极低功能耗 ADC、程控有源电阻网络和限流保护电路构成。程控有源电阻网络由精密电阻、模拟开关矩阵组成,可以根据测量功能,通过 FPGA 设定精密电流源,实现网络组态的逻辑重构。14bit 精密 ADC 采用 20mW 极低功耗的 MAX134CQH,可确保电压、电流、电阻的测量精度不大于±2%。整个测量系统具有独立的显示界面,进入该测量功能后,示波表系统不相关的硬件都被转入睡眠状态。图 5.13 虚线内的电路是系统资源。

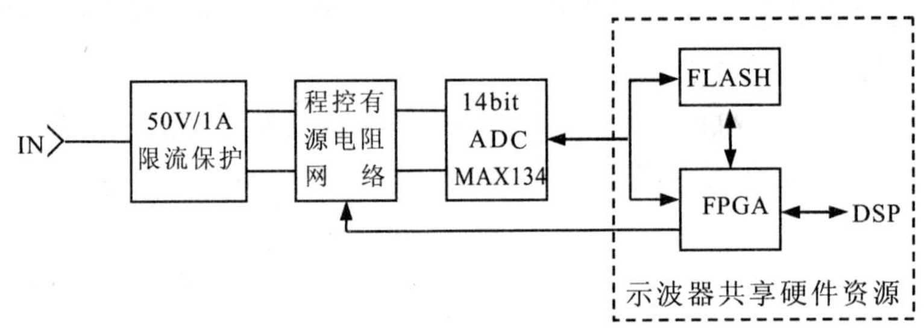

图 5.13　YB44200 的数字表输入电路

2. 主要特点及技术指标

- 万用表功能
- 记录仪功能
- 模拟带宽:200MHz
- 最高取样速率:200MSa/s
- 等效取样速率:10GSa/s
- 最大存储深度:32000pts/通道
- 波形存储器数量:5 个
- 垂直分辨率:8bit
- 扫描时基:2.5ns/div～50s/div
- 时基精度:100×10^{-6}
- 垂直偏转系数:2mV/div～50V/div
- 电压测量精度:$3\frac{3}{4}$位

3. 使用注意事项

(1) 示波器功能使用注意事项

◆ 额定输入电压范围为400V(DC+AC),不能输入超过此范围的信号

◆ 具有自动关机功能,如准备长时间使用,需关闭自动关机选项

◆ 具有自动测量功能,但必须使能"读数"状态,否则所有测量参数都无法读出

◆ 能自动存储最近的10个屏幕显示,具有回放功能,但只能在250ns～50ms/div的时基范围内工作

◆ 具有缩放功能,可方便得到更清晰的观测信号

(2) 数字表功能使用注意事项

◆ 输入电压、电流值不能超过最大量程,否则会损坏数字表

◆ 如果使用外接电源,测量电压时黑笔棒千万不要外接电压的正极端

◆ 所有参数的测量值都要等到仪器的显示值稳定后,才能读出

◆ 为了更精确地测量,最好直接使用内置电源

◆ 使用数字表测量时,必须拆除示波表上的探头和RS232连接线

◆ 手动测量时,测量值在某量程下溢出后,测试值会闪动,此现象是提醒切换更大量程进行测量

◆ 电流测量时,需利用电流测试盒(选件),且测试盒的量程要与数字表的量程一致,否则读出的测量值为错误值

(3) 记录仪功能使用注意事项

◆ 最长记录时间可达69.4小时

◆ 记录模式下的其他操作都必须在记录停止后才能进行

◆ 记录模式只有当扫描时基在100ms/div～250s/div范围内起作用

◆ 要想退出记录仪功能,需要先退出记录状态

◆ 在记录仪功能下,可以借助光标和缩放分析功能进行更详细的波形分析

◆ 在Single Sweep模式下,存储器记录满后,自动停止记录;在Continuous模式下,存储器记录满后,会继续记录,最前端的数据依次被覆盖

5.4.2 DPO7000C系列数字荧光示波器

作为高性能示波器的代表之一,美国泰克公司的DPO7000C系列数字荧光示波器(如图5.14所示)具有4个通道,模拟通道带宽500MHz～3.5GHz可选,最高采样速率可达40GSa/s,所有通道标配高达12.5Mpts的记录长度,并有两条通道的记录长度可以选配到500Mpts,从而能在捕获长时间信号时,仍然保持精细的时间分辨率。

DPO7000C系列数字荧光示波器提供了强大的触发、高级搜索与标记、

MultiView Zoom 等功能，用户可以迅速发现和捕获异常事件，十分方便地从波形记录中找到事件，迅速查看波形并分析事件特点和被测器件特征。通过选配15种软件和常用技术分析软件包，可以完成更为复杂和深入的分析任务。

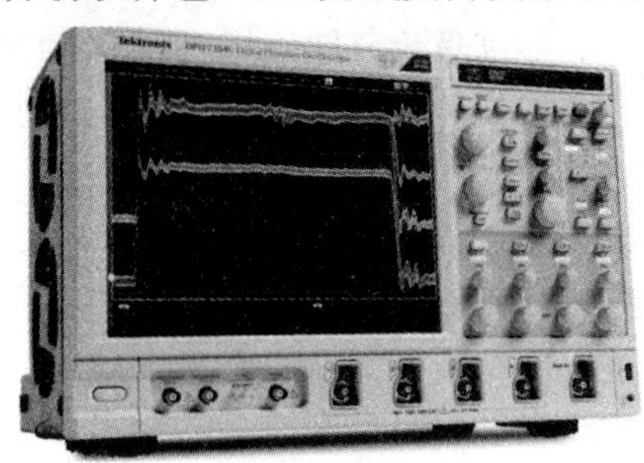

图 5.14　DPO7000C 系列数字荧光示波器

1. 主要性能指标

◆ 0.5/1.0/2.5/3.5GHz 多种带宽可选

◆ 提供 4 通道高达 10GSa/s 的实时采样率，单通道时可高达 40GSa/s

◆ MultiView Zoom 技术，单通道高达 500Mpts 的记录长度

◆ FastAcq 技术，波形捕获速率最高可达 250,000 次/秒以上

◆ FastFrame 分段存储采集模式，波形捕获速率最高可达 310,000 次/秒以上

◆ 多种带宽可选的通道滤波器，有效提高低频信号的测量精度

2. 主要特点

◆ 灵活强大的触发功能，支持 1400 多种触发组合，几乎满足所有的触发需求

◆ 高级搜索和标记功能，方便在整个波形记录中查找具体事件

◆ MyScope 定制窗口和鼠标右键菜单，使用非常方便

◆ 53 种自动测量、波形直方图和 FFT 分析，简化了波形分析工作

◆ TekVPI 探头接口，支持有源探头、差分探头和电流探头，能自动确定度量单位

◆ 多个串行触发和分析选件，包括 I^2C/SPI/RS232/RS422/RS485/UART/USB2.0 自动串行触发和解码选件、CAN 和 LIN 自动串行解码及车载网络监测选件、串行数据流时钟恢复选件、64 位 NRZ 串行码型触发选项等

◆ 多种软件解决方案内置专业知识选件，实现以太网和 USB2.0 一致性测试、抖动分析、定时分析、眼图分析、功率分析、DDR 存储总线分析及宽带 RF 测试等

◆ Win7 64 位操作系统，方便连接及集成到用户环境中
◆ 集成 10/100/1000M 以太网端口，实现联网能力
◆ 多个 USB 主控端口，方便数据存储、打印以及连接 USB 外设
◆ 视频输出端口，可以把示波器显示画面直接导出到监视器或投影仪上
◆ 12.1 英寸高亮度 XGA 触摸显示屏

3. 实用功能

(1) 数字荧光与发现功能

DPO7000C 系列采用的数字荧光技术能让用户快速了解设备的实际工作情况。所谓数字荧光技术，就是将多次采集的信号波形按一定方法进行叠加显示，用显示亮度(或颜色)表示信号出现的频次，频次越高，对应的波形显示点就越亮，反之就暗。数字荧光可以迅速突出显示发生频次高的事件。当然，如果存在偶发异常事件，突出差别显示的就是发生频次低的事件了(如图 5.15 所示)。用户可以选择无限余辉或可变余辉，确定前一个波形采集在屏幕上的停留时间，进而可以确定异常事件的发生频次。

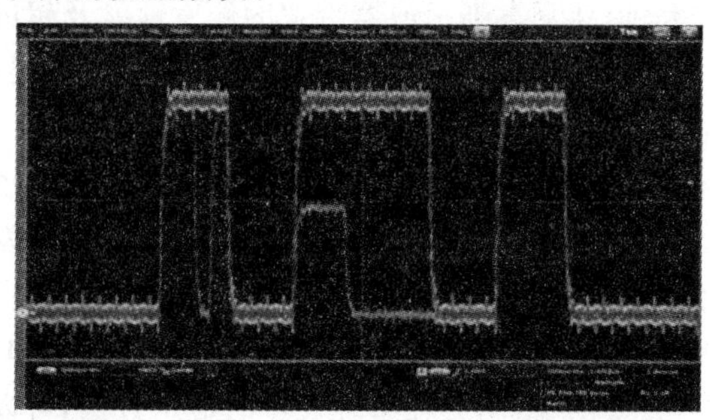

图 5.15　DPO7000C 的数字荧光与发现功能

通过泰克专有的 FastAcq 技术，DPO7000C 系列示波器每秒可捕获超过 250,000 个波形，能以非常高的概率，迅速发现数字系统中常见的偶发问题，如欠幅脉冲、毛刺、定时问题等，从而帮助用户迅速了解电路的实际工作情况，在很短的时间内发现毛刺和其他偶发瞬态信号，揭示被测设备出现问题的真正原因。

DPO7000C 系列提供的信号查看功能，结合实时颜色辉度等级的数字荧光显示，通过颜色识别发生频度高的信号区域，显示信号活动的历史信息，从而以可视方式显示异常事件的发生频次。

(2) 捕获功能

发现电路问题后，必须捕获关心的事件，才能确定信号异常的根本原因。DPO7000C 系列提供了一套完整的触发功能，包括欠幅脉冲触发、毛刺触发、脉宽触发、超时触发、跳变触发、码型触发、状态触发、建立时间/保持时间违规触发、窗口触发、通信模板触发和串行解码触发，可以帮助用户迅速找到异常事件。

如图5.16是通过特定串行数据包内容触发功能，快速捕获到的RS232总线上的特定发送数据包。

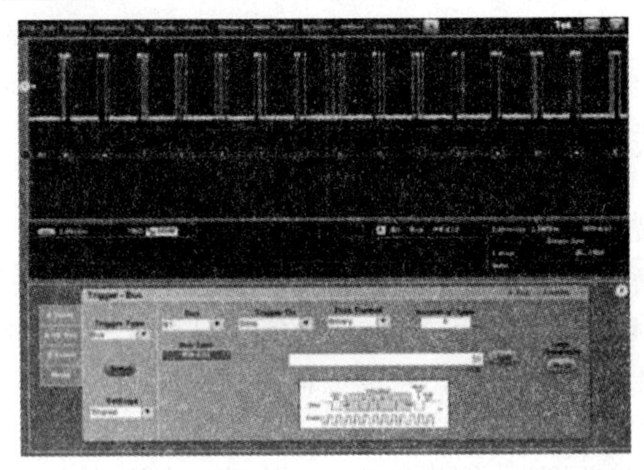

图5.16 DPO7000C的捕获功能

为调试和验证复杂的系统，DPO7000C系列提供了Pinpoint触发功能。它采用硅锗(SiGe)技术，提高了直到示波器带宽的触发性能及超过1400种触发组合。大多数触发系统只在单个事件(事件A)上提供多个触发类型，延迟触发(事件B)选择局限于边沿型触发，如果事件B没有发生，通常不会提供触发顺序复位方式。而Pinpoint触发则同时在A触发和B触发上提供全套高级触发类型，并支持复位触发，在指定时间、状态或跳变后会再次启动触发顺序。因此，即使是非常复杂信号中的事件，仍能被DPO7000C捕获。

捕获复杂信号的异常变化点可能需要数小时的时间收集和数千次采集。通过定义触发，隔离不想要的事件，只在事件发生时显示数据，可以加快这一过程。选配的可视触发功能通过扫描所有采集波形，并把它们与屏幕上的波形区域(几何形状)进行对比，可以迅速简便地识别想要的特殊事件。

由于高达500Mpts的记录长度，可以用足够高的采样率，在一次采集中捕获多个关心的事件，供进一步分析或放大观察信号细节。通过MultiView Zoom技术，可以同时考察多个波形捕获段，实时比较触发事件。在FastFrame分段存储模式下，可更有效地利用记录长度，在一个记录中捕获更多个触发事件，消除关心事件之间的长时间空白，可以单独或重叠方式查看和测量多个段。

从触发特定数据包内容到自动以多种数据格式解码，DPO7000C系列支持业内最广泛的串行总线，包括I^2C、SPI、RS232/422/485、UART、USB2.0、CAN、LIN和USB等。能同时解码最多16条串行总线，迅速了解系统级问题。

(3) 搜索功能

如果没有适当的工具，在长波形记录中搜索关心的事件可能会耗费大量时间。12.5Mpts的记录长度包含着几千个屏幕的信息，定位事件可能要滚动数千个屏幕的信号。

通过高级搜索与标记功能以及前面板上的旋钮,DPO7000C 系列提供了非常完善的搜索和波形导航能力。标记可以标出用户以后可能要参考的任何位置,方便进一步分析。也可以自动搜索记录,查找自定义标记。高级搜索与标记功能自动标记每次发生的指定事件,可以在事件之间进行迅速移动,甚至可以同时搜索8个不同的事件,在找到关心的事件时停止实时采集,从而大大节约时间。

图5.17是在长波形记录内部查找欠幅脉冲或窄毛刺的高级搜索结果。欠幅脉冲或毛刺出现的每个时刻都在图中标出,方便用户参考。

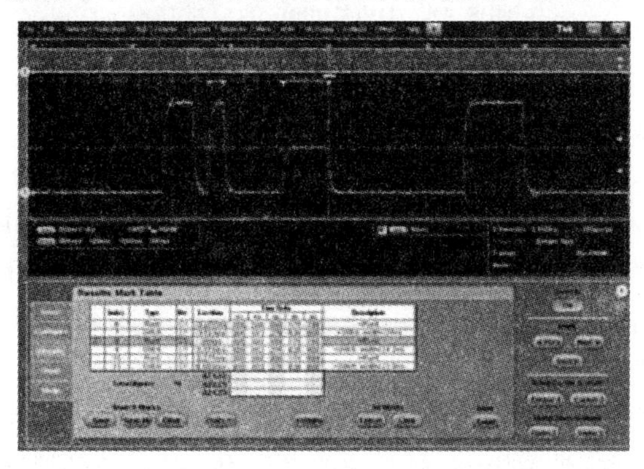

图5.17　DPO7000C的搜索功能

(4) 分析功能

检验信号是否与仿真数据相符,判断信号质量是否满足设计目标,需要对被测信号(被测件)进行特征分析。从简单的信号幅度、偏移、边沿和脉冲宽度检查,到执行完善的功率损耗分析和噪声来源分析,DPO7000C 系列示波器提供了完善的集成分析工具,包括53种自动测量软件、高级波形数学运算、任意公式编辑、波形直方图、FFT 分析以及基于波形或屏幕的光标等。

DPO7000C 系列都带有 DPOJET Essentials 抖动和眼图分析软件包,扩大了示波器的测量功能,可以在单次实时采集中测量相邻的时钟周期和数据周期。它可以测量关键的抖动和定时分析参数(如定时器间隔误差和相噪),帮助检测可能的系统定时问题。时间趋势图和直方图等分析工具可以显示定时参数随时间的变化,频谱分析可以迅速显示抖动和调制源的精确频率和幅度。

此外,DPO7000C 系列还支持串行总线调试、一致性测试、抖动和眼图分析、电源设计、极限/模板测试、DDR 存储器总线分析及宽带 RF 等专业应用。

图5.18是信号边沿的直方图分析,显示了信号下降沿位置随时间变化(抖动)的分布情况,并给出了在波形直方图数据上进行的数字测量。

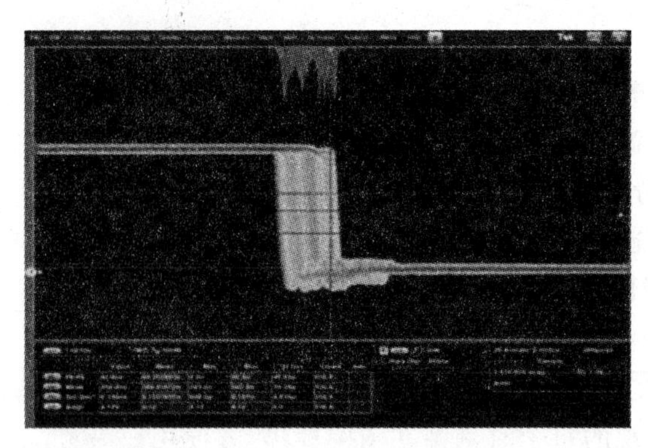

图 5.18　DPO7000C 的分析功能

5.5　数字示波器的正确使用

如果对模拟示波器和数字示波器都不是很熟悉，应首先阅读使用说明书，对不熟悉的功能，最好能按说明书操作一遍，达到尽快掌握使用的目的。除此之外，在 DSO 的具体使用过程中，还应该注意以下几个基本问题。

1. 关于自动校准

DSO 的模拟通道电路与传统模拟示波器有很大不同，输入阻抗、耦合方式、通道增益、电平偏移、带宽限制、触发电平等参数，都具备可编程控制能力和自动校准功能。如果要求测量精度较高，而环境温度距离标准温度差别较大，则应该进行现场自动校准。

2. 关于单次捕捉

单次捕捉是 DSO 与模拟示波器最大的差别之一，也是 DSO 最不好掌握的功能，必须认真学会。在单次捕捉之前，必须对被测信号有个大概估计（或经过多次试探），以便进行最合适的设置，才能取得最好的测试结果。单次捕捉的操作要领包括：

(1) 估计被测信号的幅度，设置垂直灵敏度（V/div）、偏移（垂直位置）、触发源（用哪个通道信号触发）、触发电平（触发信号门限）。

(2) 估计信号的速度，结合想要观察波形的部位，设置合适的水平扫描时间（s/div）和延迟（ns 或 μs、ms）。如果观察触发前的波形，要将延迟调为负值；如果观察触发后的波形，应将延迟调为正值；如果是观察信号的总体形态和全貌，水平扫描时间应该设置大一些。

(3) 触发方式一定要设为单次。触发条件应与观察目的一致，可为正沿、负沿或毛刺。

上述条件设置合适之后，可能需要先清除屏幕上的原有波形，再按一下

【单次】键，示波器即进入单次捕捉状态。在等待触发事件的过程中，屏幕上方将显示闪亮的单次提示，此时只要有预设的信号输入，波形即被捕捉下来，提示信息同时停止闪烁。如果波形效果不够满意的话，应该按照上述方法和步骤重新调整。需要注意的是，当扫描时间设置很慢时，按下【单次】键后，等待的时间也将延长。

3. 探头或测试电缆的使用

示波器总是需要使用探头或电缆连接被测信号，必须建立示波器和探头作为一个系统共同工作的总指标概念。在给出示波器的主要技术指标时，通常都不列出探头指标和连接方法，但它们在每次测量中却是极其重要的。

使用探头或电缆将信号输入 DSO 时，首先应该注意输入阻抗的选择。应根据使用探头的阻抗，设置示波器阻抗转换开关。有些高阻探头有×10 和×1 两档，×10 档的带宽最高，而×1 档的带宽要小得多。如果使用×10 的探头，应将菜单中相应通道的衰减系数设为 10，否则测量电压指示值将与实际值相差 10 倍。

数字示波器的前面板一般都有校验信号输出，所标的幅度和频率都是近似值，通常仅用于大概看看机器是否正常工作。此外，该信号也可用来调试高阻探头的补偿(如图 5.19 所示)。

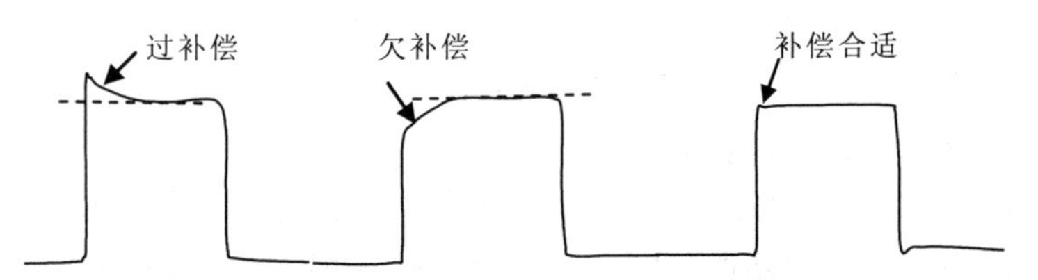

图 5.19　高阻探头补偿电容调节效果示意图

在使用高阻抗探头测量高速脉冲信号时，应选择合适的地线夹，使接地线尽可能的短，如果地线回路过长，将会使显示的波形发生严重畸变。图 5.20 给出了由于地线过长造成的波形失真情况。

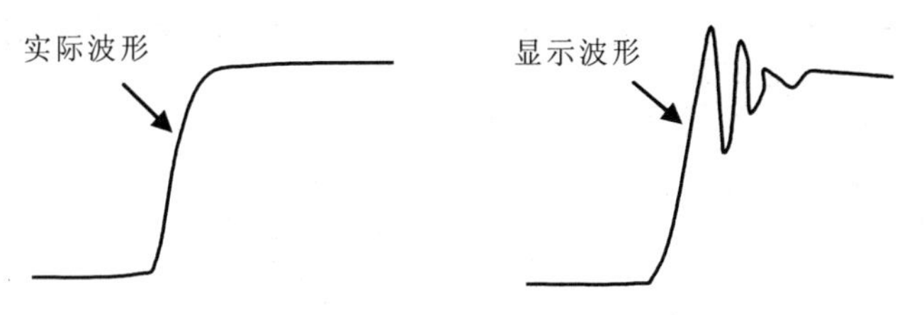

图 5.20　由于地线过长引起波形显示失真

4. 阻抗变换器的使用

由于通信脉冲信号的输出阻抗通常为 75Ω，因而进行通信脉冲模板测试时，必须使用 75Ω 的电缆进行连接，再经 75－50Ω 阻抗变换器输入到示波器，并将示波器的输入阻抗选为 50Ω。否则,所测的信号会有较大的歧变或误差。

5. 平均显示功能

在利用平均显示功能时,设置的平均次数不宜太多,一般有 8 次左右就足够了。平均次数太多,会使自动测量的速度变得很慢。

还需注意,平均显示只能用于重复信号。例如,对非周期信号进行眼图测量,就不能使用平均显示功能,否则会使显示的眼图遭到严重"破坏"。

6. 带宽与上升时间的关系

使用 DSO 也和模拟示波器一样,要求示波器带宽大于三倍待测信号带宽以上,才能使测试误差不大于 5%。否则,应该象模拟示波器一样进行误差估算和修正。

7. 触发释抑的使用

如图 5.21 所示,如果被测脉冲串具有一个大的周期 T,而每个大周期内部又有小周期,如伪随机序列信号,要借助触发菜单中的释抑功能,精心调节释抑时间,使之介于 ΔT_{min} 与 T 之间,才能得到稳定的波形显示。

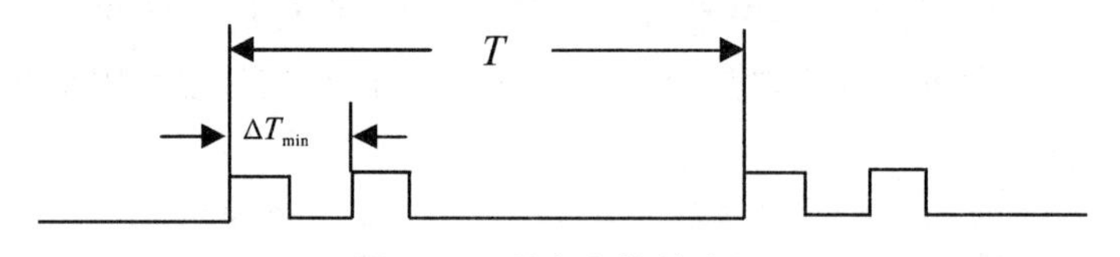

图 5.21 触发释抑的作用

8. 抖动测量与无限余辉

对复杂数字电路系统来说,时钟信号的质量对系统性能的影响至关重要。利用 DSO 的无限余辉功能,可以很容易进行时钟质量评价,给出被测时钟信号的稳定性,特别是周期抖动性能。用这种方法测量要比用频谱仪进行测量更直观、更方便、更经济。

使用 DSO 无限余辉功能测量时钟信号周期抖动时,可先用自动刻度功能得到比较稳定的信号波形,再选择无限余辉功能,经过几分钟后,如果看到信号的边沿线变得粗大而模糊(如图 5.22 所示),则说明时钟周期抖动较大,应该采取措施解决,否则将影响系统的工作性能。

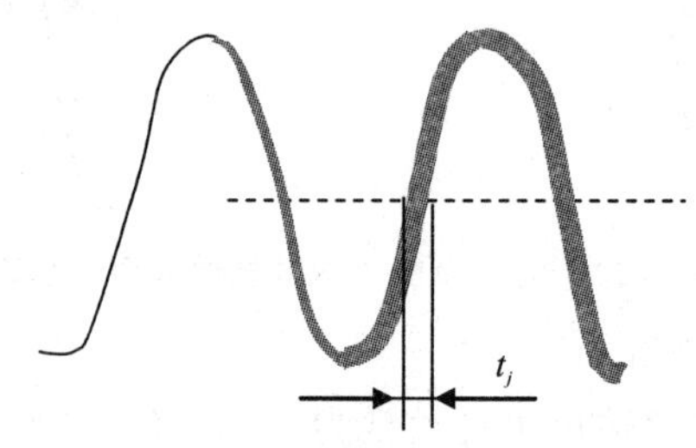

图 5.22 周期抖动的测量

假定时钟信号波形周期为 T，测试得到周期抖动为 t_j，则相位抖动 $\Delta\varphi$ 为

$$\Delta\varphi = 2\pi \cdot t_j / T \tag{5-6}$$

9. 自动刻度功能的使用

数字示波器的自动刻度功能有时非常实用，特别是在信号的频率和幅度未知的情况下，只要连接好信号，再按【自动刻度】键，一般都能以适当的水平和垂直设置自动显示出信号来。但是，也应该注意到一些极端情况，当信号重复速率很低（每秒几次或更低），或是边沿变化很慢（以毫秒计），或是周期很长，或是脉冲占空比很低（仅有百分之几）时，最好不要使用自动刻度功能，因为在这种情况下，示波器软件搜索信号的时间过长，会误认为根本就没有信号而导致错误判断，使测试工作误入歧途。

思考题

1. 示波器有哪些主要功能与特点？
2. 请画出模拟示波器的基本组成框图。
3. 模拟示波器扫描信号的作用是什么？什么是模拟示波器的扫描逆程？
4. 模拟示波器的主要技术指标有哪些？
5. 示波器频带宽度与上升时间之间存在怎样的关系？
6. 简述奈奎斯特抽样定理。
7. 数字存储示波器与模拟示波器相比有哪些主要优点？
8. 取样电路中减小保持电容的方法是什么？
9. 什么是实时取样、随机取样与顺序取样？
10. 等效取样的作用是什么？
11. 为什么顺序取样不能进行单次捕捉？
12. 画出数字示波器的基本原理框图。
13. 数字示波器的主要技术指标有哪些？
14. 请解释数字示波器采样速率为 2GSa/s 的含义。
15. 数字示波器通常有哪些触发方式？
16. 示波器探头的阻抗通常是多少？
17. 请描述示波器校准信号的样式、参数和作用。
18. 在示波器上使用光标测量信号参数时，如何减小读数误差？
19. 试用无限余辉功能测试时钟信号的抖动。
20. 试用示波器测量正弦电压信号的幅度和频率，并根据测量结果，以信号发生器显示值为真值，计算测量误差。

第6章　频谱测量

本章简要介绍频谱的基本概念，详细分析频谱分析仪的结构与工作原理，着重介绍频谱分析仪的应用。

6.1　概述

在时域测量时，通常以时间为横轴、振幅为纵轴，绘制波形振幅随时间的变化曲线。而在频域测量时，则以横轴代表频率、纵轴代表有效功率，绘制信号功率随频率的变化关系。频谱分析能更清楚地表达信号的细微特征，获得信号时域测量所不能得到的信息，如谐波分量、寄生分量、边带响应等。

6.1.1　时域与频域的关系

图6.1是两个单频信号迭加混合后的时域和频域观察，清楚地描述了信号时域和频域之间的关系，这两种显示模式通过傅立叶变换相互关联。

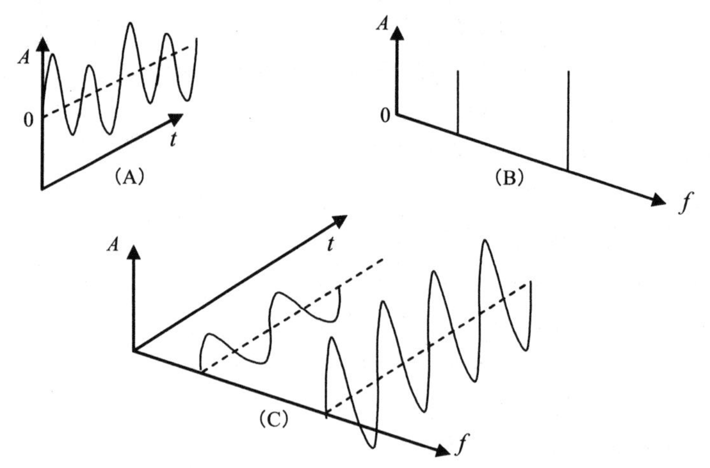

图6.1　频域和时域的信号观察

如果用示波器测量该混合信号，显示的是一条信号幅度随时间连续变化的曲线（如图6.1A所示），这条曲线是两个连续波信号在时间上的叠加图形，要想准确得到信号的频率成分及其大小是非常困难的。

如果用频谱分析仪测量，显示的是两个不同频率和不同幅度的独立频谱信号(如图 6.1B 所示),此时可以非常清楚地区分出信号的幅、频信息。图 6.1C 则是在时间、频率、幅度三维坐标下绘制的图形,不同频率在不同时刻的幅度值一目了然。

6.1.2 离散傅立叶变换

我们知道,离散傅立叶变换(DFT)是傅立叶变换的离散形式,它能把时域中的离散信号变换到频域,形成信号的频域表示。离散傅立叶变换的公式为

$$X(k)=\sum_{n=0}^{N-1}x(nT_s)e^{-j2\pi kn/N} \tag{6-1}$$

式中,$n,k=0,1,2,\cdots,N-1$,T_s 为取样周期,N 为 DFT 长度,$x(nT_s)$ 为信号在 nT_s 时刻的取样值。T_s 的倒数为取样频率 f_s 。

离散傅立叶变换的输入是被测信号的取样记录。取样系统将时域波形与取样函数相乘得到取样波形,其变换过程如图 6.2 所示。

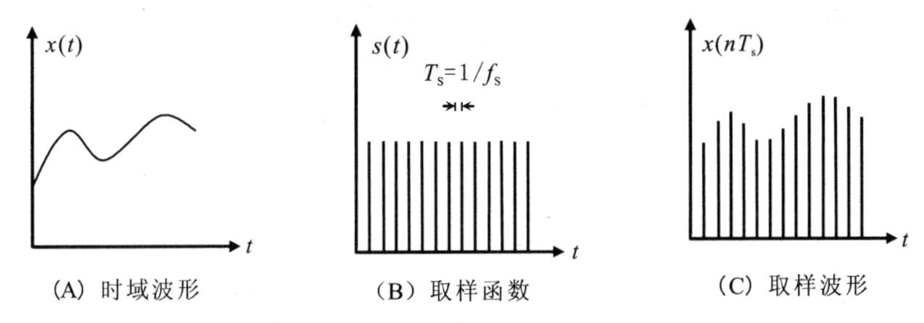

图 6.2　FFT 分析信号取样示意图

在收集到 N 个时域取样之后,将它们送入离散傅立叶变换计算系统,形成间隔为 $\Delta F=f_s/N$ 的频率样本。N 个频率取样并不完全独立,序号数小于 $N/2$ 的取样与序号数超过 $N/2$ 的取样是对称的,通常只要保留 $N/2$ 个频域点的取样值。快速傅立叶变换(FFT) 是实施离散傅立叶变换的有效算法,完成 N 点数据变换所需的计算次数为 $N\log_2 N$,相比常规运算需要的 N^2 次,在速度上具有明显优势。最常见的 *FFT* 算法要求 N 是 2 的幂次方,频谱分析仪中的长度通常为 1024。

6.1.3 频谱分析仪的功能与分类

1. 频谱分析仪的功能

频谱分析仪有着极宽的测量范围,观测信号频率可高达几十 GHz,幅度范围可超过 140dB,已成为一种基本的测量工具,其应用场合相当广泛,被誉为频域内的示波器,主要应用于以下方面:

(1) 正弦信号频谱纯度测量:信号幅度、频率和谐波分量测量。

（2）调制信号参数测量：调幅系数、调频系数、脉冲宽度等调制参数测量。

（3）非正弦波频谱测量：脉冲、音频、视频信号测量。

（4）通信系统发射机质量检测：载频频率、频率稳定度、寄生调制测量。

（5）激励源响应测量：滤波器传输特性、放大器幅频特性、混频器变换损耗测量。

（6）电磁干扰测量：辐射干扰、传导干扰、电磁干扰测量。

（7）噪声频谱分析。

2. 频谱分析仪的分类

频谱分析仪按不同的特性，有不同的分类方法。

（1）按分析处理方法分类

可分为模拟式频谱仪、数字式频谱仪、模拟/数字混合式频谱仪。模拟式频谱仪基于频率扫描技术，采用滤波器或混频器将被测信号中各频率分量逐一进行分离；数字式频谱仪是非扫描式的，以数字滤波器或 FFT 变换为基础，精度更高、功能更灵活，但受到数字系统工作频率的限制，单纯的数字式频谱仪一般仅限于低频段的实时分析，尚达不到宽频带、高精度频谱分析的要求；模拟/数字混合式频谱仪通常采用超外差结构，前端模拟电路通过扫描和混频技术将射频信号变换到固定中频，再用数字方法对中频信号进行处理得到结果，混合式频谱仪是当前频谱分析仪的主要结构形式。

（2）按处理的实时性分类

可分为实时频谱仪、非实时频谱仪。实时分析应达到的速度与被测信号的带宽及所要求的分辨率有关。一般认为，实时分析是指在长度为 T 的时间段内，完成频率分辨率达到 $1/T$ 的频谱分析；或者待分析信号的带宽小于仪器能够同时分析的最大带宽。简单地说，在一定频率范围内数据分析速度与数据采集速度相匹配，不发生积压现象，这样的分析就是实时的；如果待分析的信号带宽超过这个频率范围，则是非实时分析。

（3）按频率轴刻度分类

可分为恒带宽分析式频谱仪、恒百分比带宽分析式频谱仪。恒带宽分析式频谱仪是以频率轴为线性刻度，信号的基频分量和各次谐波分量在横轴上等间距排列，适用于周期信号和波形失真的分析。恒百分比带宽分析式频谱仪频率轴采用对数刻度，频率范围覆盖较宽，能兼顾高、低频段的频率分辨率，适用于噪声类随机信号的分析。目前，许多数字式频谱仪可以方便地实现不同带宽的 FFT 分析以及两种频率刻度的显示，故此分类方法不适用于数字式频谱仪。

还有其他分类方式，如按输入通道数目分类有：单通道、多通道频谱仪；按工作频带分类有：高频、低频、射频、微波频谱仪；按频带宽度分类有：宽带频谱仪和窄带频谱仪；按基本工作原理分类有：扫描式频谱仪、非扫描式频谱仪等。

6.1.4　频谱分析仪的主要技术指标

频谱分析仪的参数较多，不同种类的频谱仪参数也不完全相同。为更好地使用并达到最佳测量，我们不但要了解频谱分析仪的性能指标，还要了解不同参数之间的相互关系。

1. 频率范围

频率范围是指频谱分析仪能达到规定性能的工作频率区间，如安捷伦公司的ESA系列频谱分析仪频率范围最高可达325GHz。频率范围通常通过起始频率与终止频率或中心频率与扫频宽度的组合来设置。

2. 分辨率带宽与视频带宽

分辨率带宽（Resolusion Bandwide，简称RBW）是频谱分析仪能明确分辨两个频率相近信号的能力，与中频带宽对应。视频带宽（Vedio Bandwide，简称VBW）是包络检波器的输出滤波器带宽，用于平滑视频显示信号。

RBW是频谱分析仪区别两个等幅信号最小频率间隔的能力，由中频滤波器3dB带宽决定。RBW越小，表示频率分辨率越高。一般来说，两个等幅信号的间隔大于或等于所选择中频滤波器的3dB带宽时，就可以将信号区别开来。RBW对频谱测量的影响如图6.3所示。

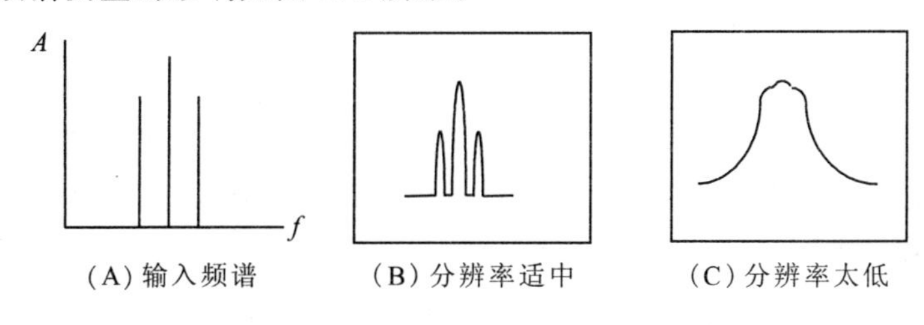

图6.3　不同分辨率的信号分辨能力

视频滤波器用于滤除视频电压信号上的噪声，从而平滑轨迹和稳定显示。在输入信噪比（S/N）较低时，通过减小VBW，会使信号在频谱中突显出来，达到稳定显示的效果（如图6.4所示）。这是因为，当视频带宽等于或小于所选择的分辨率带宽时，视频电路的响应已经跟不上中频电路的信号变化，从而对所显示的信号产生了平滑作用。在测量噪声时，特别是采用大的分辨率带宽时，减小视频带宽可以减小噪声的峰值变化，减小的程度取决于视频带宽与分辨率带宽之比，比值越小，平滑的效果就越好。实际应用中，我们甚至可通过使用小于分辨率带宽10倍的视频带宽去区分分辨率带宽内的两个信号。

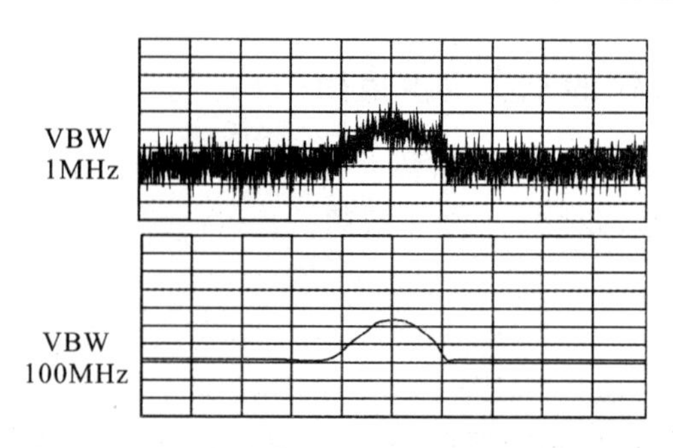

图 6.4 不同视频带宽观察同一信号的效果图

视频平均是智能频谱分析仪为噪声平滑提供的另一种选择，但它是对多次扫描结果进行逐点平均的。在每一个频率点上，将新得到的数据和以前的数据一起求平均，显示若干次测量的平均值。显然，视频平均不会影响扫描时间，但需要多次扫描测量才能完成，因而所需时间与视频平滑也大致相同。

在多数测量场合下，选择视频滤波和视频平均的效果是相同的。但两者是有区别的，视频滤波是一种实时的平均，而视频平均是一种统计平均。当测量一个随时间漂移的信号时，两种方式的差异变得显著起来，甚至可能得到完全不同的结果：用视频滤波时，每次扫描给出的平均值可能差别较大；用视频平均时，得到的是一个接近真实平均值的稳定结果。

3. 扫描时间与扫频宽度

扫描时间(Sweep Time，简称 ST)是指频谱分析仪从起始频率扫描到终止频率所花费的时间。一般总是希望测量越快越好，即分析时间越短越好。

扫频宽度(SPAN)也称分析宽度，对应扫描起始频率与终止频率之间的频率宽度。为了观察被测信号频谱的全貌，要求扫频宽度应大于信号的带宽。为了适应不同的测试场合，频谱仪的扫频宽度通常是可调的。

扫频宽度与扫描时间之比就是扫频速度。

扫描时间、扫频宽度、分辨率带宽和视频带宽这四个参数之间是相互关联的，使用时必须注意这几个参数之间的配合。特别是早期的模拟频谱分析仪，必须正确地理解扫频宽度、扫描时间及分辨率带宽之间的关系，只有经验丰富的操作者才能得出正确的测量结果。这是因为中频滤波器是带宽受限电路，需要有充分的时间对储能元件进行充电和放电，如果扫描速度过快就会失去所显示的幅度(如图 6.5 所示)，使显示信号的幅度降低，峰值偏右，这种现象称为“失敏”或“钝化”现象。

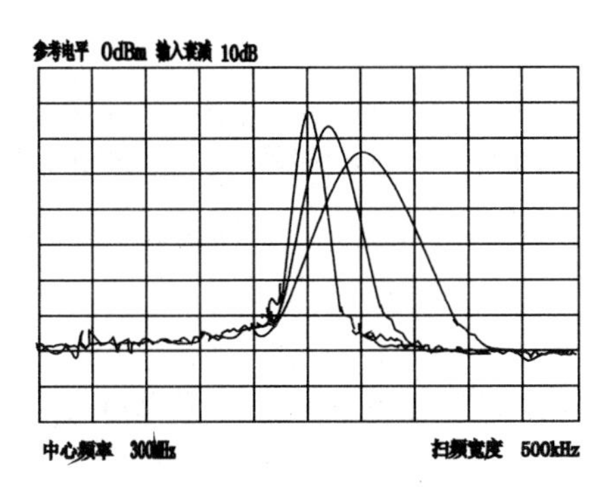

图 6.5　“失敏”现象

正常情况下，现代智能频谱分析仪都会根据当前扫描带宽 SPAN 的大小，通过自适应算法，为用户自动选择适当的分辨率带宽 RBW 和视频带宽 VBW，再由以上的参数决定当前的最佳扫描时间 ST，通过调节扫描时间来维持一个经校准的显示。ST、SPAN、RBW、VBW 之间的相互制约关系可表示为

$$ST=\frac{K\times SPAN}{RBW\times \min(RBW,VBW)} \tag{6-2}$$

式中，min 为取最小值运算函数，K 为常数。通常情况下，模拟式频谱仪的 K 大于 2.5，数字式频谱仪的 K 小于 1。

4. 参考电平与 RF 衰减

参考电平是指显示器上已校准的垂直刻度位置(通常为顶格刻度线)所代表的信号大小，是频谱分析仪测量信号幅度的参考。

RF 衰减是指频谱分析仪信号输入端衰减器的衰减量。为避免过载(混频器的输入电平应在其 1dB 压缩点以下)和保护后级电路，大的输入信号必须经过衰减，衰减量取决于第一变频器后续电路的动态范围和输入信号的大小。

RF 衰减的设置必须合理。因为混频器在输入电平较高时，会产生许多非线性产物，干扰正常测量结果。同时，如果 RF 衰减量过大，输入到混频器的电平过低，输入信号的信噪比就会下降，动态范围又会因噪声电平过高而减小。

频谱分析仪的动态范围取决于显示平均噪声电平与允许最大输入电平。现代频谱分析仪的输入电平范围约－145～＋30dBm，高达 175dB。但在实际系统中，对数放大器、包络检波器和 A/D 变换器的动态范围都不大，同时达到两个极限是不可能的。极限值是在不同的参数设置条件下得到的。

为提高对数放大器、包络检波器和 A/D 变换的动态范围，必须正确地在最后一个中频后使用中频放大器，调整中频增益使各个部件都能满负荷工作。为此，现代频谱分析仪中，输入衰减器和中频增益与参考电平联动，联动准则就是使输入信号的电平对应于参考电平。

5. 灵敏度

频谱分析仪的灵敏度定义为显示平均噪声电平(又称本底噪声)。在显示屏上,一个等于显示噪声电平的信号将显示出近似高出显示噪声电平 3dB 的凸包,通常认为这是最小可测量的信号电平。根据接收机理论,最小可测量的信号电平由式(6-3)决定

$$P_{min}(\text{dBm}) = -174 + \text{NF} + 10\log \text{BW} \tag{6-3}$$

式中,NF 是整机噪声系数,BW 是接收机 3dB 带宽(以 Hz 为单位)。

可以看出,P_{min}主要受限于整机的噪声系数和所设计的中频带宽。噪声电平是在无信号输入时屏幕上显示的噪声电平,即噪声基底,该噪声主要来自于内部中频放大器的第一级,这是宽带白噪声,但只有在中频带宽内的噪声能量才能被送至包络检波器。频谱分析仪显示噪声电平是中频滤波器带宽的函数,最低的显示噪声电平对应于最窄的分辨率带宽。视频带宽是后置低通滤波器,用于平滑噪声的起伏,虽然它不改善灵敏度,但可以改善低信噪比测量时的分辨能力和重复性。

最佳灵敏度可在最窄分辨率带宽、最小输入衰减和充分视频滤波的状态下获得。但是最佳灵敏度可能和其他测量需求相冲突,例如:较小的分辨率带宽增大了扫描时间,0dB 衰减器的设置增大了输入驻波比(VSWR),因此增大了测量的不确定度。

6. 噪声边带

频谱分析仪的边带噪声是由本振的相位噪声经过混频器混频而产生的。即使输入信号是一个理想的正弦信号,频谱分析仪的本振相位噪声也将叠加在现实的谱线上(如图 6.6 所示)。因此,常用噪声边带参数表示仪器内部本振的相位噪声参数。

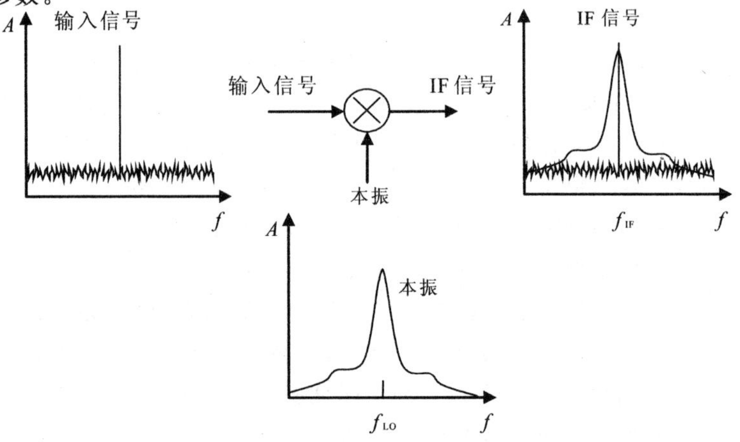

图 6.6 混频器本振相位噪声的转换

噪声边带是振荡器短时稳定度的度量参数，一般以单载波的幅度为参考，用偏离载波一定频率的单边带相位噪声来表示，通常以 dBc/Hz 为单位。现代频谱分析仪中，混频器的本振大多采用频率合成器产生，通过锁相环(PLL)锁定在高稳定的时基上，边带噪声的特性受锁相环带宽影响较大。

参考信号的相位噪声在 PLL 带宽之内对应为多个 PLL 器件的加性噪声，在 PLL 带宽之外则由振荡器在非同步工作模式下产生的相位噪声决定，且每 10 倍频程降低 20dB。若要改善测量频谱的边带噪声，PLL 带宽应根据具体情况作出相应的变化，这在现代频谱分析仪中是自动调整的。

频谱分析仪显示的边带噪声与输入信号的电平无关。因此，靠近载波的测量其分辨率和动态范围受到噪声边带的限制，不能通过提高输入信号的电平进行改善，即使是较高电平的信号也有可能不被检测出来。

7. 最大输入电平与 1dB 压缩点

由于受到器件饱和区的限制，放大器的输出不可能与输入始终保持线性关系。当输入达到一定程度时，输出会呈现出非线性的关系，通常用 1dB 压缩点来表示。所谓 1dB 压缩点，就是指放大器增益减小 1dB 时输出信号的幅度(如图 6.7 所示)。

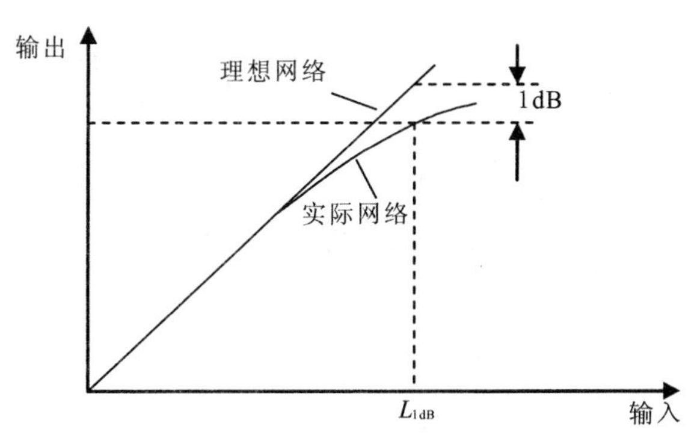

图 6.7　放大器的 1dB 压缩点

频谱分析仪的 1dB 压缩点通常标称为混频器输入端口的电平。因此，增加 RF 衰减器的衰减量，1dB 压缩点会以同样速率增大。要避免过载失真，显示最大输入电平值应明显小于 1dB 压缩点。

对不同类型的输入信号，频谱分析仪有不同的最大输入电平限制：

(1) 最大输入直流电压。对于直流耦合的频谱分析仪，这个数值表示混频器最大的直流电平承载能力(一般为 0V)，与射频衰减量无关。对于交流耦合的频谱分析仪，这个数值反映耦合电容的介电强度。最大输入直流电压在频谱分析仪的面板上一般都有明显标注。

(2) 最大输入连续波射频功率。这个值是指在非限时条件下输入信号的最大总功率，通常为1W(30dBm)。

(3) 最大输入脉冲功率。脉冲信号产生的频谱很宽，其中包含很多频谱分量，它的总功率必须小于一个指定的限值。脉冲功率的大小不仅取决于信号电平，而且与脉冲宽度密切相关，因此还要规定脉冲能量的最大时间门限。

8. 动态范围

动态范围表征频谱分析仪分辨同时存在的两个信号幅度差的能力，是指在给定的不确定度条件下，频谱分析仪能够测量的、同时存在于输入端的最大信号与最小信号的功率比，常用 dB 表示。影响动态范围的主要因素有显示噪声电平、内部失真和噪声边带。在内部失真中，三阶互调失真与有用信号在频率上靠得很近，经常难以消除，对动态范围的影响最大。

对频谱分析仪而言，混频器是噪声电平和内部失真的决定因素。在一定的输入范围内，随着混频器输入电平的提高，噪声电平会以同样的速率下降，而三阶互调则会以三倍的速率增大(如图 6.8 所示)。在图示两根直线的交会处，仪器内部产生的三阶互调失真等于显示平均噪声电平，此时可获得最大动态范围，对应的输入电平就是最优的混频器电平。通常情况下，当混频器输入电平在－30～－40dBm 时，频谱分析仪测量准确度最高。

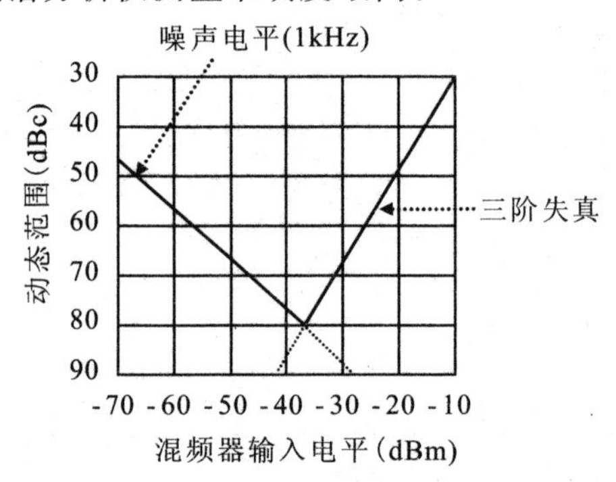

图 6.8　动态范围三阶互调与输入电平的关系

三阶互调一般用三阶互调截点 TOI 来表示。根据 TOI 的定义，最大动态范围可表示为

$$\mathrm{MDR} = (\mathrm{TOI} - \mathrm{DANL}) \times 2/3 \qquad (6-4)$$

式中，MDR 为最大动态范围，DANL 为显示平均噪声电平。

提高频谱分析仪的动态范围 MDR，除了要尽可能降低内部噪声和失真产物外，还应使用最优混频器电平。最优混频器电平 OML 可表示为

$$\mathrm{OML} = \mathrm{DANL} + \mathrm{MDR} \qquad (6-5)$$

实际上，动态范围可能达不到式(6－4)的计算结果，主要是因为噪声边带限制了载波附近的动态范围。例如，当噪声边带为－90dBc/Hz(偏离 10kHz)时，

已经相当于60dBc/1kHz(偏离10kHz),从而使1kHz分辨率带宽内的动态范围被噪声边带限制为60dBc,而不是图6.7所示的80dBc。也就是说,载波附近的动态范围由偏离载波的噪声边带决定。当频谱分析仪工作在谐波波段时,噪声边带还要相应地增大20log$N$(N为谐波混频次数)。

9. 频率准确度

频谱分析仪的频率准确度主要取决于第一本振的调谐准确度。在每次扫频中,第一本振的调谐总是以一个频率点为参考(通常取中心频率点或是起始频率点),该点频率以时基为参考,频率准确度最高,其他频率点的准确度则由频率跨度的准确度决定。频率跨度准确度取决于与频率扫描相关电路的线性。

中频虽然是点频,但中频滤波器的峰值不一定准确地落在中频点上,也会影响频率准确度,但由此产生的误差是可以修正的。此外,数字读出也有一个基于频谱分析仪数字电路和时基的计算误差,即数字化误差。

由于内部结构和工作原理的差异,不同频谱分析仪的频率准确度略有差异,如AV4033在扫宽>(2MHz×混频谐波次数)时,频率准确度可表示为

$$\text{准确度}=\pm(\text{频率读数}\times\text{参考误差}+5\%\times\text{扫宽}+15\%\times\text{分辨带宽}+10\text{Hz})\tag{6-6}$$

对于内设频率计数器的AV4032说,使用计数器时的频率准确度直接受到计数器分辨率影响,而与频率跨度及分辨率带宽无关,可表示为

$$\text{准确度}=\pm(\text{频率读数}\times\text{参考误差}+\text{计数器分辨率}+100\text{Hz}\times\text{混频谐波次数})\tag{6-7}$$

显然,精密频率参考对频谱分析仪的频率准确度有着非常大的影响。还应注意,采用计数器时,输入信号必须满足一定的信噪比要求(如大于25dB)。

10. 幅度准确度

幅度准确度主要取决于校准信号准确度、标度准确度、输入衰减器准确度、参考电平准确度、频响、分辨率带宽转换不确定度和预选器的跟踪性能。

(1) 标度准确度。包括对数/线性放大器准确度、检波器线性、数字化电路线性等。

(2) 输入衰减器准确度。主要影响因素包括步进准确度、参考设置、失配、重复性等。在每一次测量中最好不要改变衰减器的设置。一般来说,大多数频谱分析仪默认状态是将衰减器设置为10dB,这是频谱分析仪灵敏度和输入匹配之间的最佳折中。

(3) 参考电平准确度。主要取决于一中频衰减器或增益准确度,与参考电平大小有关。当用Marker Delta测量幅度差值时,参考电平误差不影响测量结果,仅标度误差影响测量结果。如把两信号分别调至参考电平测量幅度差值时,参考电平衰减是误差的主要来源。

(4) 频率响应。取决于前端宽带微波部件及连接器,主要包括输入衰减器频响、第一变频器频响、YTF 频响以及 YTF 与变频器之间的匹配等。频谱分析仪频响的修正是在输入衰减器为 10dB 状态下进行的,而其他衰减档的频响由衰减器决定。不同衰减档有不同的频响,尤其是大衰减量时的差别更为显著。输入衰减 0dB 时,源阻抗和混频器之间的失配严重,从而会产生很大的频响变化。频率响应通常用平坦度指标衡量(如图 6.9 所示),图中同一波段内的两信号之间的不确定度是±1dB,不同波段上的不确定度是±2dB。

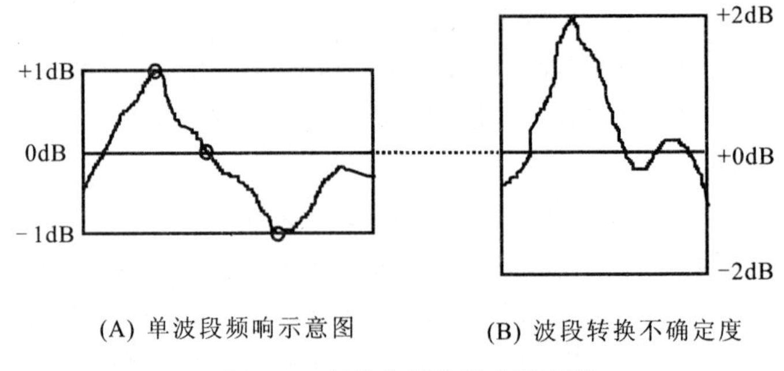

(A) 单波段频响示意图　　(B) 波段转换不确定度

图 6.9　频谱分析仪频响示意图

(5) 分辨率带宽转换误差。实际频谱分析仪设备中,1～30kHz 带宽的中频滤波器通常采用晶体滤波器,100kHz～3MHz 带宽的中频滤波器则常采用 LC 滤波器。对 LC 滤波器来说,带宽的变化是通过改变与振荡回路相连的阻抗来实现的,而回路阻抗的变化不但改变了带宽,也会改变回路的损耗。为此,频谱分析仪内部有专门设计的自动增益电路来补偿,补偿后的硬件转换误差小于 2dB,再通过幅度校准程序进一步修正,最终不确定度可小于±0.5dB。

其他影响幅度测量准确度的因素还包括失配、过载压缩、预选器的扫频跟踪性能、失真产物、信号幅度过低、噪声、串扰等。其中,有些因素可以计入 RF 衰减器的频响中,有些是不能排除的。如失配误差,因为源阻抗未知,不可能通过校准排除;信号接近噪声电平时,由于噪声叠加在信号上而导致信号幅度测量误差,误差大小取决于信噪比;频谱分析仪内部非线性产生的失真在幅度测量中和信号叠加所产生的误差,也是无法预计的;还有两信号未能完全分开时所产生的误差,我们只知道其上限为 3dB,下限为负无穷大,等等。

6.2　频谱分析仪的结构原理

随着通信事业的飞速发展,各种复杂信号的频谱测量越来越需要高性能的频谱分析仪。大规模数字电路、软件无线电、微波集成、频率合成等关键技术的发展,使得频谱分析仪内部的关键部件性能得以不断提高,一批批高性能频谱分析仪不断推向市场。

6.2.1 模拟式频谱分析仪的基本原理

模拟式频谱分析仪使用滤波器把输入分成若干独立的信号分量，直接通过检波得到信号的频谱特性。根据滤波器的结构，模拟频谱分析仪有并行滤波、串行滤波和可调谐滤波器三种形式。

并行滤波法的原理如图 6.10 所示，输入信号经放大后送入一组带通滤波器(BPF)，这些滤波器的中心频率固定不变，并按分辨率依次增大，在这些滤波器的输出端分别接上检波器和指示器，即可显示出输入信号的频谱。并行滤波法的优点是各频谱分量能被实时检出，缺点是需要的滤波器、检波器和指示器的数目多，结构复杂，成本高，仪器笨重且昂贵。

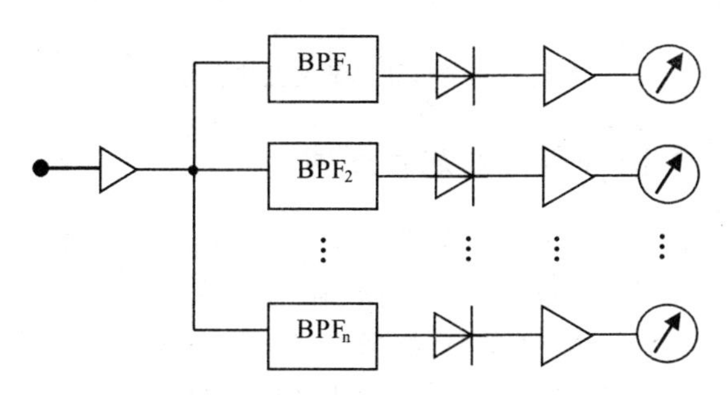

图 6.10 并行滤波式频谱分析仪

串行滤波法的原理与并行滤波法相同，只是为了简化电路、降低成本，各路滤波器的输出通过电子开关轮流送入同一检波、放大及显示电路(如图 6.11 所示)。显然，串行滤波法的电路要相对简单，但不能进行实时分析，且仍需要大量的滤波器。

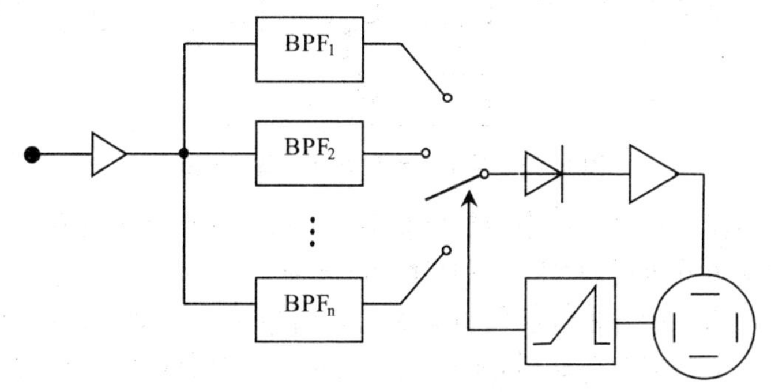

图 6.11 串行滤波式频谱分析仪

可调滤波法的原理如图 6.12 所示，它依靠 1 个中心频率可调的滤波器、1 个检波器和 1 个指示器，通过改变滤波器的中心频率，顺序扫描和显示需要考察的频率范围。与并行滤波法和串行滤波法相比，可调滤波法虽然在电路上大为简化，但只能适用于窄带频谱分析。这是因为可调滤波器的相对带宽是常数，绝对带宽会随中心频率的提高而提高，想通过可调谐窄带滤波器实现现代频谱分析仪的整个频率范围，在技术上是不现实的。

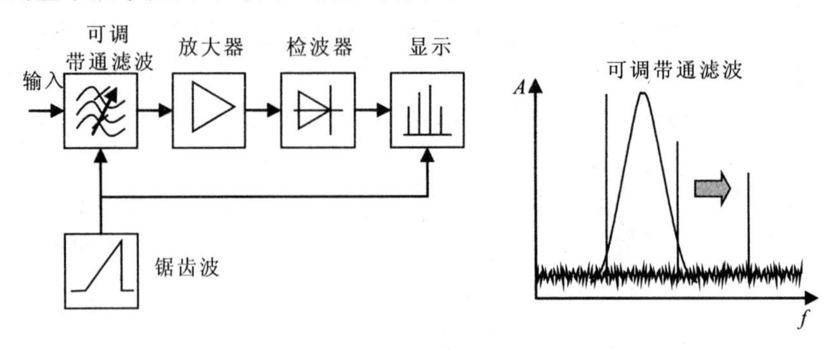

图 6.12　可调滤波器式频谱分析仪

6.2.2　数字式频谱分析仪的基本原理

数字式频谱分析仪主要包括程控衰减器、低通滤波器、取样器、模数转换器 ADC、数字信号处理器、控制与时基电路、显示器等构成（如图 6.13 所示）。其中，程控衰减器用于扩大测量范围，低通滤波器用于滤除不希望的带外频率分量，取样器完成时间抽样，ADC 转换器完成离散信号的幅度量化，数字信号处理器完成频谱分析，控制与时基电路负责协调各电路的同步工作，显示器负责输出信号的频谱图及测量数据信息。

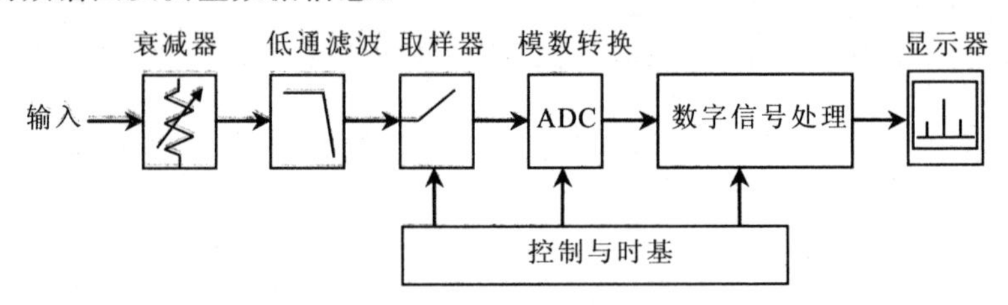

图 6.13　数字式频谱分析仪原理框图

根据获取频谱信息所采用的数字信号处理方案，数字式频谱分析仪可分为数字滤波式频谱分析仪和 FFT 频谱分析仪两种。

数字滤波式频谱分析仪的频谱获取方式与模拟式频谱分析仪相似，但用数字滤波器替代了模拟滤波器（如图 6.14A 所示）。所谓数字滤波器，其实质就是一个对数字信号进行过滤处理的序列运算器。与模拟滤波器相比，数字滤波器的传输特性更好，体积更小，可靠性更高，参数控制更加精确方便，但主要特性受限于数字系统的处理速度。

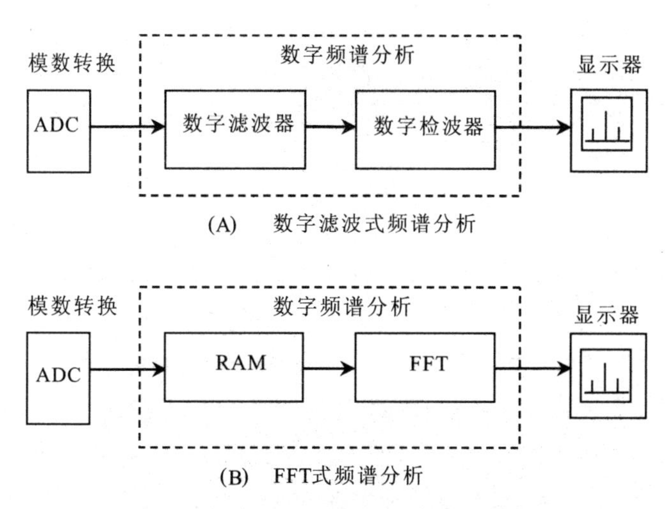

图 6.14 数字频谱分析原理

FFT 式频谱分析仪的基本原理是傅立叶变换。此时，输入信号被人为地分成很多帧，通过对一帧信号进行一次 FFT 运算，即可得到整个规定范围内的频谱（如图 6.14B 所示），再通过不停变化帧，实现频谱的不断刷新。

FFT 式频谱分析仪在处理重复波形时，大部分波形的形状和相位会引入瞬变现象，此时的 FFT 频谱会与傅氏变换积分形式产生较大差异，这种效应称为频谱泄漏。频谱泄漏不是一根谱线，而是分布在很宽的频率范围内，对测量的影响非常大。对泄漏问题常用的解决办法是利用窗函数，强迫波形在时间记录结束时衰减为零。针对若干特定的数字信号处理应用，人们提出了许多不同的实用窗函数。

频谱分析仪中常用的窗函数有汉宁窗、平顶窗、均匀窗以及指数窗等。汉宁窗具有良好的频率分辨率，但幅度精度稍微偏低，引入的最大幅度误差可达 1.5dB。平顶窗虽有较好的幅度精度，但频率分辨率较低。汉宁窗、平顶窗都适合用于典型信号的频谱分析，而均匀窗只能在确保没有频谱泄漏时使用，指数窗则适用于输入是瞬变信号的场合。

6.2.3 外差式频谱分析仪的基本原理

通过前面的介绍可知，模拟式频谱分析仪因体积、结构和成本因素，数字式频谱分析仪因器件处理速度的限制，均无法满足真正意义上的频谱分析。输入频率范围较大的频谱分析仪通常采用外差式结构，其原理框图如 6.15 所示。

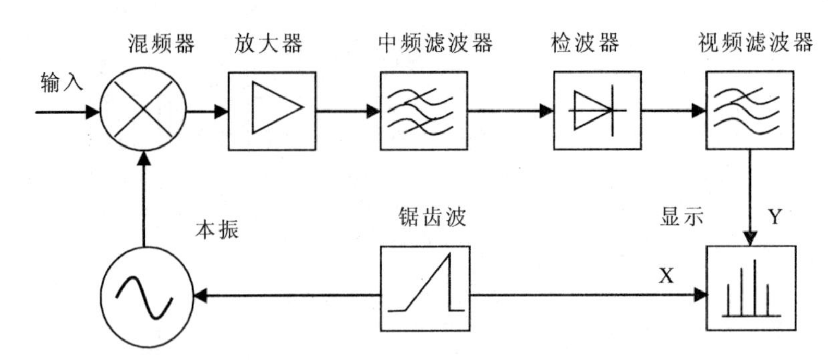

图 6.15 超外差式频谱分析仪工作原理

外差式频谱分析仪通过混频器和本振(LO)将整个频率范围内的输入转换到一个固定的中频上,然后通过一个中心频率固定的滤波器得到频谱分析仪的分辨率。与图 6.12 相比,分辨滤波器的中心频率不变,无需动态扫描整个输入频率范围,从而避免了与可调滤波器相关的技术难题。

为了能将多个宽电平范围信号同时显示在屏幕上,中频信号先经过对数放大器进行压缩,然后送入包络检波器,得到视频信号,视频信号进一步通过视频滤波器(可调低通滤波器)的平均处理,减小噪声影响,形成稳定信号谱线。锯齿波信号用来协调本振和显示,实现准确而清楚的信号谱显示。

现代频谱分析仪更多地采用了数字中频技术,即通过模数转换,将模拟中频数字化,再使用数字滤波器或 FFT 运算器替代图 6.15 中的中频滤波器、检波器和视频滤波器,从而兼备了数字式频谱分析仪的优点。

从工作原理可以看出,超外差式频谱分析通过频率扫描获得指定频率范围的频谱,因而也是非实时的。在测量宽带或复杂信号时,经常需要进行一些技术处理或使用技巧。

6.3 频谱分析仪的应用

6.3.1 调幅信号的测量

1. 扫频法

当频谱分析仪的剩余调频小于调制频率时,可用扫频法获得 AM 信号的载波、调制信号频率及调制度参数。具体过程是,将频谱仪的中心频率设置到载波附近,将扫频宽度设置为调制频率的 2～3 倍,从而得到完整的 AM 信号频谱图(如图 6.16 所示)。此时,载波和边带的频率间隔就是调制频率 f_m,可直接读出,调制度 m 的计算公式为

$$m = 2 \times 10^{-(\Delta/20)} = 2 \times 10^{-(26/20)} = 10\% \qquad (6-8)$$

式中，Δ 为载波与边带的幅度差(dB)。

相对频谱仪的其他测量方法，扫频方法可得到最好的绝对和相对频率准确度，但该方法通常需要一台高档的频谱分析仪。例如，当调制频率小于 1kHz 时，需要 100Hz 的分辨率带宽；如果调制频率小于 100Hz，就需要 10Hz 的分辨率带宽，这就是一台较高档的频谱分析仪了。

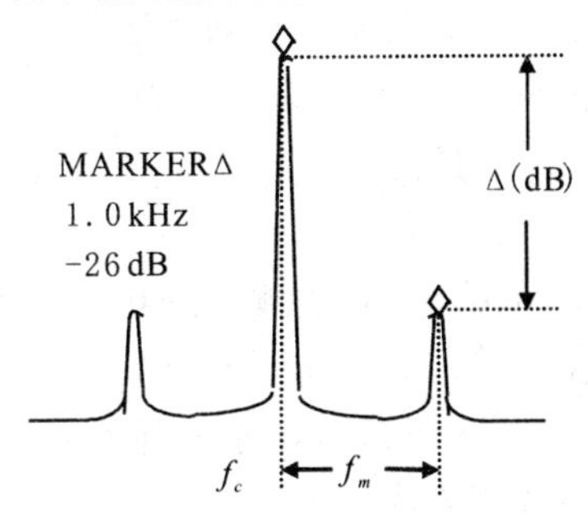

图 6.16　扫频法测量 AM 信号

2. 时域法

在时域，调幅信号是上、下边带分别以各自的频率相对载波旋转，按矢量方式叠加后形成的调制信号。可将频谱分析仪设置为点频接收机，分辨率带宽大于调制频率，利用频谱分析仪的检波器将 AM 信号的包络解调出来，从而得到调制信号的参数，即为时域测量方法。具体操作步骤为：

(1) 将中心频率设置为载波频率；

(2) 选择最宽的分辨率带宽(包含所有的频谱分量)；

(3) 选择最宽的视频带宽(防止波形平滑)；

(4) 选择线性显示方式；

(5) 将扫频宽度设置为 0(此时，频标指示的是时间而不是频率)。

满足以上条件时，频谱分析仪将输出已解调信号的时域波形(如图 6.17 所示)。调整扫描时间 ST，使显示屏上出现 5～10 个周期即可。此时，读出信号的周期、波峰值和波谷值，就能计算出调制频率 f_m 和调制度 m。

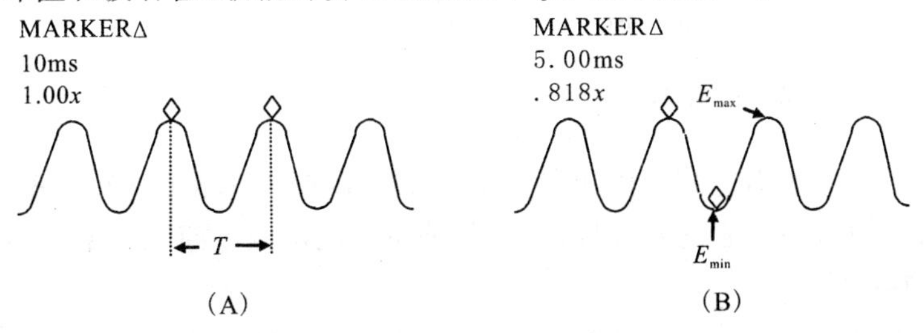

图 6.17　时域法测量 AM 信号

$$f_m = 1/T = 100\text{Hz} \tag{6-9}$$

$$m = \frac{E_{\max} - E_{\min}}{E_{\max} + E_{\min}} = \frac{1 - E_{\min}/E_{\max}}{1 + E_{\min}/E_{\max}} = \frac{1 - 0.818}{1 + 0.818} = 10\% \tag{6-10}$$

式中，T 为已解调信号的周期，$E_{\max}$、$E_{\min}$ 分别为信号电压峰值和谷值。频谱分析仪在线性方式下会直接给出 $E_{\min}/E_{\max}$ 的值。

可以看出，将频谱分析仪设置为零跨度，频谱分析仪就是一个频率可选择(通过设置中心频率)的示波器，带宽等于最宽的分辨率带宽。通常情况下，时域法的测量精度较差，灵敏度也较低，对低调制指数的信号测量误差较大，但对语音和噪声的调制解调是非常有用的。

3. FFT 频域法

在上述时域测量方法的基础上，利用频谱分析仪的快速傅氏变换(FFT)功能，可得到解调信号的频谱(如图 6.18 所示)。FFT 的起始频率为 0，对应归一化的载波，显示在最左边，边带调制信号位于载波旁边，间隔就是调制频率 f_m，图 6.18 对应的 $f_m = 1\text{kHz}$，调制度为

$$m = 2 \times 10^{-(\Delta/20)} = 2 \times 10^{-(26/20)} = 10\% \tag{6-11}$$

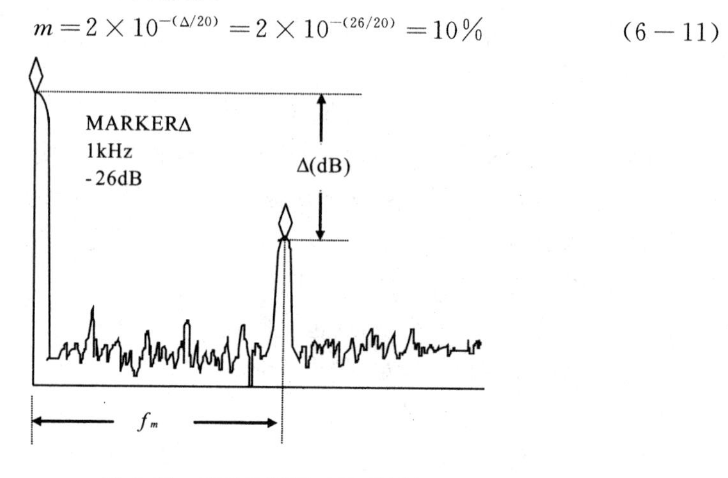

图 6.18 FFT 法测量 AM 信号

FFT 的幅度精度可以达到±0.2dB，这比扫频法好得多。但是，FFT 的频率精度主要取决于系统扫描时间的准确度，而频谱分析仪扫描时间的准确度一般为±20%，这就限制了 FFT 频率准确度不会优于±20%。

6.3.2 调频信号的测量

调频信号的频谱包括无限边带成分。如果调制为单音(即正弦波)信号，则边带具有以载波为中心的对称性，且边带分量之间的频率间隔就是调制频率。

1. 扫频法

在单音窄带调频情况下，FM 信号的频谱与 AM 信号非常类似：只有两个主

要的边带，且边带相对于载波的幅度为

$$\Delta(\text{dBc}) = 20\log(\beta/2) \tag{6-12}$$

$$\beta = \Delta f_{peak}/f_m \tag{6-13}$$

式中，β为调制指数，Δf_{peak} 最大调频频偏，f_m 为调制信号的频率。

当频谱分析仪的剩余调频小于调制频率时，可用扫频法获得单音窄带 FM 信号的载波、调制信号频率及调制度参数。具体过程是，将频谱仪的中心频率设置到载波附近，将扫频宽度设置为调制频率的 2～3 倍，从而得到完整的 FM 信号频谱图（如图 6.19 所示）。从图中可以直接读出调制频率 f_m 为 1kHz，边带幅度Δ为 40dBc，于是

$$\beta = 2\times 10^{\Delta/20} = 2\times 10^{-40/20} = 0.02 \tag{6-14}$$

$$\Delta f_{peak} = \beta f_m = 0.02\times 1000 = 20\text{Hz} \tag{6-15}$$

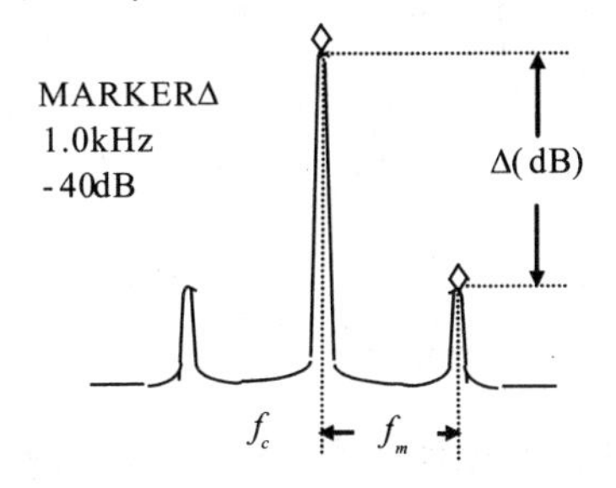

图 6.19　扫频法测量 FM 信号

2. 贝塞尔（Bessel）零点法

在一些特定的调制指数下，单音调频信号特定边带分量的零阶贝塞尔函数为零，从而出现相应边带分量消失的现象（如图 6.20 所示），可据此计算调制信号的参数。常见调频信号频谱分量的零点与调制指数的对应关系如表 6.1 所示，其中的零点阶数是以载波为起始点 1，按顺序数出的分量阶数（即序号）。

表 6.1　载波零点数值

零点阶数 n	调制指数
1	2.405
2	5.520
3	8.654
4	11.792
5	14.931
6	18.071

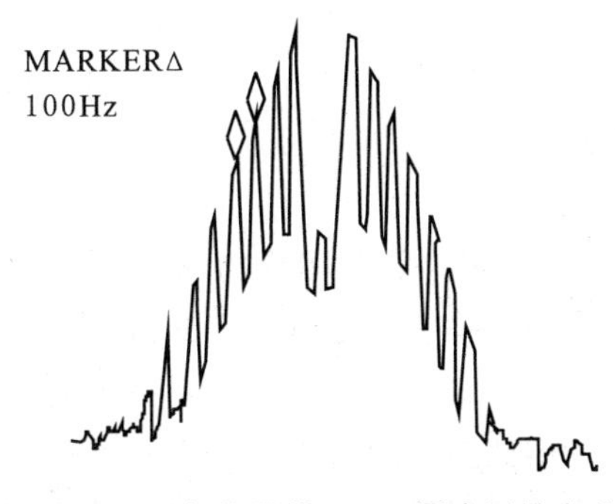

图 6.20　调频信号的 Bessel 零点测量方法

在图 6.16 的实例中，载波的频率为 0，即零点阶数 n 为 1，边带的最小频率间隔为调制频率 $f_m=100\text{Hz}$，最大频偏为

$$\Delta f_{\text{peak}}=\beta f_m=2.405\times 100=240.5\text{Hz} \tag{6-16}$$

3. 哈伯雷(Haberly)方法

当调制指数大于 0.37 时，随着离开载波距离的增加，单音调频信号的边带分量幅度会连续递减(如图 6.21 所示)。此时，可用哈伯雷方法，根据 Haberly 公式计算调制信号的参数，具体步骤是：

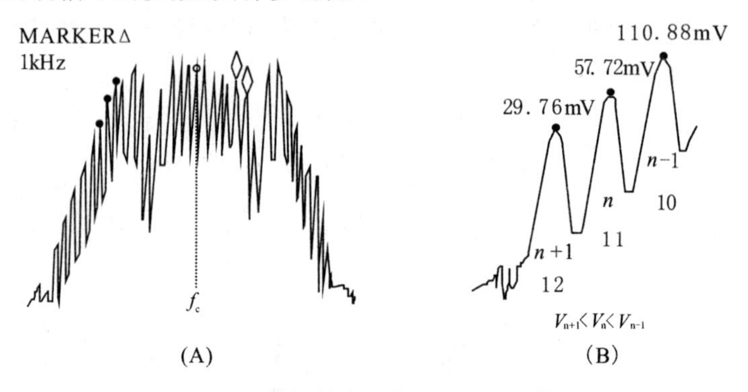

图 6.21 宽带调频信号的 Haberly 测量方法

(1) 将频谱分析仪设置为对数方式显示，以电压为单位。

(2) 寻找三个邻近边带分量，其幅度随偏离载波距离的增加依次减小。

(3) 以载波为起点确定边带分量的阶数 n。

(4) 根据下式计算调制指数

$$\beta=\frac{2nV_n}{V_{n-1}+V_{n+1}} \tag{6-17}$$

显然，哈伯雷方法比 Bessel 零点法要好，因为它对所有单音宽带调频信号都适用。在图 6.21 中，n 为 11，V_{10}、V_{11}、V_{12} 分别为 29.76、57.72、110.88mV，于是有

$$\beta=\frac{2nV_n}{V_{n-1}+V_{n+1}}=\frac{2\times 11\times 57.72}{29.76+110.88}=9.03 \tag{6-18}$$

$$\Delta f_{\text{peak}}=\beta f_m=9.03\times 1000=9.03\text{kHz} \tag{6-19}$$

4. 斜率检波/解调方法

斜率检波法是将频谱分析仪设置为零扫宽状态(即 SPAN = 0)，选择分辨率带宽明显大于信号的最大频偏，并设置较快的扫描时间，利用中频滤波器的斜率来解调信号的。当信号正好处于频谱分析仪中心频率附近时(即中频信号位于中频滤波器中心附近)，显示的信号就是一根直线，在幅度上没有变化。调节频谱分析仪的中心频率，使信号位于中频滤波器的斜边上，则任何频率的变化就

转换为幅度的变化，从而得到反映信号频率变化的解调波形。这种方法对测量非正弦调制(如噪声、音频、数字调制)的峰值频偏非常有用。

6.3.3 脉冲调制信号的测量

脉冲调制信号的主要参数包括：脉冲峰值功率 P_{pul}，载波频率 f_c，脉冲宽度τ和脉冲重复频率 PRF(或脉冲周期 T)。脉冲调制信号的频谱如图 6.22 所示，边带谱对称地分布在载波频率 f_c 两旁，谱分量以脉冲重复频率 PRF 为间隔，主瓣宽度是旁瓣的两倍，主瓣包络在偏离载频$\Delta=1/\tau$处经过零点。与图 6.22 有所不同的是，由于频谱分析不包含相位信息，所以频谱显示全部是正向的。根据频谱分析仪的结果，可以直接测量载波频率 f_c、脉冲重复频率 PRF 和脉冲宽度τ，脉冲峰值功率 P_{pul} 可通过间接测量得到。

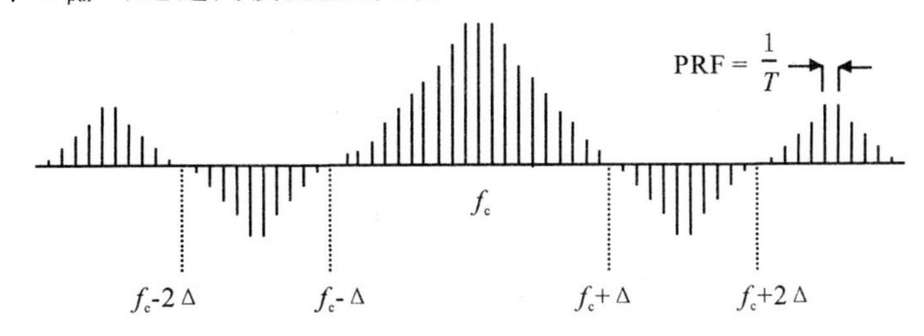

图 6.22　脉冲调制信号的频谱分布

脉冲调制信号测量可分为宽带测量和窄带测量两种方法，由分辨率带宽内的谱线数目决定。窄带测量时，仅有一根谱线在分辨率带宽内，通常 RBW＜0.3PRF；宽带测量时，同时有多根谱线位于分辨率带宽内，通常 RBW＞2PRF。

1. 窄带测量方法

如何判别是窄带测试呢？我们可以通过改变频谱分析仪的视频带宽观察显示信号的幅度是否与视频带宽有关来判断，如果信号幅度与视频带宽无关，则已处于窄带测试方式了。窄带测量时(如图 6.23 所示)，PRF 等于频谱分量的间隔，载波频率 f_c 是主瓣的中心频率，脉冲宽度τ是主瓣宽度的一半，脉冲峰值功率为

$$P_{pul}=P_{fc}-20\log\ (\tau/T) \qquad (6-20)$$

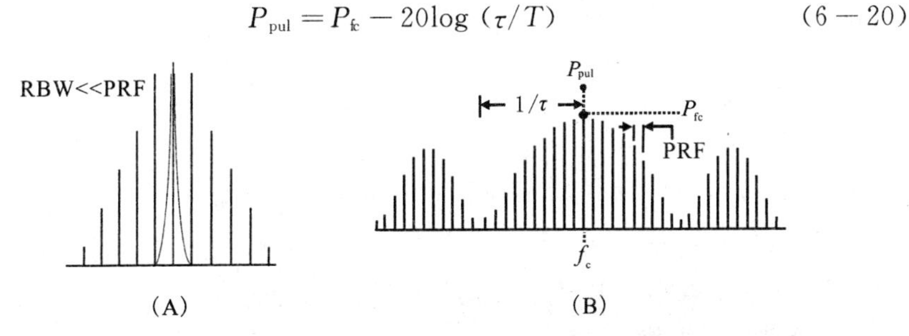

图 6.23　脉冲调制信号的窄带测量方法

2. 宽带测量方法

当脉冲调制信号的重复频率很低时，脉冲谱分量靠得很近，很难用窄带方法进行测量。此时，可用比 PRF 宽两倍以上的分辨率带宽，进行宽带测量（如图6.24所示）。脉冲响应的大小取决于分辨率带宽内谱分量的数目以及各分量的幅度，分辨率较大时，带宽内包含的谱分量就多，脉冲响应就较大，反之则较小。

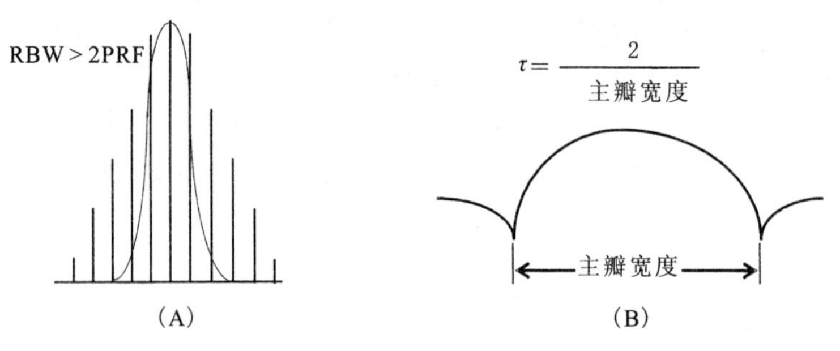

图 6.24 脉冲调制信号的宽带测量方法

为了使包络清晰，可增加扫描时间并用最大保持功能（如图 6.24B 所示），主瓣的中心就是载波频率 f_c，主瓣宽度的一半就是脉冲宽度τ的倒数，而脉冲周期 T 可用零扫宽和较短的扫描时间进行测量，其大小是两个脉冲响应之间的时间间隔。宽带测量时，脉冲峰值功率计算仍然可使用公式（6－20）。

需要指出的是，因为脉冲 RF 具有宽广的频谱分量，这些信号的总功率可能会导致混频器产生压缩，为了进行精确的测量，信号电平必须低于频谱分析仪的增益压缩电平。

6.3.4 信号失真测量

电子系统中的许多电路都被认为是线性的。对于线性电路，如果输入信号是正弦波，则输出也一定是正弦波。但实际电路不可能具有完全理想的线性，往往表现出轻微的非线性，从而产生失真。此时，如果输入的是单音信号，输出不但包含基波，而且还包含二次、三次，甚至更高次的谐波；如果输入的是双音信号，输出除了包含双音信号的基波和谐波外，还有它们的和频与差频信号，这些新的频率分量称为交调失真。

例如，当某系统中输入频率为 f_1 和 f_2 两个信号时，输出不仅会包含频率为 mf_1 和 nf_2 的谐波失真，同时会生成频率为 $f_{nm}=|mf_1\pm nf_2|$（m、n 为正整数）的交调失真，失真分量的阶次等于用来获得该频率的 m 与 n 值之和。根据非线性系统的幂级数模型可知，当基波幅度减小 1dB 时，二阶项的幅度将减小 2dB，三阶项的幅度将减小 3dB，高阶项的幅度将依此类推。

1. 谐波失真测量

测量谐波失真是频谱分析仪最广泛的用途之一。用频谱分析仪测量谐波失真有两种常用方法。方法A是一种将基波及其谐波同时显示出来的快速测量方式，具体操作步骤为：

(1) 设置频谱分析仪的起始频率略小于基波频率。

(2) 设置频谱分析仪的终止频率略大于被测 N 次谐波频率。

(3) 设置视频带宽平滑噪声以提高分辨率。

(4) 设置基波峰值电平值为参考电平。

(5) 使用频标Δ直接读出谐波失真值。

方法B虽然操作略繁，直观性稍差，但它的测量精度更高，特别是在谐波信号接近噪声基底时，仍能维持较小的测量误差，具体操作步骤为：

(1) 搜索峰值信号(即基波)。

(2) 设置频谱分析仪的中心频率为基波频率。

(3) 减小扫宽，确保没有谐波信号进入显示区域。

(4) 设置基波峰值电平值为参考电平并读数。

(5) 改变频谱分析仪的中心频率到被测 N 次谐波频率。

(6) 调整谐波峰值至参考电平并读数。

(7) 根据(4)、(6)的读数计算谐波失真。

图6.25为信号发生器产生1MHz单音正弦信号的谐波失真频谱显示，起始频率为450kHz，终止频率为3.5MHz，二次谐波失真为－51dBc，转换为百分比约为0.28%。确定失真百分比时，可以将频谱分析仪的幅度单位改为伏特，从而简化计算过程。

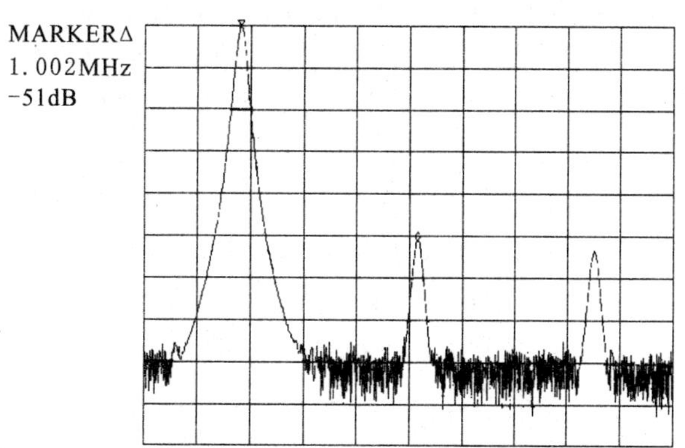

图6.25 谐波失真测量

谐波失真还可用总谐波失真(THD)来表示，通常为基波的百分数。要测量总谐波失真，需要考虑所有谐波的功率，可在线性单位下测出每一个谐波的幅度，再根据式(6－21)计算。

$$\mathrm{TMD}=\frac{\sqrt{(A_2)^2+(A_3)^2+(A_4)^2+\cdots+(A_n)^2}}{A_1}\times 100\% \quad (6-21)$$

式中，A_1 为基波电压的有效值，$A_2,A_3,\cdots,A_n$ 是谐波电压的有效值。

2. 三阶交调失真测量

为了对交调失真进行测试，需要两个单音正弦波激励，测试装置连接如图6.26A所示。通常情况下，使用功分器或定向耦合器将两个独立的信号合成一路，再去驱动被测器件(DUT)。测试时应注意，两个信号源可能相互作用而形成交调失真，这种现象可以在信号源输出端增加固定衰减器进行消除，有时还要在信号源的输出端同时增加带宽较窄的带通滤波器以减小信号源的谐波失真。

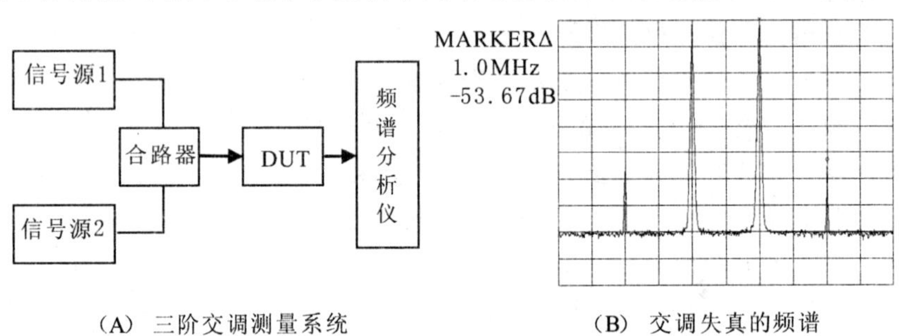

(A) 三阶交调测量系统　　(B) 交调失真的频谱

图 6.26 三阶交调失真测量

图6.26B为某系统在输入20MHz、21MHz两个单音信号时的交调失真。可以按以下步骤进行具体测试：

(1) 设置信号源输出单音正弦信号，并保持一定的频差。

(2) 调整信号源的幅度，使输入频谱分析仪的两个信号功率幅度相等。

(3) 设置频谱分析仪的中心频率为两个信号的平均频率。

(4) 设置频谱分析仪的扫宽约为两个信号频差的5倍。

(5) 调整分辨带宽和视频带宽，直至可以清楚地分辨两个信号。

(6) 从小到大同时增加两个信号的功率，直至出现明显的失真产物。

(7) 将信号峰值调整到参考电平处，读取输入信号功率 P_S 和及失真功率 P_D。

(8) 根据公式(6－22)计算三阶互调截点 IMP_3。

$$\mathrm{IMP}_3=\frac{3P_s-P_D}{2} \quad (6-22)$$

6.3.5 相位噪声测量

对于振荡器，单边带相位噪声(SSBN)是指相对于载波一定频偏处的1Hz带宽内能量与载波电平的比值(如图6.27所示)，相应的单位为dBc/Hz。振荡器的相位噪声是度量振荡器短期稳定度的重要参数。

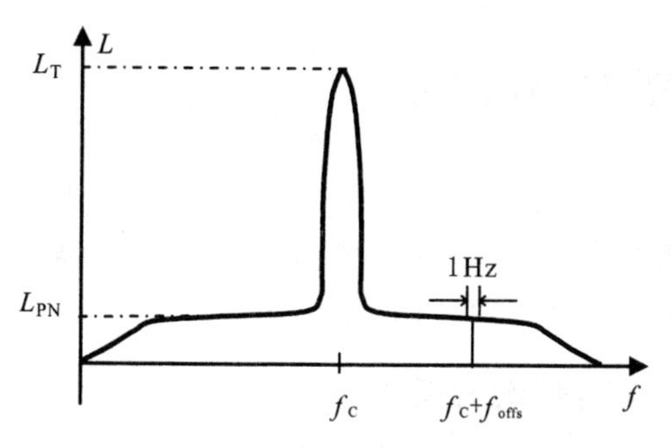

图 6.27　SSB 相位噪声定义

通常情况下，高质量的相位噪声需要通过专用的相位噪声测试系统进行测量，而使用频谱分析仪测量相位噪声可看作是一种简便直接的测量法。用这种方法测量信号的相位噪声必须同时满足几个条件：一是要求频谱分析仪的本底噪声足够低，从而保证其内部噪声不大于被测信号的相位噪声；二是要求频谱分析仪本振的相位噪声必须低于被测信号的相位噪声；三是要求被测信号的频率漂移相对频谱分析仪的扫描时间可忽略。否则，测量误差可能较大。

频谱分析仪测量相位噪声通常需要三个步骤：

(1) 测量载波电平 L_C；

(2) 测量偏离载波频率 f_{offs}处的噪声电平 L_{PN}；

(3) 根据测量上述电平所设定的分辨率带宽，按式(6－23)估算相位噪声。

$$L(f_{offs})=L_{PN}-L_C-10\log \text{RBW}+2.5 \qquad (6-23)$$

式中，$L(f_{offs})$为载波频偏 f_{offs}处的相对相位噪声电平(以 dBc/Hz 为单位)；L_{PN}为载波频偏 f_{offs}处分辨率带宽内的相位噪声电平(以 dBm 为单位)；L_C为载波电平(以 dBm 为单位)；RBW 为分辨率滤波器的带宽(以 Hz 为单位)。

上式中的最后一项为使用取样检波方式时的修正项。对于取样检波器，其结果是高斯噪声的轨迹与由噪声引起的中频信号的包络平均值变化，这个值比 RMS 值要低 1.05dB。在对数刻度下，通过窄的视频带宽(VBW<RBW)对噪声进行平均，其显示的平均电平还要再下降 1.45dB。因此，最终显示的平均噪声电平比其有效值低 2.5dB。如果测量时选用有效值检波器，则应将修正项去除。

在大多数新型频谱分析仪中，为方便测量，都设计了标记功能，可直接读出频偏处的相位噪声，而无需另外计算。有些频谱分析仪还设计了测量相位噪声的应用软件，可根据需要显示较宽频带的相位噪声曲线。

为了适应精确测量的要求，在使用频谱分析仪测量相位噪声时还应注意：

(1) 分辨率带宽应由大至小，逐步减小至测量的相位噪声不再减小为宜；

(2) 应根据输入信号幅度的大小，设置适当的 RF 衰减量，使仪器的动态范围最大。

6.4 典型频谱分析仪介绍

国内频谱分析仪最主要的生产厂家是中国电子科技集团公司第41研究所，其产品系列齐全，性能指标最高，频率范围从30Hz到50GHz，并可通过外接毫米波扩频模块，实现直到110GHz的频谱测量。

6.4.1 AV4033系列频谱分析仪

AV4033系列高性能微波频谱分析仪，采用四次变频的超外差式扫频接收机体制，具有灵敏度高、频带宽、动态范围大等特点。由于采用了先进的宽带同步扫描与跟踪预选、低相噪高分辨率合成扫频本振、实时校准与补偿等技术，AV4033在性能指标上较上一代产品有了较大提高，噪声边带降低了10dB，灵敏度提高了近30dB，分辨率带宽可达1Hz，总体技术指标与性能相当于安捷伦公司的8563E。

AV4033系列微波频谱分析仪能测量多种类型的信号，可进行频谱纯度、信号失真、寄生、交调、噪声边带等各种分析。内部配置温度传感器，能根据温度变化，实时进行多参数校准和补偿，从而减小了环境影响，提高了测量精度。后面板提供频率参考、中频、视频、扫描等多种模拟输入输出接口，并带有GPIB、RS232等通用数据总线接口，便于组建测试系统。

AV4033系列微波频谱分析仪还针对通信系统生产、调试、维护、维修过程中经常遇到的测试项目，提供了一些方便的测量功能，包括：

- ◆ 频率、频谱测量
- ◆ 功率测量
- ◆ 相位噪声测试
- ◆ 调频调幅解调
- ◆ 信道功率测量
- ◆ 邻道功率测量
- ◆ 毫米波扩频
- ◆ 信号识别功能
- ◆ 调制信号测量
- ◆ 谐波失真测量
- ◆ 快速时域扫描
- ◆ 延迟扫描测试
- ◆ 时间门频谱分析
- ◆ 时分复用信号测试

图 6.28 给出的是 AV4033 系列频谱分析仪的前面板。面板共分成 10 个功能区：系统控制区、基本参数区、状态控制区、校准和测量区、步进键和旋钮、音量旋钮、端口区数据、输入区、软键控制区和显示区。

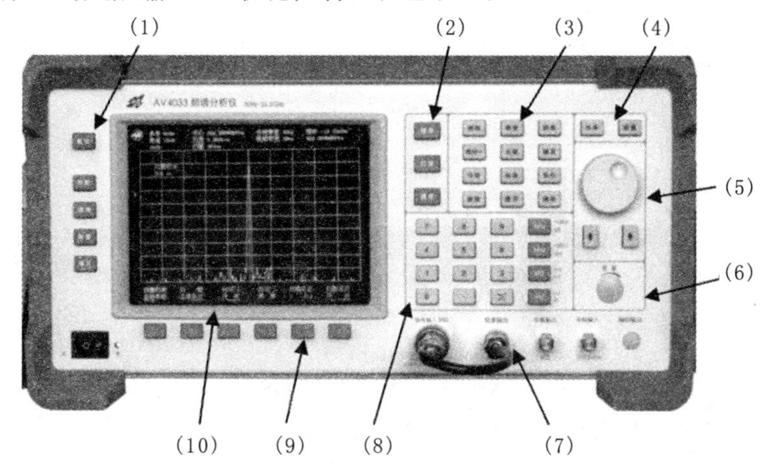

图 6.28　AV4033 系列频谱分析仪面板介绍

(1) 系统控制区：包括复位、存储、调用、配置和拷贝等系统控制功能，用于对系统初始状态、内存和外设通讯方式的设置。

(2) 基本参数区：包括频率、扫宽和幅度控制功能，是大多数测量需要设置的基本参数。

(3) 状态控制区：包括分辨带宽、视频带宽、扫描时间、显示及控制等其他参数的控制功能。如频标功能用于读出频谱仪显示迹线的频率和幅度，可进行相对测量，自动标明迹线的最大值，并能使频谱仪自动跟踪信号。

(4) 校准和测量区：校准功能可对仪器随时间和环境变化产生的测量误差进行修正，测量功能用于扩展仪器的功能，方便用户使用。

(5) 步进键和旋钮：用于改变当前参数的数值。其中，步进键用于按照预先定义好的增量改变数值(某些功能中，该增量可由用户选择)；旋钮可连续调整参数值。

(6) 音量旋钮：用于调节内置扬声器输出音量的大小。

(7) 端口区：前面板端口包括 50Ω 射频输入端口、300MHz 校准信号输出端口、第一本振输出端口、310.7MHz 中频输入端口和辅助输出端口。

(8) 数据输入区：用数字键可以输入并快速切换到一个数值。

(9) 软键控制区：每个软按键都与屏幕显示的软键相对应，按动某个按键即可激活对应的软键菜单。

(10) 显示区：共有 20 个小点，详细介绍见图 6.29。

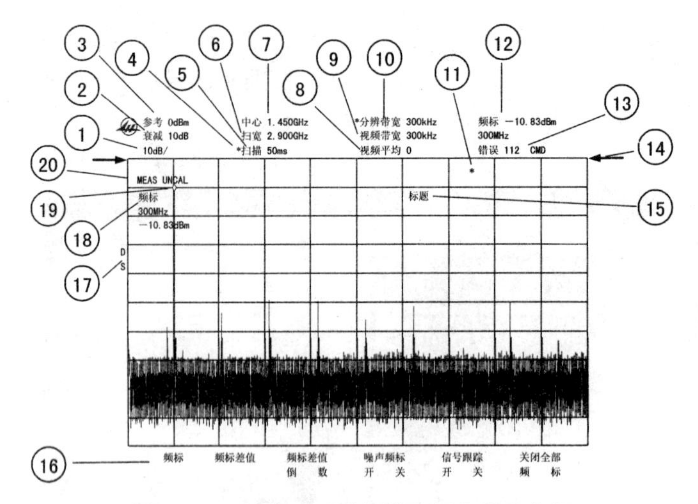

图 6.29 AV4033 系列频谱分析仪显示介绍

① 纵坐标每格对应的对数或线性幅度值；

② 输入衰减器值(内部混频)或变频损耗值(外部混频)；

③ 参考电平；

④ 扫描时间、分辨带宽、视频带宽或输入衰减等处于非自适应状态的标志；

⑤ 扫描时间；

⑥ 扫频宽度或终止频率；

⑦ 中心频率或起始频率；

⑧ 视频平均次数；

⑨ 视频带宽；

⑩ 分辨带宽；

⑪ 数据无效标志，在频谱仪完成一次完整的扫描之前改变设置时会显示；

⑫ 频标位置的幅度和频率值；

⑬ 错误信息区；

⑭ 归一化模式中的参考电平位置标志；

⑮ 标题区；

⑯ 软键菜单；

⑰ 当前特殊功能：会出现不同提示字符，可按【注释帮助】键查询具体信息；

⑱ 活动功能区；

⑲ 频标标志；

⑳ 信息区。

6.4.2 AV4022型便携式射频频谱分析仪

AV4022便携式射频频谱分析仪是中国电子科技集团公司第41所推出的第一款手持式频谱分析仪(如图6.30所示)。它仍采用传统的多级变频超外差接收机体系结构,从而继承了此类接收机灵敏度高、频带宽、动态范围大等优点。为达到较小的体积和重量,控制功耗,并在此基础上保持较高的技术水准,AV4022采用了更多的先进微波技术和计算机技术,如集成式全锁相本振、全数字化中频处理、射频/模拟/数字混合设计技术、智能定向供电技术等。

图6.30　AV4022型便携式射频频谱分析

AV4022便携式射频频谱分析仪的特点是体积小、重量轻、供电方式灵活,并达到较好的技术指标。它的体积和重量为传统的频谱分析仪的10%～15%,功耗为传统的频谱分析仪的5%～10%。在供电方式上,除了可以交流电源通过适配器供电外,其内部带有大容量可充电锂电池,最长能支持仪器工作4小时左右。这些特点使AV4022非常胜任现场和野外的测试任务,特别是难以提供交流电源供电、难以携带台式频谱分析仪进入的场合,如塔顶、机舱等。

AV4022便携式射频频谱分析仪还在一些细节上值得一提:内部带有温度传感器,可自动根据工作温度进行补偿,有效提高了测试精度;配有内置的非易失存储器,可存储200条测量数据;可通过RS232口与PC机的连接,提供配套的PC机软件方便实现测量数据的下载,极大地方便了野外测试数据的管理。另外,VGA TFT 6寸彩色液晶显示屏,中、英文双语菜单,方便用户使用。

AV4022仪可用于测量频谱纯度、信号失真、寄生、交调等各种参数以及调制信号分析,可进行发射机的发射功率、频带宽度、谐波/非谐波,卫星通讯设备的上行/下行频率,电台的通道带宽、邻道功率等项目的测试。

6.4.3 ESA 系列频谱分析仪

ESA 系列是安捷伦公司推出的频谱分析仪(如图 6.31 所示),具备全面而灵活的设计以及测量特性,能为用户提供全面、可溯源和有保证的技术指标。

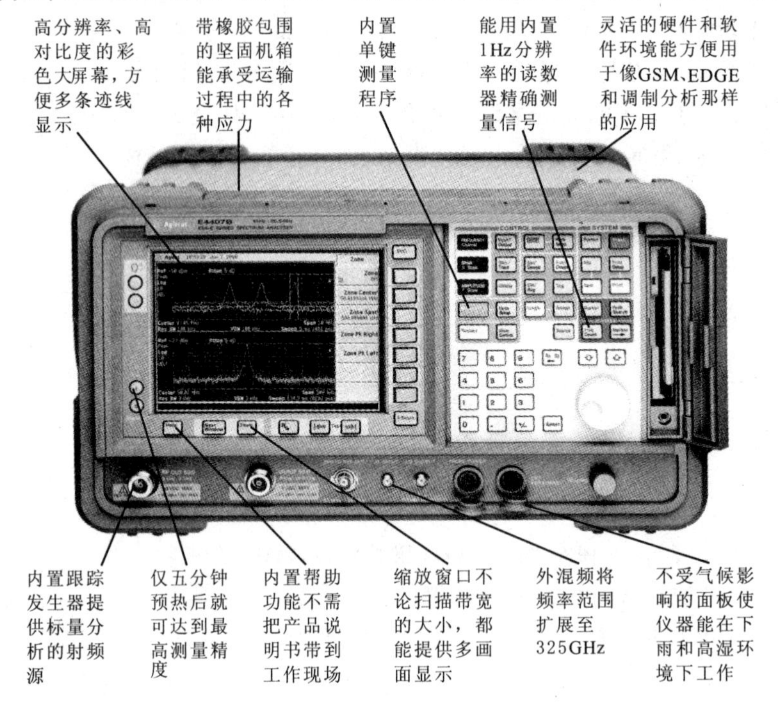

图 6.31 ESA 系列频谱分析仪

ESA 系列频谱分析仪具有幅度测量精度高、频率测量精度高、频率分辨率高、测量范围和动态范围宽、扫描速度快、测量速度快等特点。与大多数频谱分析仪通常需要预热 30 分钟以上不同,ESA 预热 5 分钟即可保证最高测量精度。

ESA 主要包括三种:基础配置分析仪、标准分析仪和通信测试分析仪。各型号的特点和性能如表 6.2 所示。其中,ESA 基础配置分析仪包括许多内置测量功能,以适中的价格提供对射频或微波信号进行基本的、高质量频谱分析功能;ESA 标准分析仪包括一组可升级的固件特性,提供一些可选用的测量特性(如噪声系数和相位噪声等),适用于射频或微波信号的通用频谱分析;ESA 通信测试分析仪能通过内置解调分析应用程序或与安捷伦 89601AVSA 软件配合使用,进行独树一帜的矢量信号分析,适用于包括解调在内的频谱分析和矢量信号分析。

表 6.2　ESA 系列频谱分析仪的性能和特点

类别 参数	基础配置分析仪 （选件 BAS）	标准分析仪 （选件 STD）	通信测试分析仪 （选件 COM）	定制配置的 可选用性能
频率范围	9kHz～ 1.5/3/26.5GHz	9kHz～ 3/6.7/13.2/26.5GHz	9kHz～ 3/6.7/13.2/26.5GHz	30Hz～ 3/6.7/13.2/26.5GHz
扫描时间（＜3GHz）	1ms～4000s	4ms～4000s	1ms～4000s	1ms～4000s
零扫宽	4ms～4000s	50ns～4000s	25ns～4000s	25ns～4000s
分辨带宽	100Hz～5MHz	10Hz～5MHz	1Hz～5MHz	1Hz～5MHz
相位噪声	－93dBc/Hz＋ 20log$N$	－101dBc/Hz＋ 20log$N$	－101dBc/Hz＋ 20log$N$	－101dBc/Hz＋20log$N$
测量范围	－130～＋30dBm	－140～＋30dBm	－150～＋30dBm	－167～＋30dBm
频率精度	±101Hz	±101Hz	±101 Hz	±101Hz
扫宽精度	±0.5%	±0.5%	±0.5%	±0.5%
幅度精度	±1.1dB	±0.4dB	±0.4dB	±0.4dB
可提供的特性	PowerSuite 单键测量，IntuiLink 与 MS Office 的连通性，幅度修正功能	除基本特性外，还包括对数扫描、分段扫描，可选的前置放大器、CCDF、FM 解调和可变扫描点功能	除基本特性和标准特性外，还包括数字解调能力	除基本的、标准的通信测试特性外，还包括准峰值检测、外部混频、B 类发射和大偏移相噪测量

思考题

1. 请理解信号时域与频域的关系。
2. 什么是频谱分析？为什么需要进行频谱分析？
3. 频谱分析仪有哪些主要功能？
4. 频谱分析仪能测量哪些信号参数？
5. 按工作原理区分，频谱分析仪有哪些类别？
6. 频谱分析仪的主要性能指标包括哪些？
7. 使用频谱仪时，如何选择适当的频率扫描范围？
8. 什么是频谱分析仪的分辨带宽与视频带宽？
9. 选择不同的分辨带宽对测量结果有何影响？
10. 为了提高分析速度，通常希望扫描时间越快越好，但这会对频谱分析产生什么影响？

11. 如何理解混频器的 1dB 压缩点?

12. 什么是频谱分析仪的参考电平?

13. 频谱分析仪工作在最佳灵敏度时,会对测量产生哪些不利影响?

14. 什么是频谱分析仪的噪声边带?

15. 频谱分析仪的动态范围取决于什么?

16. 请画出 FFT 分析仪的原理框图。

17. 简述模拟滤波式频谱分析仪的基本原理。

18. 简述数字外差式频谱分析仪的基本原理。

19. 对频率为 100kHz 的方波进行测量,频谱仪的扫描宽度应设置为多少?

20. 如何利用扫频法测量调幅信号?

21. 如何利用频谱分析仪进行时域分析?

22. 如何利用哈伯雷方法测量调频信号?

23. 如何利用频谱分析仪测量脉冲信号参数?

24. 谐波失真测量方法有哪些? 试分析各自的优缺点。

25. 简述三阶交调失真的测量方法,并画出测试设备连接图。

26. 简述相位噪声的测量方法。

27. 请用频谱分析仪测量调幅信号,并以信号发生器为参考,计算测量误差。

28. 请用频谱分析仪测量调频信号,并以信号发生器为参考,计算测量误差。

29. 比较方波信号在示波器和频谱分析仪中的显示,能得到哪些结论?

30. 观察宽带调频信号在频谱分析仪中的显示,总结宽带调频信号的测量方法?

第7章　功率测量

本章着重介绍了微波功率测量的基本方法，对微波功率计的性能指标进行了简要描述，分析了常见微波功率探头和功率计的工作原理。

7.1　概述

在低频电路中，信号的大小通常用电压或电流来表示，可以通过测量已知电阻两端的电压(或电流)来计算功率。随着信号频率的升高，电路中电抗的影响逐渐增大，驻波现象随之出现。此时，即便是用均匀传输线传送信号，传输线各部位的电压或电流常常也不相等，但传输功率却为确定数值。特别是在波导传输中，电流和电压失去了唯一性，测量更为困难，功率测量成为更为通行的测量方式。

功率是表征微波信号特性的重要参数，几乎是所有射频和微波设备必不可少的测量项目，已成为现代微波测量中的重要环节。例如，通过测量通信发射机的功率，可以确定通信系统的覆盖范围；通过测量雷达发射机的功率就能确定雷达的作用距离等。功率测量还广泛应用于微波器件的测试，如器件的增益、插损、端口驻波、隔离度和耦合度等。

微波功率计是射频和微波领域最基本的测量仪器之一，广泛应用于无线电通信、雷达、电子对抗、广播电视、微波医疗设备的科研、生产和维护等领域。

7.1.1　功率的基本定义

1. 瞬时功率

功率的基本定义为单位时间内的能量，一般随时间变化，可表示为

$$P = \frac{\mathrm{d}E}{\mathrm{d}t} \tag{7-1}$$

式中，P 为瞬时功率，E 为能量，t 为时间，分别以瓦 W、焦耳 J、秒 s 为单位。

对于电功率，可表示为

$$P(t) = v(t) \times i(t) \tag{7-2}$$

式中，$v(t)$ 为瞬时电压，$i(t)$ 为瞬时电流。

如果电压和电流不随时间变化，则瞬时功率为常数。

2. 平均功率

针对交流信号，一般测量信号在一个周期内能量变化的平均速率，由下式给出

$$P_{\text{Avg}} = \frac{1}{nT}\int_0^{nT} v(t)\times i(t)\,\mathrm{d}t \tag{7-3}$$

式中，P_{Avg}为平均功率，T为信号的周期。

平均功率是信号能量变化速率在最低频率分量的许多周期内的平均。对于连续波信号来说，最低频率和最高频率是相同的，取一个信号周期计算即可，平均功率可表示为

$$P_{\text{Avg}} = V\times I\times\cos\theta \tag{7-4}$$

式中，V为电压有效值，I为电流有效值，θ为信号电压和电流的相位差。

但是，对于调幅信号，平均功率需要在调制分量的许多周期内加以平均，此时的 T 是 $v(t)$ 和 $i(t)$ 最低频率分量的周期。

实际测量时，用于接收功率的传感器通常表现为一个纯电阻负载。因此，电压和电流的相位差为0，根据欧姆定律，有

$$P_{\text{Avg}} = V\times I = V^2/R = I^2\times R \tag{7-5}$$

3. 脉冲功率

脉冲功率是指信号能量在脉冲宽度上的平均，可表示为

$$P_{\text{Pul}} = \frac{1}{\tau}\int_0^{\tau} v(t)\times i(t)\,\mathrm{d}t \tag{7-6}$$

式中，τ为脉冲宽度，通常定义为脉冲上升与下降50%幅度点之间的时间。

显然，脉冲功率将平均处理包络过冲或振铃之类的所有畸变。在微波系统中，脉冲信号的占空比通常是固定的，可通过平均功率的测量结果和占空比计算脉冲功率

$$P_{\text{Pul}} = \frac{P_{\text{Avg}}}{\text{DutyCycle}} \tag{7-7}$$

式中，DutyCycle为占空比，等于脉冲宽度τ与脉冲重复频率PRF的乘积(如图7.1所示)。

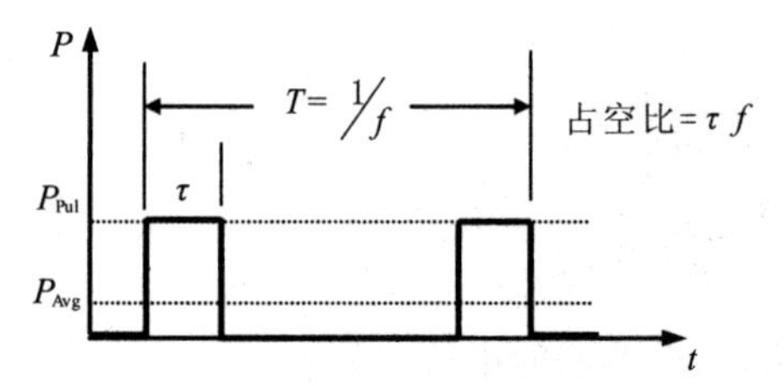

图7.1 脉冲功率P_{Pul}与脉冲平均功率P_{Avg}

4. 峰值功率

现代雷达、电子对抗和导航系统的发展往往基于复杂的脉冲调制和频谱扩展技术，对功率测量提出了更高的精度要求。当脉冲为非矩形，或者由于波形的畸变

不能精确确定脉冲宽度 τ 时，脉冲功率测试经常难以完成，脉冲功率的概念已不能完全满足要求，需要引入峰值功率的概念。

与脉冲功率不同，峰值功率是描述最大功率的专用术语，是指包络功率的最大值（如图7.2所示）。峰值功率计或峰值功率分析仪是专门用来测量峰值功率参数的仪器。

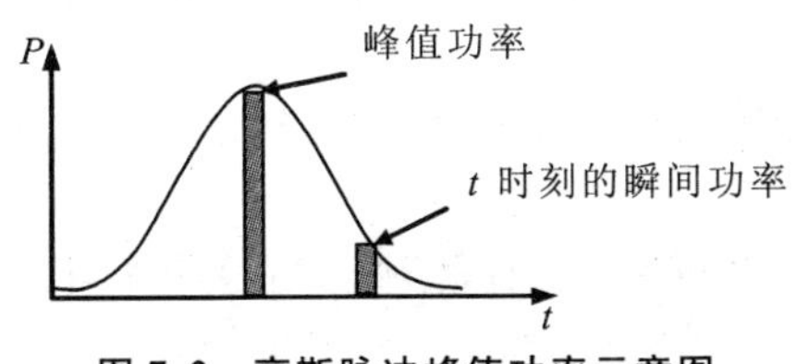

图7.2　高斯脉冲峰值功率示意图

在所有的功率测量中，最经常测量的是平均功率。对于连续波信号而言，平均功率、脉冲功率、峰值功率都是一样的。对于理想的矩形脉冲信号，峰值功率等于脉冲功率，脉冲功率和峰值功率可根据平均功率与占空比计算，也可由峰值功率计、峰值分析仪直接测量。

7.1.2　功率的度量单位

功率是国际单位制中的导出单位，功率单位有线性度量单位和对数度量单位两种。

线性度量单位的常用单位为瓦特(W)，1瓦特等于1焦耳/秒。加上十进制倍数或分数单位的适当标准词头，可以派生出不同量级功率单位，如兆瓦($1\text{MW}=10^6\text{W}$)、千瓦($1\text{kW}=10^3\text{W}$)、毫瓦($1\text{mW}=10^{-3}\text{W}$)、微瓦($1\mu\text{W}=10^{-6}\text{W}$)、纳瓦($1\text{nW}=10^{-9}\text{W}$)等。

在许多情况下(如测量增益或衰减时)，经常需要的不是绝对功率，而是两个功率的比，或者说是相对功率。相对功率是一个功率电平 P 对另外的参考电平 P_{ref} 的比值。由于分子分母的单位都是瓦特，所以相对功率没有量纲，通常用分贝(dB)表示，定义为

$$P(\text{dB}) = 10\lg(P/P_{\text{ref}}) \tag{7-8}$$

采用dB表示有两个好处：一是在通信和雷达系统中经常遇到相差数百万倍的功率值，用dB表示可使数值变得紧凑；二是在计算多个网络级联的增益或插损时，可用分贝值的加减代替功率的乘除。

当 $P_{\text{ref}}=1\text{mW}$ 时，可得到功率绝对单位的另外一个对数度量单位：分贝毫瓦(dBm)

$$P(\text{dBm}) = 10\lg(P/1\text{mW}) \tag{7-9}$$

对dBm加上适当的标准词头，又可扩展为dBW和dBμW等。显然，0dBm=

1mW，-3dBm=0.5mW，10dBm=10mW，1dBW=30dBm，1dBμW=-30dBm 等。

需要特别提醒读者的是，dBm 与 dB 不是一个概念。dBm 是功率的绝对单位，表示的是功率的绝对大小，可以直接换算出对应的瓦数。dB 是功率的相对单位，表示的是功率的相对大小，必须以它的参考作为比照才能换算出对应的瓦数。

7.1.3 功率计的功能与分类

功率计的功能非常单一，就是信号功率测量。根据不同的特征，功率计有多种分类方法：

(1) 根据工作频率范围划分，有低频(音频)功率计、高频功率计和微波功率等；

(2) 按功率测量原理划分，有热敏电阻式、热电偶式、晶体管式、量热式功率计等；

(3) 按被测功率的特征划分，有连续波功率计、峰值功率计；

(4) 按输入端传输线的类型划分，有同轴型、波导型功率计；

(5) 按功率量程大小划分，有小、中、大功率计。

其中，微波功率计的应用最为广泛，在电子对抗装备保障中占有重要地位。

在微波功率测量中，影响测量结果的因素有很多，包括信号的频率范围、功率范围以及调制等。根据测量方法，微波功率计可分为通过式功率计和终端式功率计。

通过式功率计连接在信号源和负载之间，主要由定向耦合器、功率探头、功率计三部分组成。当输入端接功率源，输出端接负载时，定向耦合器耦合输出被测功率的一部分，已知定向耦合器的耦合度，功率可按输入端的功率值进行刻度定标。通过式功率计的输入方式一般为波导，往往设计成体积小的便携产品，使用方便，广泛应用于通信、雷达、广播、电视等设备的检测或监测。

通过式功率计可分为单向式和双向式两类。由单定向耦合器构成的通过式功率计称为单向式(如图 7.3A 所示)，由双定向耦合器构成的通过式功率计称为双向式(如图 7.3B 所示)。双向通过式功率计常用作反射计，可测量负载的反射系数。为了提高通过式功率计的准确度，应使用高方向性的定向耦合器和较小反射系数的负载。同时，定向耦合器的耦合度会随频率的变化而不同，方向性和负载匹配对测试准确度影响也较大，需要进行校准。

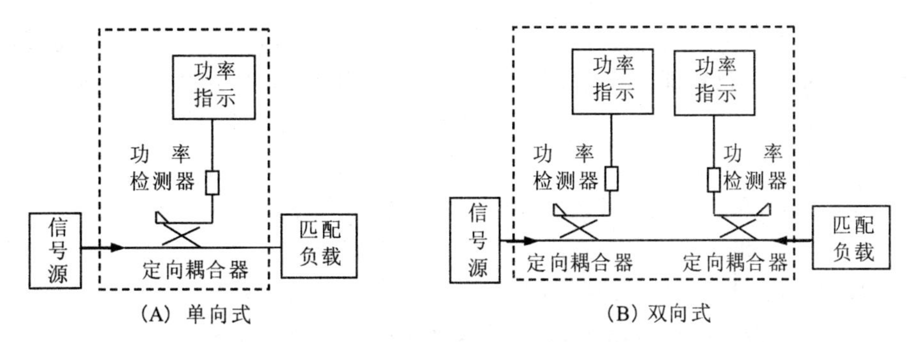

图 7.3　通过式微波功率计原理框图

终端式功率测量仪器主要包含功率探头和主机两个部分(如图 7.4 所示)。功率探头接在信号传输线的终端,接收和消耗功率,产生一个直流或低频信号,经特定形式的前置放大电路送入功率计的测量通道。

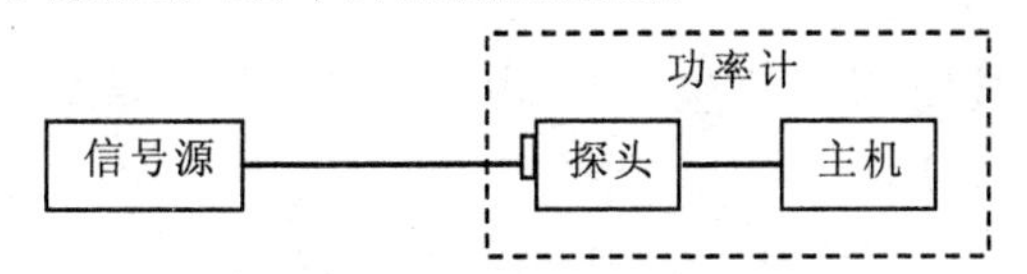

图 7.4　终端式微波功率计原理框图

功率探头不但包括功率传感器,通常还有存储探头型号、类型、校准参数的 EEPROM 以及传感环境温度的温度传感器等;主机包括放大器和相关处理电路,负责对功率探头变换的信号进行处理,产生准确的功率读数。一般情况下,一个型号的功率计能兼容不同类型、不同频率范围、不同功率范围的系列功率探头。

7.1.4　微波功率计的主要技术指标

功率计的技术指标很多,对于不同类型的功率计,具有不同的技术指标。有些为功率探头的技术指标,有些是功率计的技术指标,有些则是功率计/功率探头系统的技术指标。

(1) 频率范围:指能保证功率计可靠工作的输入频率覆盖范围,主要取决于功率探头,超出频率范围的测量,准确度没有保证。

(2) 功率范围:指功率计所能准确测定的从最小功率到最大功率的范围,最小功率取决于零漂、噪声以及功率探头的灵敏度,最大功率取决于传感器,超出功率范围的测量,将无法保证准确度,甚至可能损坏仪器。

(3) 功率线性度:指被测功率变化引入的功率测量附加误差,主要由功率探头引起,通常以某个功率范围内功率测量误差的最大变化量表示。

(4) 调零误差:指在没有功率输入的情况下,使功率计指示归零的功率误差,主要影响小信号的测量,大功率测量时可忽略不计。

(5) 零点漂移:指基准条件下,给定时间内功率指示值的变化量,在最高灵敏度时影响最大。仪器预热时间较长或进行小信号测试时,可通过实时校零减小零点漂移误差。

(6) 零点转移:功率计的设计是在最灵敏的量程上进行调零,当功率测量的量程改变时,零点多少都会有些改变,即产生所谓的零点转移(误差)。

(7) 噪声:指由仪器内部元器件产生的噪声而使功率计指示值无规则变化的最大值,是功率计灵敏度的决定性因素。

(8) 仪器误差:指由功率计量程准确度误差以及稳定性而引入的测试误差。仪器预热时间较长和在小信号测试时进行实时校零和校准,可减小仪器测试误差。

(9) 校准源功率准确度:指功率计内置校准源输出功率的精确度。功率计在出厂时,要用一套高精密的测量系统对校准源进行调试校准,以保证功率准确度。用户需要定期进行计量校准。

(10) 校准源驻波比:指校准输出时,由于校准源输出端口阻抗失配引起电压驻波比。

(11) 功率测量误差:指功率测量指示值 P_u 相对于标准功率 P_s 的误差,即

$$\Delta = \frac{P_u - P_s}{P_s} \times 100\% \qquad (7-10)$$

(12) 功率探头驻波系数:指功率计所配功率探头阻抗失配引起输入端的电压驻波比。

(13) 功率探头有效效率:指被测功率探头的功率计指示功率 P_u 与该功率探头吸收的净功率 P_L 之比,即

$$\eta = P_u / P_L \qquad (7-11)$$

(14) 方向性:对于单向通过式功率计,方向性是指端口 1 输入功率、端口 2 接匹配负载时,功率计指示值 P_1 与端口 2 输入相同功率、端口 1 接同一匹配负载时,功率计指示值 P_2 之比值的对数,即

$$D = 10\lg \frac{P_1}{P_2} \qquad (7-12)$$

对于双向通过式功率计,方向性是指当输入端输入信号功率,输出端接匹配负载时,功率计指示入射功率 P_i 和反射功率 P_r 之比的对数,即

$$D = 10\lg \frac{P_i}{P_r} \qquad (7-13)$$

为了减小由于隔离不完善造成的误差,应尽量使用具有高方向性的定向耦合器。

(15) 插入损耗:指通过式功率计接入微波馈线系统中所引起的损耗,可通过校准,采用类似于耦合因子的方法加以校正。

(16) 上升时间和下降时间:上升时间是指功率探头从检测脉冲功率的 10%变

换至 90%的时间;下降时间是指功率探头从检测脉冲功率的 90%变换至 10%的时间。该项技术指标制约了功率计可有效测量的最小脉冲宽度。

(17) 最大输入平均功率:指功率计所能允许的最大输入平均功率。对于任何低于该平均功率的信号,功率计都能正常工作且保证指标。使用功率计时,输入信号的平均功率不能超过该项指标。对于二极管式功率计而言,最大输入平均功率与最大输入峰值功率相同。

(18) 最大输入峰值功率:功率计所能允许输入的最大峰值功率。对于任何低于该峰值功率的信号,功率计都能正常工作且保证指标。使用功率计时,输入信号的峰值功率不能超过该项指标。

(19) 温度系数:由于温度变化而引入的功率测量的附加误差。

(20) 响应时间:输入微波功率后功率计指示达到稳定值所需的时间。

7.2 微波功率计的结构原理

随着微波半导体技术、计算机技术以及数字信号处理技术的发展,功率检测由最初的热敏电阻式、热电偶式向二极管检波式的方向发展。二极管检波式功率计具有动态范围大、测量速度快、测量功能强的特点,已成为当今世界微波功率计的发展主流。

7.2.1 热敏电阻功率探头及其功率计

1. 同轴型热敏电阻功率探头

热敏电阻功率探头是根据温度变化会引起电阻值变化的原理进行工作的,这种温度变化来源于测热电阻元件将射频或微波能量转变为热能。

用于射频和微波功率测量的热敏电阻是一个金属氧化物的小珠,具有负温度系数特性:吸收微波功率后,温度升高,阻值减小。热敏电阻的阻值随功率变化的特性具有高度的非线性,彼此之间差别极大,由电桥检测。

同轴型热敏电阻功率探头的基本原理如图 7.5 所示。R_{t1}、R_{t2} 为检测功率用的一对热敏电阻,两电阻的中心接点经过隔直电容 C_1 与同轴连接器的内导体相连。对高频信号来说,两电阻是并联关系,对直流信号来说,则是串联关系。在热敏电阻与功率计内部之间有一个旁路电容 C_2 ,主要作用是避免射频信号泄露。

配接同轴热敏电阻探头的检测电桥通常采用平衡式电桥(如图 7.6 所示)。平衡电桥技术是借助于直流或低频交流偏置使热敏电阻元件保持在一个恒定的阻值 R 上,当微波功率耗散在热敏电阻上时,热敏电阻 R_t 的阻值变小,这时偏置电流也减小使电桥重新平衡,保持 R 仍为同一数值。偏置电流的减小量应与微波功率相对应,以此得到微波功率的大小并指示,这就是热敏电阻功率探头直流替代法测量射频或微波功率的基本原理。

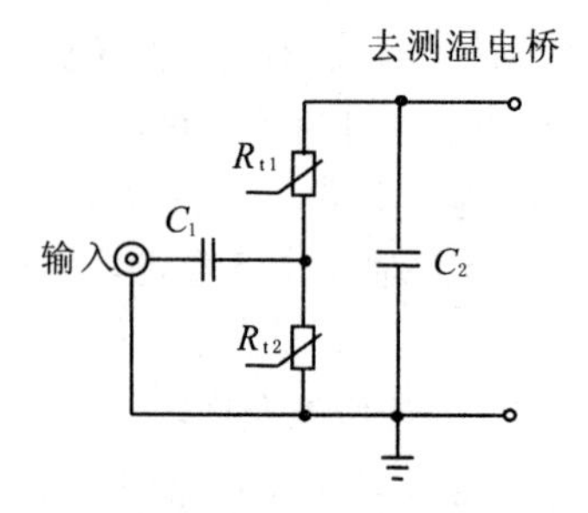

图 7.5 热敏电阻功率探头基本结构

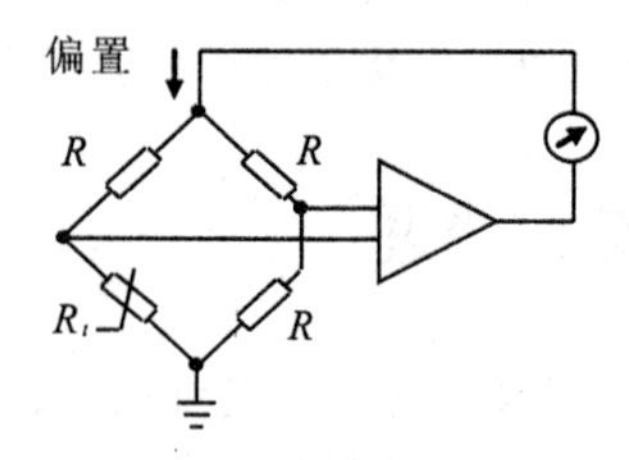

图 7.6 单平衡电桥基本原理框图

由于热敏电阻是温度敏感器件，环境温度变化会引起功率测量的误差，因此引入了温度补偿。具体方法是采用双自平衡电桥，除上述的平衡电桥外，另设一个完全对称的参考电桥，所不同的是参考电桥的热敏电阻 R_d 专用于环境温度补偿而不吸收微波功率（如图 7.7 所示）。

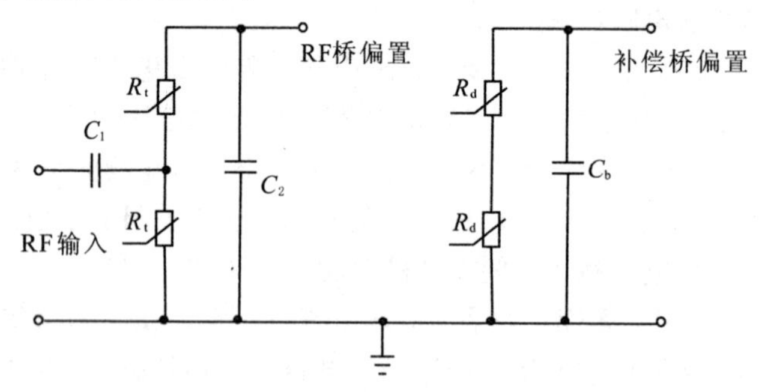

图 7.7 温度补偿热敏电阻功率探头

2. 热敏电阻功率计

配接热敏电阻式功率探头的功率计主要由电桥构成，如 N432A 就是一种双补偿直流型热敏电阻功率计，其基本部分是由两个自平衡电桥、逻辑电路以及自动校零电路构成（如图 7.8 所示）。

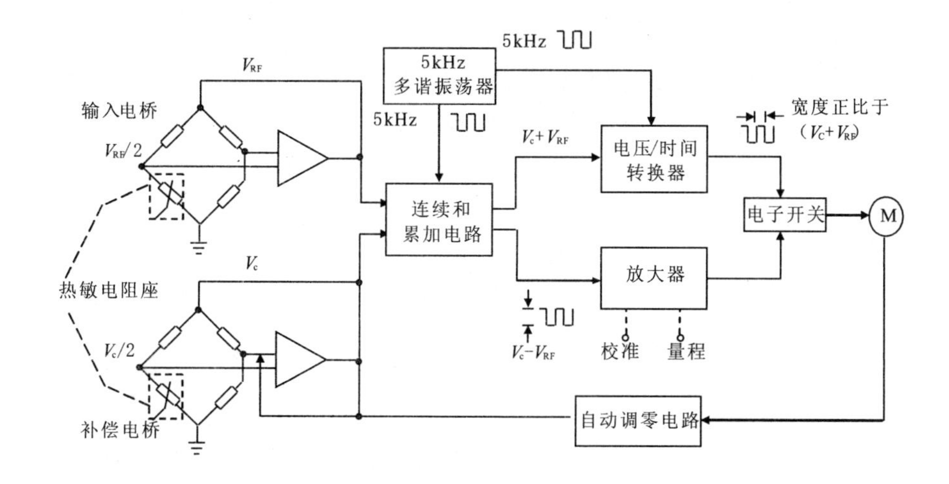

图7.8 使用温度补偿的热敏电阻功率计

包含检测热敏电阻的射频输入电桥通过自动改变驱动电桥的直流电压 V_{RF} 保持平衡;包含补偿热敏电阻的补偿电桥通过改变驱动该电桥的 V_c 保持平衡。将加在两个电桥上的偏置信号功率进行比较,然后通过下式可以得到被测射频信号功率。

$$P_{RF}=(V_c^2-V_{RF}^2)/4R=(V_c+V_{RF})(V_c-V_{RF})/4R \quad (7-14)$$

式中,P_{RF} 为射频功率,V_c、V_{RF} 为补偿电桥、射频电桥上的电压,R 为平衡时的热敏电阻。

热敏电阻功率探头内热敏电阻所吸收的射频功率与热敏电阻上的直流替代功率有相同的热效应,被认为是"闭环"的,稳定性很好,是功率溯源的主要仪器。但是,热敏电阻功率计由于测量功率范围小、测量速度低等原因,已基本上被热偶式和二极管式功率计替代了。

7.2.2 热电偶功率探头及其功率计

1. 热敏电偶功率探头

20世纪70年代出现了热电偶探头,并在很多场合逐步取代了热敏电阻功率探头。热电偶探头与热敏电阻探头相比具有很明显的优势:一是灵敏度更高,可测量低至−30dBm的功率;二是固有的平方律特性,输出直流电压与输入的微波功率成正比;三是端口驻波可以设计得很好,测量不确定度更低。

热电偶是采用两种不同金属材料构成的,具有两个结点的回路或电路,能在吸收微波功率时产生热,并把热转换为电压。热电偶的基本工作原理是:让热电偶的一个结点吸收微波功率,引起结点温度升高,从而产生热电压,再通过测量热电压而得出被测功率的量值。

半导体热电偶元件由金、N型硅等材料构成,采用薄膜结构,几何结构精确,体积小,具有较好的阻抗匹配性能。使用半导体热电偶元件的热电偶功率探头,在同一芯片上含有两个相同的热电偶(如图7.9所示)。对直流电压而言,这两个热电偶是串联的;对射频输入来说,两个热电偶通过耦合电容 C_c 同时受到激励,是并联关系。每个薄膜电阻和与其串联的硅片一起具有100Ω的总电阻,两个并联的热电偶对射频传输线形成50Ω终端。

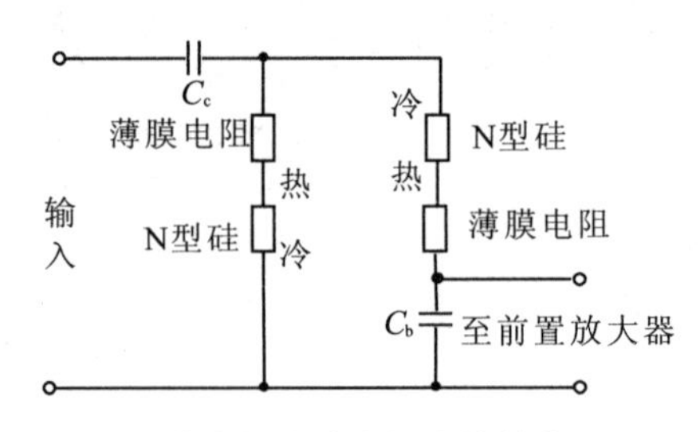

图7.9 热电偶式功率探头的基本原理

热电偶功率探头产生的热电压正比于冷热点的温差,温差正比于输入的微波功率,因而是真正的有效值测试。在当前的技术条件下,热电偶灵敏度的典型值为160 μV/mW左右,可测量的最小功率大约为1.0 μW。此时,热电偶探头的直流输出电平只有160nV左右,难以在普通的软性连接电缆中传送。因此,需要在探头内使用低噪声、高增益、稳定性好的放大器以及斩波放大等一系列小信号处理方法。图7.10给出了热电偶探头的简化方框图。

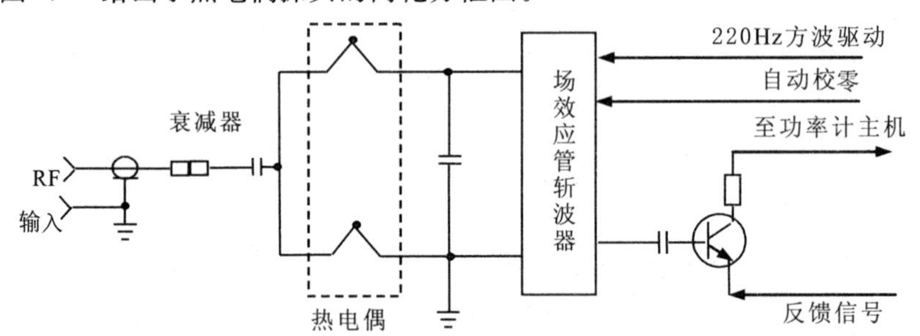

图7.10 热电偶探头简化原理方框图

2. 热电偶功率计

热电偶功率计的原理框图如图7.11所示。一般由220Hz的方波发生器驱动由低噪声场效应晶体管构成的斩波器,将直流热电电压变换为交流电压,然后对交流信号进行放大。前置反馈放大器的一部分在探头内,与处于功率计内部的另一部分组成一个完整的输入放大器,完成对信号的初步放大,这样可以有效消除多芯电缆引入的瞬间干扰,提高了抗干扰能力。前置放大器的输出信号经由量程变换放大器进行放大或衰减,再在220Hz斩波信号的控制下,利用同步检波器实现斩波信号的解调输出。

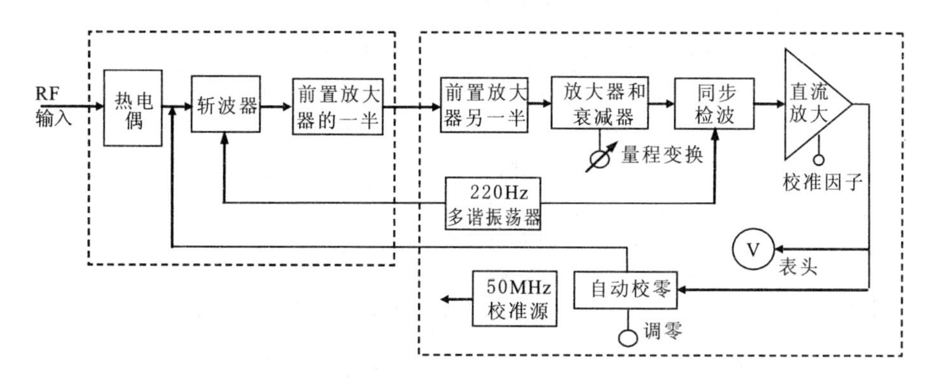

图 7.11 热电偶功率计总体原理框图

热电偶功率计一般会提供功率准确的校准源。利用该校准源,可通过调整系统增益补偿修正热电偶灵敏度变化引入的误差。更换功率探头以及温度变化较大时,都应进行校准。

现代热电偶功率计的频率范围能覆盖 9kHz～170GHz,结实耐用,稳定可靠。因为热电偶功率计以平方率特性传感功率,能够对各种调制信号或多重信号给出真正的平均功率响应,所以在处理具有复杂调制或多频信号时总是最佳的。

但是,半导体热电偶功率计的功率测量范围只有 50dB,在大动态范围数字微波信号以及窄脉冲微波信号平均功率方面的应用受到了一定的限制,同时无法进行真正的峰值包络功率的测量,目前正逐渐被高性能二极管式微波功率计所取代。

7.2.3 二极管功率探头及其功率计

1. 二极管检波器工作原理

二极管检波器原理如图 7.12 所示。因为二极管具有非线性的伏一安特性,所以能对跨接在二极管上的射频电压进行检波,得到一直流电压输出。当二极管检波器的电阻与被测信号源的源电阻匹配时,二极管获得最大的射频功率。但是,二极管电阻都远大于 50Ω,需要用一个单独的匹配电阻来调节其输入终端阻抗,使得二极管电阻与源电阻匹配。

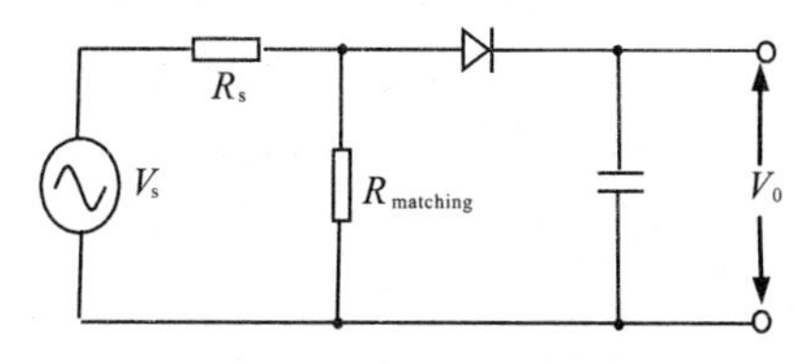

图 7.12 二极管检波器原理

2. 大动态范围二极管连续波功率探头

大动态范围二极管功率探头常常采用平衡配置的双二极管检波方式，应用线性校准技术，单个二极管连续波平均功率探头的动态范围可达－70～＋20dBm。图7.13为AV23211(可配接AV2432微波功率计)功率探头的检波部分原理框图。

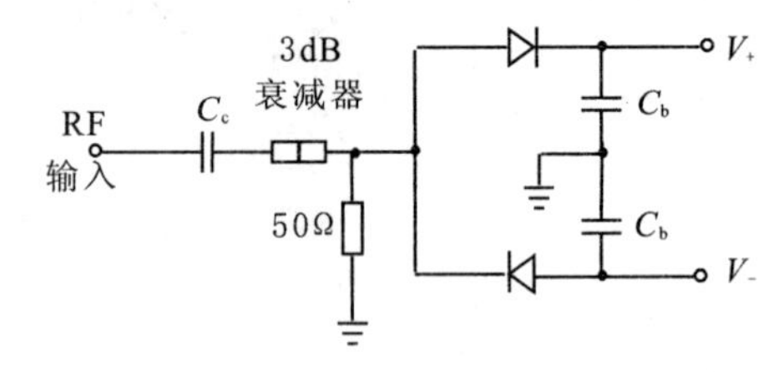

图 7.13 AV23211双二极管检波器原理框图

输入的射频信号经过隔直电容C_c、3dB衰减器后，进入50Ω匹配负载和双二极管检波器，两个检波器输出正负直流信号通过视频滤波电容送入功率计前置放大器处理。

这种平衡配置双二极管全波检波方式具有多方面的优越性：一是平衡的配置方式消除了－60dBm以下功率测量时，由不同金属连接所导致的热电电压问题；二是抑制了输入信号中偶次谐波造成的测量误差；三是检波器输出端接地面上的共模噪声或干扰被抵消；四是采用双管全检波，使信噪比提高了1～2dB。

由于输入功率与检波电压的非平方律特性，当信号功率在－20dBm以上时，这种功率探头只能用作连续波平均功率的精确测量。对于峰值功率比较大的调制信号，可采用衰减器将其峰值功率衰减到－20dBm以下，再进行平均功率的测量。

为了提高功率测量范围和小信号的处理能力，大动态范围连续波功率探头往往包含有斩波电路、低漂移可程控前置放大电路、环境温度传感器、控制电路以及存储探头线性度校准、温度补偿、校准因子等多种数据的EEPROM等。图7.14为AV71712(可配接AV2434微波功率计)连续波平均功率探头的原理框图，频率范围为50MHz～40GHz，功率范围可达－67～＋20dBm。

双检波二极管将输入的射频信号转化为直流信号，经斩波电路后变为交流信号，再经量程开关后输入低噪声放大器。为了减小电缆等引入的瞬间干扰信号，反馈放大器的一半放置于探头内，另一半通过电缆连接放置于功率计通道内，放大后的信号再传输至功率计主机进行处理，提高抗干扰能力。微波部分还安装有温度传感器，探头的内部电路同时还完成控制信号串行锁存、存储等功能，用以控制探头的量程切换以及探头校准数据读写等。

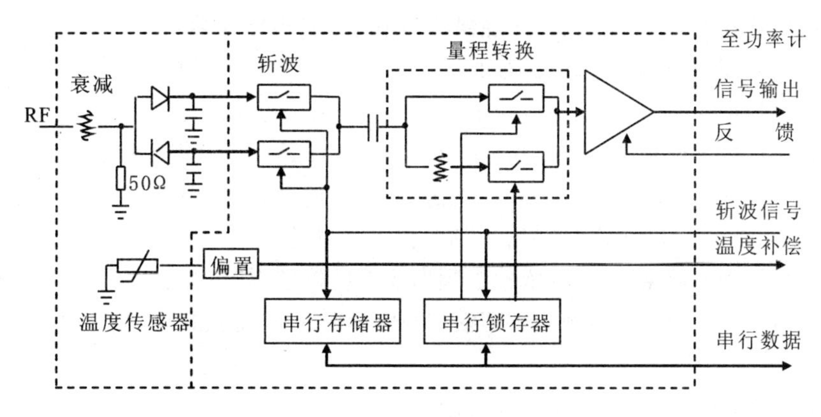

图 7.14　AV71712 功率探头原理框图

3. 峰值功率探头

另一类重要的二极管功率计探头是峰值功率探头。二极管峰值功率探头不仅动态范围大、测量速度快，而且能够快速反映信号的包络变化，可用于脉冲参数测量。二极管峰值功率探头的动态范围超过 40dB，有的甚至可达到 60dB 以上，能分解的脉冲宽度可达 20ns 以下。

图 7.15 是采用跟踪取样保持方式的 AV23200 系列峰值功率探头原理框图（配接 AV2432 微波功率计）。AV23200 系列峰值功率探头的频率范围覆盖 50MHz～40GHz，功率范围覆盖 −20～+50dBm，可测量最小脉冲宽度为 0.8μs。

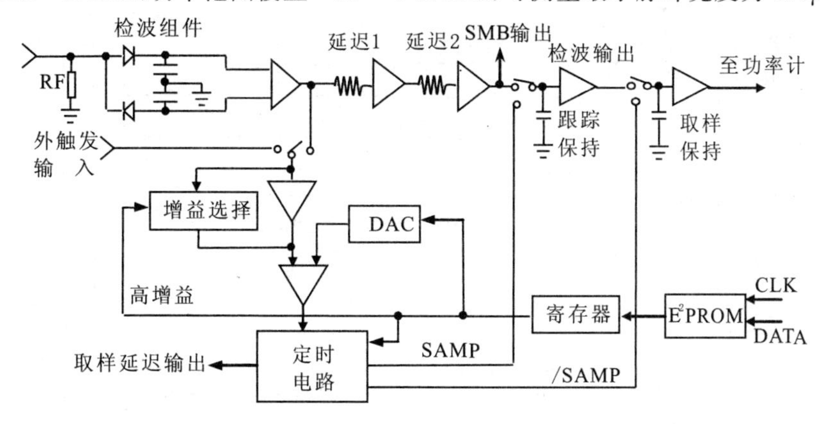

图 7.15　AV23214 峰值功率探头原理框图

射频脉冲输入信号经过检波后的脉冲包络信号进入探头内宽带差分放大器，然后经过两级延时放大，目的是使模拟通道信号的放大延时与数字控制信号产生的延时相匹配，以保持采样点的准确性。在两级延时放大后，一路信号以 SMB 连接器形式输出，可通过示波器方便地对微波脉冲信号包络进行分析；另一路输入跟踪保持电路和取样保持电路。跟踪保持和采样保持电路受数字控制电路产生的两个反向信号控制开关，以确定信号的保持、跟踪或者采样的执行。跟踪保持是在采样保持之前被执行的，跟踪保持和采样保持过程是由电容的充、放电来完成的。

探头内数字电路部分提供采样控制信号、取样延迟信号以及探头数据存储等各种数字控制功能，提供以触发点为基准的取样延时时间（延迟范围－20ns～100ms、步进 0.5ns）。EEPROM 内存有三维校准数据和补偿数据，包括校准因子、功率线性度校准数据、FDLC（依赖于频率线性度校准因子）补偿数据、功率计主机峰值通道和探头峰值通道视频带宽幅相补偿数据、温度补偿数据、校零温度补偿数据等。

4. 二极管功率计

几乎所有的微波仪器公司都推出了宽视频带宽的二极管功率计。它基于快速数据采集和高速 DSP 技术，配接快速实时取样、宽视频二极管功率探头，可以进行复杂调制信号平均功率、峰值功率以及峰值/平均功率比的测量，有的还可以进行脉冲包络迹线的显示。图 7.16 为国产 AV2434 微波功率计的原理框图，该型号功率计兼容大动态范围 CW 平均功率探头、大动态多路径调制平均功率探头以及不同视频带宽的峰值/调制平均功率探头。预置 GSM、EDGE、NADC、Bluetooth、IS－95 CDMA、W－CDMA、CDMA－2000 等测量模式，可进行脉冲包络迹线显示功能和时间门选通测量功能。具有完善的自校准、自测试、自诊断和故障定位功能。

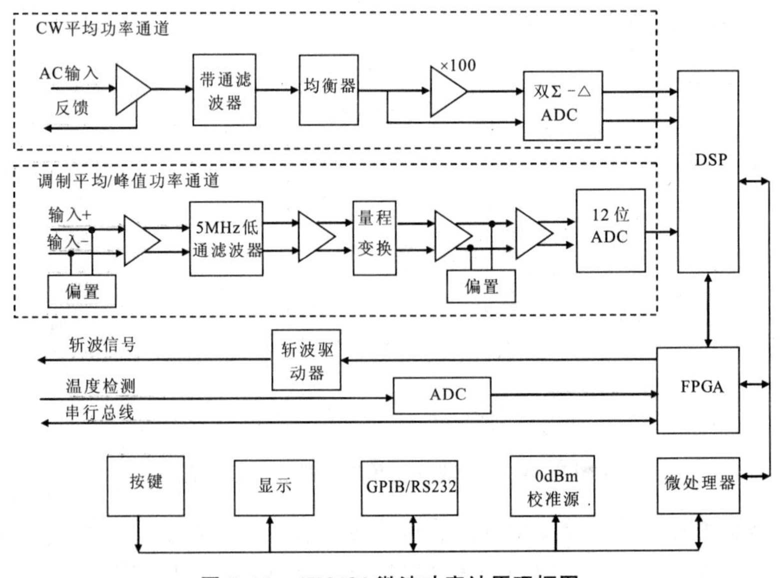

图 7.16　AV2434 微波功率计原理框图

AV2434有两个测量通道:连续波平均功率测量通道和调制平均功率/峰值功率测量通道。

连续波通道处理由CW平均功率探头或多路径平均功率探头输入的信号,分两个量程,同时被双路ADC转换为数字信号送入DSP进行数据处理。利用DSP快速数字处理能力,去掉了量程转换的过度。ADC的取样率与斩波频率有关,可保证每个斩波周期采样一定量的数据。ADC的数据通过I^2C送入DSP,由DSP进行量程判断、去斩波以及相应的处理后,将数据送入与主处理器共用的RAM中,主处理器通过FPGA与DSP通信,完成后续数据处理。

在调制信号平均功率测量或峰值功率测量模式下,功率计调制平均功率/峰值功率测量通道输入的是射频信号的包络信号。前置放大器的带宽设计为DC~5MHz,自动校零时,在第一级偏置校零差分放大器前加入程控偏置电压以确保探头无信号输入时,通道内ADC的输入电压为零。偏置校零差分放大器的输出信号送入具有特定群延时的九阶贝塞尔滤波器,以降低高频噪声。为防止开关机瞬间,后级放大器信号反向进入滤波器,滤波器后面设计了一级缓冲隔离放大器。缓冲器输出的主路信号经过两级放大后输入24Msps并行高速ADC。ADC以并行方式将数据信号输入FPGA,触发、延时、峰值功率测量等功能由FPGA在主CPU控制下完成。DSP将采样信号输入内部RAM,按要求快速执行数据处理,包括校零数据处理、校零温度补偿、线性校准、FDLC补偿、探头及功率计峰值通道视频带宽的幅度和相位补偿、量程校准、温度补偿、数字滤波、显示包络迹线的运算等,最后送入主处理器完成校准因子修正后送显示。

与热电偶功率计一样,二极管功率计也要求有一个绝对参考功率,从而使功率测量可溯源于厂家或国家标准。AV2434微波功率计内置频率为50MHz,功率极稳定的0dBm校准源,校准时产生的校准系数可消除由于时间老化、环境温度变化等因素造成的检波二极管检波效率变化以及通道放大器增益变化引入的测量误差,实现功率的溯源。

7.3 微波功率计的应用

7.3.1 峰值功率测量

脉冲调制包络信号往往需要许多参数进行表征。图7.17是脉冲包络信号一些幅度和时间参数的定义与示意图。

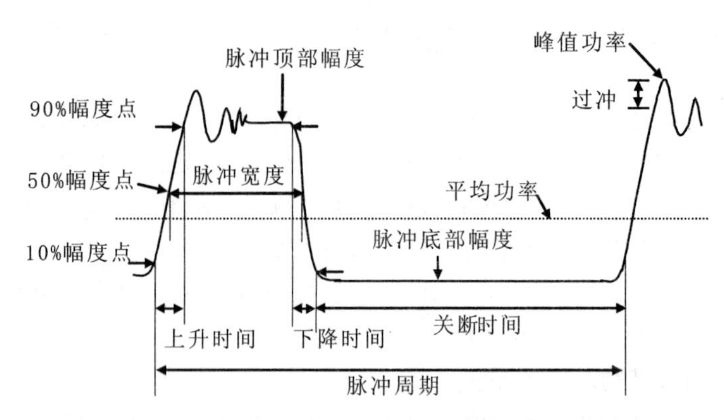

图 7.17 脉冲包络若干幅度和时域参数定义示意图

随着脉冲调制射频和微波功率的应用,脉冲包络功率特性测量分析也得到了相应发展。早期脉冲包络的峰值功率特性和时域特性是分开测量分析的,峰值功率测量通常采取平均功率一占空比、直流一脉冲功率比等方法,脉冲包络的时域特性主要采取高速检波二极管结合示波器的方法进行测量。

20 世纪 90 年代以后,随着高性能半导体二极管进入功率测量领域, Agilent、Boonton 等仪器公司,利用快速二极管检波、数字随机取样、DSP、微电子、计算机技术等分别设计开发出了高性能峰值功率计和峰值功率分析仪,尤其是安捷伦的 8990A 和 Boonton 的 4500A 峰值功率分析仪,由于能测量脉冲调制微波信号的多种功率和时域参数,成为脉冲调制信号特性的综合性测量工具。

在国内,中国电子科技集团第 41 研究所的微波峰值功率计及其二极管峰值功率探头一直处于领先地位。如 AV2432 微波功率计配以数字示波器,能完成 800ns 以上脉冲调制信号峰值功率测量;AV2434 微波功率计配以 AV717200 系列二极管峰值功率探头,可以对微秒级脉冲信号峰值功率和平均功率进行准确测量;AV2441 峰值功率分析仪频率范围覆盖 50MHz~40GHz,脉冲功率范围覆盖 −37 ~ +20dBm,上升时间小于 15ns,可以对最小 40ns 脉冲包络信号 14 种幅度和时域参数进行准确测量分析。

使用峰值功率计,可对图 7.17 中的峰值功率、上升时间、下降时间等常见几种脉冲包络的幅度和时间参数进行测量,有的峰值功率计可直接显示脉冲包络迹线,有的借助示波器显示脉冲包络迹线,峰值功率分析仪一般能够全面测量分析脉冲顶部幅度、脉冲底部幅度、峰值功率、过冲、平均功率等幅度参数以及上升时间、下降时间、脉冲宽度、占空比、脉冲关闭时间等时间参数。

二极管峰值功率探头的上升时间决定了峰值功率分析仪可测量的最小脉冲宽度,而上升时间主要由双二极管检波器的视频带宽、通道带宽以及采样速率决定,峰值功率探头一般采用双二极管检波方式,探头视频带宽可达 100MHz 以上,上升时间和下降时间最快可达几个纳秒。

7.3.2　大功率测量

早期大功率测量通常是使用某种终端吸收大量的功率，通过测量终端温升与时间的关系进行的。水负载吸收式功率测量方法(水流式量热计)就是早期测量雷达发射功率的常用方法，其工作原理是：用玻璃或低介电损耗的管子，使它以小角度通过波导的侧壁，由于水是微波能量的良好吸收体，只需测量从输入端到输出端水的温升以及水流体的体积与时间的关系，即可测量出功率。这种功率测量方法精度低，频率覆盖范围小，已被淘汰。

现代大功率测量，常常通过使用定向耦合器或衰减器扩展小功率计的量程来实现。采用定向耦合器扩展的大功率计，即通过式大功率计(如图 7.3 所示)，功率测量范围一般从几瓦到几十兆瓦；采用衰减器扩展的大功率计，即终端式大功率计(如图 7.18 所示)，功率测量范围一般可从几瓦到几百瓦。

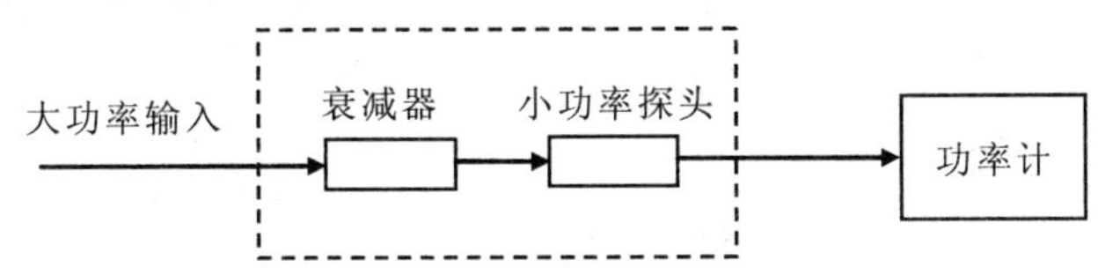

图 7.18　衰减器扩展终端式大功率计原理框图

终端式大功率计一般为同轴宽带式，最大平均功率可达几千瓦，功率探头一般为智能式探头，内置 E^2PROM 存储有衰减器的频响特性，置入被测信号频率，可自动修正衰减器的频响。大功率衰减器的衰减值受其温度和所加功率的影响而变化，需选用功率系数和温度系数较小的衰减器进行扩展，有的衰减器的输入端和输出端具有一定的方向性，为非对称形式，不能接反，否则容易损坏衰减器。

7.4　典型微波功率计介绍

7.4.1　AV2432 微波功率计

AV2432 微波功率计是基于数字信号处理技术的新一代二极管功率计(如图 7.19 所示)，配置 AV23200 系列不同的功率探头，可实现连续波平均功率和峰值功率的精确测量。仪器内置 50MHz 功率扫描校准源，可对功率计进行功率溯源和功率探头的自动线性校准，探头校准和输入功率测量可通过主机手动操作或 GPIB 远控操作完成，其卓越的性能完全满足雷达、通讯、广播电视等领域射频与微波功率的测量要求。

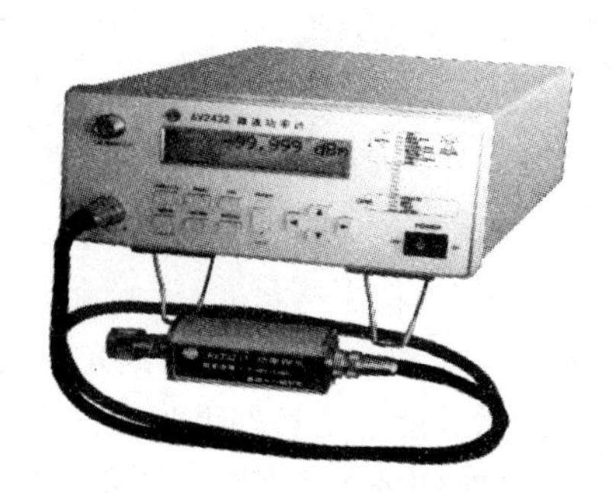

图 7.19 AV2432 微波功率计

AV2432 微波功率计前面板如图 7.20 所示，各按键的功能如表 7.1 所示。

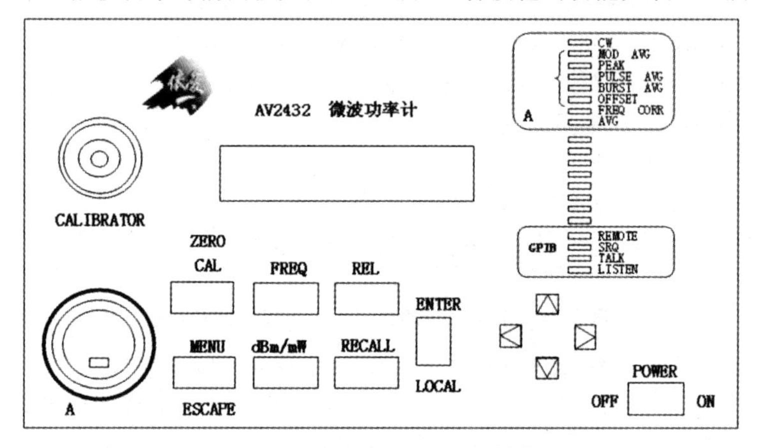

图 7.20 AV2432 微波功率计的面板结构

表 7.1 AV2432 微波功率计的按键功能表

按键名称	功能描述
[ZEROCAL]	用于完成功率探头的校零和校准操作
[FREQ]	用于输入被测信号的频率，功率计自动调用被设置频率对应的功率探头的校准因子值进行测量值修正，以提高功率测量的准确度
[REL]	用于相对测量
[MENU/ESCAPE]	用于激活功率计的一些设置菜单，同时也可作为返回键使用以退出菜单设置
[dBm/mW]	用于对数单位与线性单位之间的转换
[RECALL]	用于调用已存储的仪器设置状态
[ENTER/LOCAL]	用于确定菜单选择，输入已选择的选项或数值

功率探头输入连接口A是连接功率探头的多芯电缆接口；显示窗是分辨率为16×2字符的LCD显示屏，用于显示测量值和设置数据字符；显示窗口右边的20段发光二极管阵列用于指示功率计工作模式和GPIB状态。

校准源输出口提供一个用于功率校准的连续波参考信号，频率为50MHz，功率可线性变化并溯源。校准源能在−30～+20dBm范围内，以1dB为步进自动控制扫描功率电平。

7.4.2 N1911/12A 功率计

安捷伦N1911/12A功率计（如图7.21所示）专为无线信号（如WiMAX、WLAN和雷达信号）的高性能测量而设计，与N1921/22A功率传感器配合使用，可提供宽带（30MHz）峰值功率、平均功率、最大功率、最小功率、峰均比、上升时间、下降时间及统计特性测量，特别是其预定义设置功能可用于捕获具有高猝发率和功率随时间快速变化的不可预期无线信号。

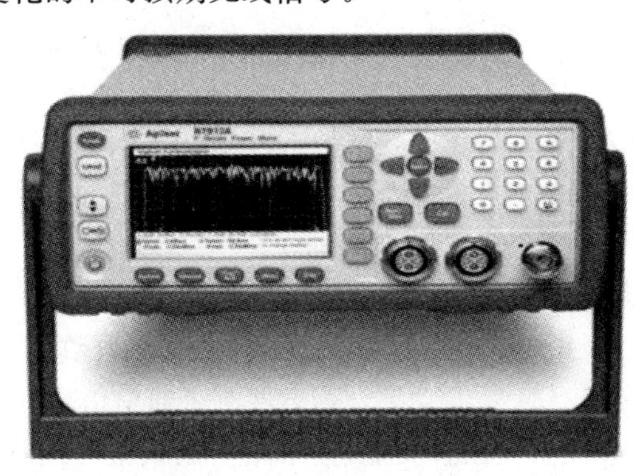

7.21 N1912A 微波功率计

N1911/12A的主要特性包括：

- ◆ 30MHz视频带宽
- ◆ 单次触发实时捕获速率高达100MSa/s，可进行快速、准确、可重复的功率测量
- ◆ 具有峰值、平均值、峰均比功率测量功能
- ◆ 上升时间、下降时间、脉冲宽度、正/负脉冲时间的时间测量功能
- ◆ 具有定时选通和自由运行测量模式
- ◆ 可进行高速互补累积分布函数（CCDF）统计分析，具有图形和表单格式
- ◆ 当连接到被测件时进行内部调零和校准（P系列传感器）
- ◆ 通过22种预设置（WiMAX和WLAN等）简化测量设置
- ◆ 用于脉冲测量的自动伸缩、自动选通和占空比显示
- ◆ USB、LAN和GPIB标准连接，符合LXI−C类标准

◆ 兼容所有的8480、N8480、E441x、E930x、E932x、P系列传感器
◆ 代码与EPM－P和EPM系列功率计兼容

7.5 微波功率计的正确使用

7.5.1 微波功率计的使用方法

下面以二极管功率计测量信号功率为例,说明功率计使用的基本方法。

(1) 选择探头型号。由于功率计主机可配多种功率探头,开机后要选择探头型号,现在大多数智能功率计上电后会自动读取探头型号。

(2) 调零。为了消除功率计漂移引起的测量误差,功率计开机预热后需要进行调零操作,现代智能功率计按调零键后,功率计会自动完成调零功能。

(3) 校准。为了提高测量准确度,使用前需利用功率计内置的50MHz校准源进行绝对功率校准,一般只要将功率探头接校准源的输出,按校准键,功率计会自动完成校准功能。

(4) 设置被测信号频率值。按频率键,置入被测信号频率值,功率计测量信号功率时会自动调入该频率点上的校准因子进行数据修正,提高测量准确度,个别型号的功率计需置入该频率点上的校准因子。

(5) 进行功率测量。现代功率计除功率测量基本功能外,还有为了测量而设置的功能,例如相对测量、最大和最小功率保持、平均次数设置、功率偏置设置、dBm/mV转换等。AV2434微波功率计为方便测试通信信号,还设置了GSM、CD-MA、W－CDMA等8种信号预置功能,按下某一制式信号测量,功率计会自动配置其他项设置,快捷方便。

7.5.2 微波功率计的注意事项

因为热偶功率探头是基于热效应的,不论待测信号的波形如何、谐波多高、失真多大,都能够测量出信号的精确平均功率。因此,热偶功率探头是测试复杂数字通信信号平均功率的常用工具。但是,热偶探头功率的动态范围只有50dB(－30～＋20dBm),且在有限的动态范围内测量低电平信号功率的速度缓慢,有时不能满足现代高峰值－平均功率比的通讯信号平均功率精确测量的需求。

现代二极管CW功率探头(如AV71710系列CW探头)配接兼容的功率计(如AV2434)具有动态范围大、测量速度快等特点(单个探头功率范围达到90dB),特别适合测量CW信号平均功率。但是,在数字微波通信、雷达、制导以及广播电视等系统中,最常用的并不是恒定幅度的信号,而是复杂的数字调制信号和脉冲调制信号等。使用这种CW功率探头测量CDMA、TDMA调制信号平均功率时,由于

检波二极管存在检波电压的非平方律特性，调制信号检波包络各点的检波电压的功率权值并不相同，各点在非平方律区域利用检波电压求和取得的平均功率误差可能很大。因此，这种 CW 功率探头配接的二极管功率计不适用于测量复杂调制通信信号的平均功率。

对于复杂调制的 WCDMA、CDMA、TDMA 通信信号，应当选用二极管峰值/平均功率探头，针对 WCDMA、CDMA、TDMA 通信信号可分别选用规格为 5MHz、1.5MHz、300kHz 带宽的峰值/平均功率，以获得最佳的功率测量准确度和功率测量范围。

因此，要准确地进行通信信号的功率测量，必须首先要了解被测信号的特性、待测信号允许的测量不确定度、热偶功率探头以及二极管功率探头的特点，再进行性能比较，选择获得最佳测试精度的功率探头和功率计。

此外，任何类型功率探头使用时都不能超过其最大承受功率，否则会损坏探头或使其灵敏度下降。通常情况下，功率探头标牌上标注的即为可承受的最大峰值功率。

最后要注意仪器接地必须良好，当仪器间机壳不等电位时，同样有可能烧毁探头。因此，使用前一定要检查仪器是否接地良好。

思考题

1. 为什么要进行功率测量？
2. 请理解瞬时功率、平均功率、脉冲功率与包络功率的含义。
3. 采用分贝值度量功率有哪些优点？
4. 请区分 dB 与 dBm 的不同。
5. 功率计有哪些类别？各有什么优缺点？
6. 试画出单向通过式功率计的原理框图。
7. 终端式功率计常采用哪几种探头？
8. 功率计的主要技术指标有哪些？
9. 功率测量误差由哪些因素造成？
10. 请画出温度补偿热敏电阻功率探头的基本结构。
11. 简述热电偶测量功率的原理。
12. 请画出双二极管检波器的原理框图。
13. 请理解脉冲包络的幅度与时间参数。
14. 脉冲宽度是如何测量的？峰值功率分析仪可测量最小脉冲宽度的决定因素是什么？
15. 测得某信号功率为＋33dBm，试问此功率是多少瓦？

16. 如何实施功率测量前的校准？不进行仪器校准会对测量结果产生什么影响？

17. 如何才能保证通信信号功率的测量精度？

18. 微波功率测量有哪些注意事项？

第8章　网络参数测量

矢量网络分析仪能精确测量部件的幅频和相频特性，是测量射频及微波元器件的首选工具。本章以连续波矢量网络分析仪为例，重点讲述矢量网络分析仪的工作原理、误差修正原理、校准件与校准方法，并在介绍矢量网络分析仪典型产品的基础上，给出了网络分析仪的应用及操作方法。

8.1　概述

8.1.1　二端口网络的 S 参数表示

网络参数的表示方法有 Y 参数、Z 参数、H 参数等。其中，1965 年由 K. Kurokawa 定义的广义散射参数（S 参数），由于可以直接反映电路网络的传输和反射特性，分析微波电路特别方便，尤其适合描述有源器件，使其迅速成为微波领域应用最为广泛的网络参数。

二端口网络是最基本的网络形式，任何一个二端口网络都可以用 4 个 S 参数来表示其端口特性（如图 8.1 所示）。图中 a_1、a_2 分别是端口 1 和端口 2 的入射波，b_1、b_2 分别是端口 1 和端口 2 的出射波。从信号流图可以得到散射方程组

$$
\begin{aligned}
b_1 &= S_{11}a_1 + S_{12}a_2 \\
b_2 &= S_{21}a_1 + S_{22}a_2
\end{aligned}
\tag{8-1}
$$

其中，S_{11}、S_{22}、S_{12} 和 S_{21} 为表示网络特性的 4 个 S 参数，称为散射参数。

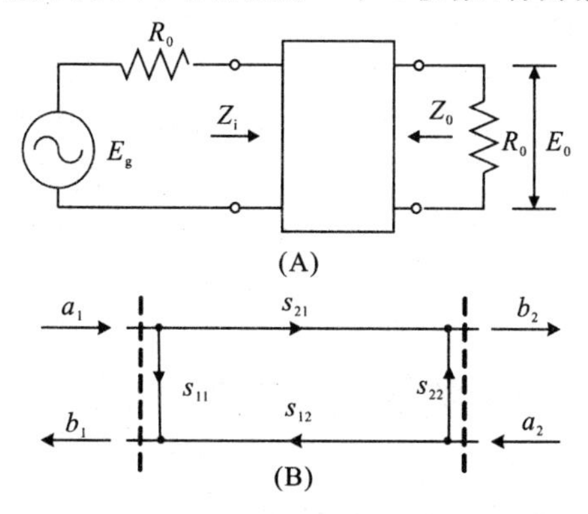

图 8.1　微波二端口网络及其信号流图

可以看出，S_{11} 是在端口 2 匹配情况下端口 1 的反射系数，S_{22} 是在端口 1 匹配情况下端口 2 的反射系数，S_{12} 是在端口 1 匹配情况下的反向传输系数，S_{21} 是在端口 2 匹配情况下的正向传输系数，即

$$\begin{aligned} S_{11} &= \left.\frac{b_1}{a_1}\right|_{a_2=0}, S_{21} = \left.\frac{b_2}{a_1}\right|_{a_2=0} \\ S_{12} &= \left.\frac{b_1}{a_1}\right|_{a_1=0}, S_{22} = \left.\frac{b_2}{a_2}\right|_{a_1=0} \end{aligned} \tag{8-2}$$

一般来说，S_{11} 和 S_{22} 的模小于 1。对于有增益的器件(如微波晶体管等)，S_{21} 的模大于 1，S_{12} 的模小于 1；对于有衰减的器件，S_{21} 和 S_{12} 的模均小于 1。

8.1.2 网络分析仪的功能和分类

网络分析仪是用来测量射频、微波和毫米波网络特性的仪器，它通过施加合适的激励源到被测网络，再接收和处理网络的响应信号，计算和量化被测网络的网络参数。

早期的网络分析仪只能进行点频手工测量，在进行宽带测量时工作繁琐，效率很低，不能适应现代射频和微波测量要求。现代矢量网络分析仪与早期的网络分析仪相比，主要有三个显著的进步：

(1) 引入了合成扫频信号源，可进行宽带扫频测量，且频率分辨率高，测量速度快，提高了测量效率；

(2) 引入了计算机，智能化水平得到极大提高，可以同时计算并以图形方式显示被测网络的多种参数；

(3) 引入了基于软件的误差修正技术，使宽带测量的精度大幅度提高，并在一定程度上降低了对测试仪器硬件的指标要求。

网络分析仪有标量网络分析仪和矢量网络分析仪之分，标量网络分析仪只能测量网络的幅频特性，矢量网络分析仪可同时测量网络的幅频、相频和群延时特性。

根据提供的激励信号不同，矢量网络分析仪又可分为连续波矢量网络分析仪和脉冲矢量网络分析仪；根据结构体系的不同，矢量网络分析仪可分为分体式矢量网络分析仪和一体化矢量网络分析仪；根据测试端口数量的不同，矢量网络分析仪又可分为二端口、四端口和多端口矢量网络分析仪。

8.2 矢量网络分析仪的组成与工作原理

8.2.1 矢量网络分析仪的基本组成

对大多数矢量网络分析仪来说，其测试系统的基本组成是相同的，主要由激励

信号源、信号分离装置、多通道高灵敏度幅相接收机和校准件四个部分组成(如图8.2 所示)。

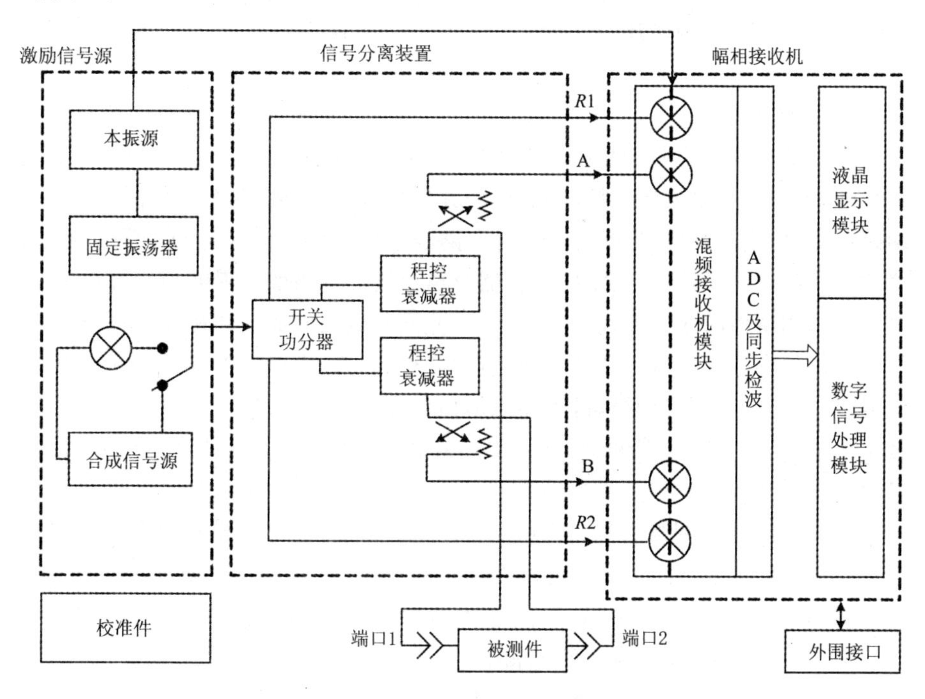

图 8.2　矢量网络分析仪原理框图

激励信号源为被测网络提供激励信号,其频率分辨率决定了系统的频率分辨率。现代矢量网络分析仪广泛采用合成扫频信号源作为激励,可在微波频段提供优于 1MHz 的频率分辨率,在射频频段,频率分辨率更是可达 1Hz。

信号分离装置是 S 参数测量的关键部件,由开关功分器、程控衰减器和定向耦合器构成。信号分离装置有两项根本任务:一是实现正、反向激励的自动转换;二是实现入射波与反射波的分离。由于广泛采用误差修正技术,现代矢量网络分析仪明显降低了对信号分离装置的硬件指标要求。

幅相接收机采用窄带锁相接收机和同步检波技术,能够同时得到被测网络的幅度和相位特性。现代矢量网络分析仪大都采用数字滤波和数字同步检波技术,接收机等效带宽最小可达 1Hz,测量精度和动态范围得到了很大的提高。

校准件虽然独立于系统之外,但也是矢量网络分析仪的重要组成部分,系统的测量精度在很大程度上取决于校准件的性能指标和校准方法的完善程度。矢量网络分析仪通过误差修正技术,将校准件的精度转移到系统,利用软件修正弥补硬件系统性能指标的不足,减小了整机对硬件系统的技术要求,大大提高了测量精度,使得采用不完善硬件系统进行高精度测试成为现实。

8.2.2 矢量网络分析仪的工作原理

下面以应用最为广泛的连续波矢量网络分析仪为例，介绍矢量网络分析仪的工作原理。

1. 工作原理

激励信号源产生基于相同参考基准的激励和本振信号，激励信号送入信号分离装置，本振信号送入幅相接收机；信号分离装置中的开关功分器将激励信号分成两路，一路代表被测网络的入射波，另一路经程控衰减器和定向耦合器加到被测网络的正向或反向激励端口；定向耦合器分离出被测网络的反射波和传输波；含有被测网络幅相特性的入射波、反射波和传输波同时送入多通道幅相接收机，与激励信号源提供的本振信号进行基波或谐波混频，得到第一中频信号；第一中频信号经过滤波、放大和二次频率变换，得到第二中频信号；第二中频信号经 A/D 电路转换成数字信号，送入 DSP 进行处理，提取幅度和相位信息后，即可计算出被测网络的 S 参数。

以前述二端口网络为例，正向 S 参数测试时，开关功分器处于端口 1 激励位置。端口 1 的入射波由参考信号代替，用 R_1 表示；被测件的反射波由端口 1 定向耦合器的耦合端口取出，用 A 表示；被测件的传输波由端口 2 定向耦合器的耦合端口取出，用 B 表示。于是，被测件的正反向 S 参数为

$$S_{11} = A/R_1, S_{21} = B/R_1 \tag{8-3}$$

当测量反向 S 参数时，开关功分器的开关位于端口 2 激励位置。端口 2 的入射波由参考信号代替，用 R_2 表示；反射波由端口 2 定向耦合器的耦合端口取出，用 D 表示；传输波由端口 1 定向耦合器的耦合端口取出，用 C 表示。同理，被测件的反向 S 参数为

$$S_{12} = C/R_2, S_{22} = D/R_2 \tag{8-4}$$

为了减少参考信号与被测网络实际入射波之间的差异，必须实现参考通道和测试通道幅度和相位的平衡。通过改变开关功分器的功分比可实现幅度平衡，通过在参考通道中采用合适的电长度补偿可实现相位平衡。后来的研究表明，由于有完善的误差修正技术，即使不采取任何硬件补偿措施，也能进行高精度测试。因此，新型矢量网络分析仪取消了参考通道与测试通道之间的幅相补偿，幅度和相位的差异作为稳定的、可表征的系统误差，通过误差修正进行消除。

2. 频率变换和系统锁相

在微波、毫米波甚至射频频段，直接进行两路信号的矢量运算非常困难，甚至是不可实现的。只有通过频率变换将射频、微波信号变换成频率较低的中频信号，才能进行 A/D 变换。矢量网络分析仪中的频率变换主要有两种方法：取样变频和混频变频。

(1) 取样变频与系统锁相

矢量网络分析仪中最常用的频率变换方法是取样变频法。取样变频基于时域取样原理,将取样脉冲加到取样二极管上,通过取样二级管的导通与关闭完成取样,同时完成频率变换功能。

为了不丢失被测网络的幅度和相位信息,取样变频和系统锁相是有机结合在一起的。系统锁相电路是矢量网络分析仪系统的重要组成部分,要求锁相系统具有良好的频率跟踪特性、较宽的捕捉带宽和较短的捕捉时间等。矢量网络分析仪系统锁相的原理如图 8.3 所示,包括预调环路和主锁相环路。其中,预调环路是高精度二阶锁相环路,主要作用是减小锁相系统的起始频差,提高捕捉带宽;主锁相环路是三阶锁相环路,锁定时间短,稳态相位误差小,能够实现对信号源快速模拟扫频时的相位跟踪。

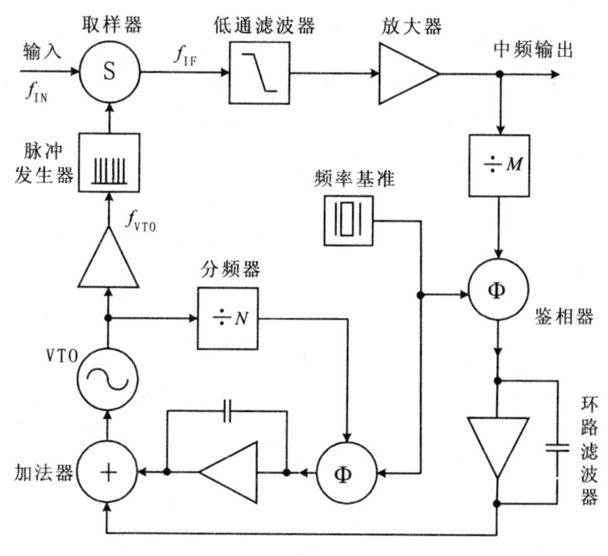

图 8.3　取样变频与锁相环路

矢量网络分析仪根据用户面板键盘设置的工作频率计算电压调谐振荡器(VTO)的工作频率、取样变频的谐波次数和预调环路所需的程控信息。加法放大电路将预调环路预置 VTO 的调谐电压和主锁相环路提供的跟踪测量调谐电压结合在一起去控制 VTO 的振荡频率 f_{VTO},从而控制脉冲发生器输出脉冲的重复频率。

根据采样理论可知,取样脉冲愈窄,谱线的第一个过零点就愈远,在相当宽的频带内获得平坦的频谱曲线,谱线的间隔为 f_{VTO},f_{VTO} 愈小,谱线就愈密。如果 f_{VTO} 在一定的频率范围$\triangle f$ 内连续变化,则它的 N 次谐波将扫过 $N\triangle f$ 的频带宽度。

脉冲信号的谐波分量非常丰富，系统锁相环路控制 VTO 的频率和相位，使其只有某一次谐波的频率与输入频率相差中频频率，经取样变频之后的中频信号保持原微波信号的幅度和相位不丢失。

预调环路和主锁相环路分工明确，在模拟扫频方式的起始频率和所有换带点频率以及数字扫频方式的每一个频率点，预调环路首先启动控制 VTO 的振荡频率以满足

$$|N \times f_{VTO} - f_{IN} - f_{IF}| \leqslant 5\text{MHz} \tag{8-5}$$

式中，F_{IN}为输入信号频率，f_{IF}为中频频率，N 为谐波次数。

预调环路控制 VTO 的振荡频率满足上式后，主锁相环路开始工作，加法放大电路保持预调电压，主锁相环路进一步细调 VTO 振荡频率直至满足

$$N \times f_{VTO} - F_{IN} = f_{IF} \tag{8-6}$$

矢量网络分析仪将整个测量范围划分为多个频段，每个频段采用相同的谐波次数，一种典型的频段划分和采用的谐波次数如表 8.1 所示。

表 8.1 频段划分和采用的谐波次数

频段划分(GHz)	谐波次数 N	VTO 输出频率(MHz)
0.045～0.25	1	65.0～270.0
0.25～0.84	3	90.0～286.7
0.84～2.40	9	95.6～268.9
2.40～7.0	25	96.8～280.8
7.00～13.5	48	146.3～281.7
13.5～20.0	68	198.8～294.4
20.0～26.5	89	224.9～298.0

取样变频法的优点是取样本振易于实现(取样本振频率通常为几十到几百兆赫兹)，成本低，且具有较好的频率响应，缺点是变频损耗大，降低了系统的动态范围。

(2) 混频变频与系统锁相

由于取样变频法限制了矢量网络分析仪的动态范围，新型高性能矢量网络分析仪都采用基波/谐波混频法取代取样变频法实现频率变换，有效减小了变频损耗和噪声系数，能将矢量网络分析仪的动态范围提高近 20dB，并减小迹线噪声。

与取样变频方法一样，为保证变频过程中不丢失被测网络的幅度和相位信息，混频仍需和系统锁相有机结合。图 8.4 是采用混频法的系统锁相框图。

利用混频器替代取样器，几乎没有虚假响应进入锁相环路，不仅避免了假锁相，还能减小开环时的频率跟踪误差，从而降低闭环时的初始频率误差，有效提高

了锁相捕获速度、扫描速度和跟踪速度。

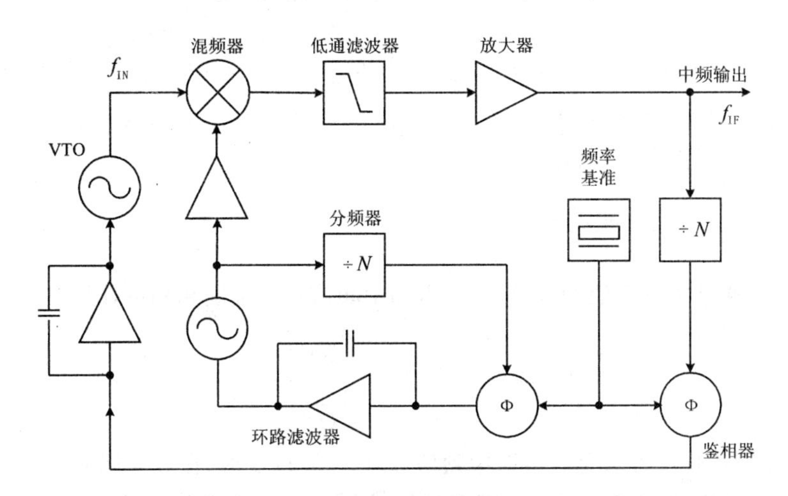

图 8.4　混频变频与锁相环路

3. 同步检波

矢量网络分析仪通过同步检波电路提取检测信号的幅度和相位信息。根据实现方式的不同,同步检波可分为模拟方法和数字方法。

模拟方法先用同步检波电路提取被测矢量信号的实部和虚部,再分别经 A/D 转换成数字形式后,处理出信号的幅度和相位信息(如图 8.5 所示)。

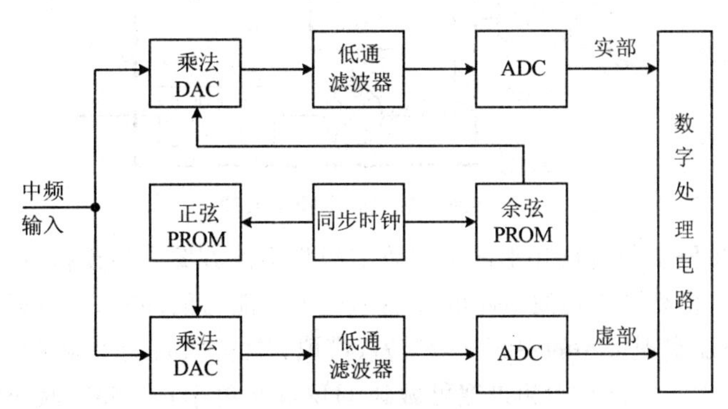

图 8.5　同步检波的模拟实现方法

同步检波的过程是:正弦和余弦 PROM 在参考时钟的作用下,产生与中频信号同频且正交的两路数字本振信号 $\cos(\omega t)$ 和 $\sin(\omega t)$,送入 DAC 的数字输入端;中频信号 $y(t)=A\cos(\omega t+\varphi)$ 加在 DAC 的参考输入上,从而由 DAC 实现乘法运算功能,DAC 的输出可分别表示为

$$y(t)\times\cos(\omega t)=\frac{1}{2}[A\cos\varphi+A\cos(2\omega t+\varphi)]$$

$$y(t)\times\sin(\omega t)=\frac{1}{2}[-A\sin\varphi+A\sin(2\omega t+\varphi)] \tag{8-7}$$

用两个低通滤波器分别滤除高频分量 $A\cos(2\omega t+\varphi)$ 和 $A\sin(2\omega t+\varphi)$，即可得到中频信号的正交分量 $y_I(t)$、$y_Q(t)$，

$$\begin{aligned}y_I(t)&=A\cos\varphi\\y_Q(t)&=-A\sin\varphi\end{aligned} \tag{8-8}$$

于是，可以通过十分简便的数字运算，得到中频信号的幅度和相位，即

$$\begin{aligned}A&=\sqrt{y_I^2(t)+y_Q^2(t)}\\\varphi&=-\mathrm{arctg}\left(\frac{y_Q(t)}{y_I(t)}\right)\end{aligned} \tag{8-9}$$

数字同步检波方法是直接对中频信号进行 A/D 变换，在数字域通过正交分解算法提取信号的实部和虚部，进而得到信号的幅度信息和相位信息（如图 8.6 所示）。考虑到滤波器的非理想特性，在矢量网络分析仪中，采样频率通常为中频信号频率的 4 倍以上。

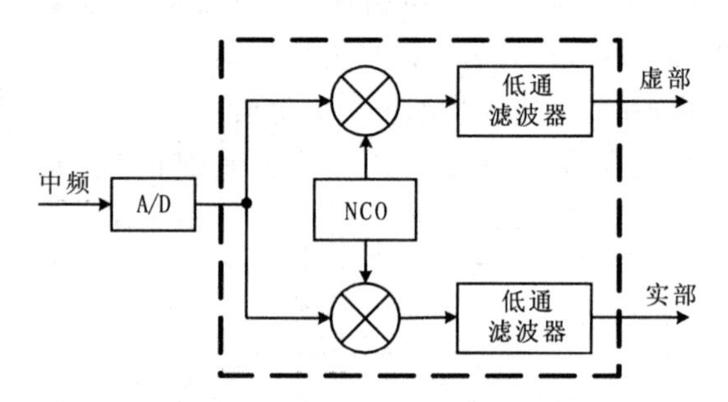

图 8.6 数字同步检波原理

新型矢量网络分析仪几乎都采用数字同步检波方案。与模拟方法相比，数字方法不仅能在提高同步检波电路的性能和抗干扰能力的同时，有效减小设备的体积和成本，还能实现很小的中频等效带宽（模拟方法能实现的中频带宽通常为 kHz 量级，而数字方法的最小中频带宽可做到 1Hz 甚至更小）。当然，减小中频分辨率带宽是以牺牲测量时间为代价的，分辨率带宽越小，测量时间越长。

8.3 矢量网络分析仪的误差校正

8.3.1 系统误差与误差修正

我们知道，任何实际的测量设备都不可避免地存在误差，误差包括无法消除的

随机误差和可以校正的系统误差。

矢量网络分析仪的系统误差与信号泄漏、信号反射和频率响应有关，可根据误差产生的机理分为六种类型，即与信号泄漏有关的方向性误差和隔离误差，与反射有关的源匹配误差和负载匹配误差，与频率响应有关的传输跟踪误差和反射跟踪误差(如图 8.7 所示)。显然，这六种误差在反向测量时同样存在。

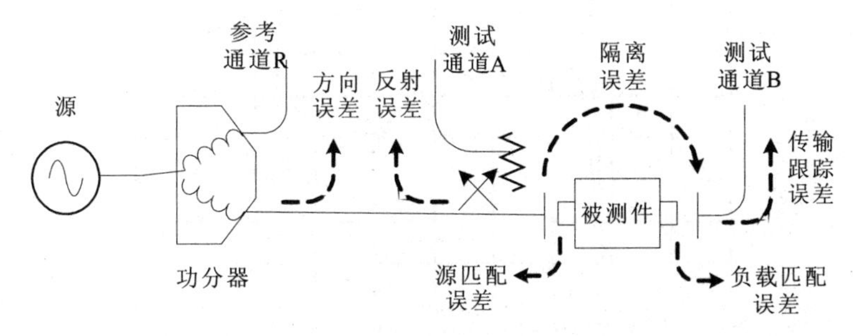

图 8.7　双端口的正向误差

矢量网络分析仪进行误差修正之前所固有的系统误差称为初始误差，又叫等效误差，包括正向和反向初始误差各六种：初始系统串扰误差 E_{XF} 和 E_{XR}、初始方向性误差 E_{DF} 和 E_{DR}、初始源匹配误差 E_{SF} 和 E_{SR}、初始负载匹配误差 E_{LF} 和 E_{LR}、初始反射跟踪误差 E_{RR} 和 E_{RF}、初始传输跟踪误差 E_{TF} 和 E_{TR}(如表 8.2 所示)。

表 8.2　误差模型中误差项的含义

误差系数		物理意义	误差系数		物理意义
正向	反向		正向	反向	
E_{DF}	E_{DR}	定向耦合器的方向性误差	E_{TF}	E_{TR}	测量跟踪误差
E_{XF}	E_{XR}	通道之间的串扰误差	E_{SF}	E_{SR}	等效源失配误差
E_{RF}	E_{RR}	反向测量跟踪误差	E_{LF}	E_{LR}	等效负载失配误差

对矢量网络分析仪而言，修正系统误差对测量结果的影响可能十分明显。如图 8.8 为带通滤波器的测量实验，从中可以看出：如果不进行误差修正，带通滤波器呈现出明显的损耗和波动，但通过二端口校正所形成轨迹线才更接近被测滤波器的实际性能。

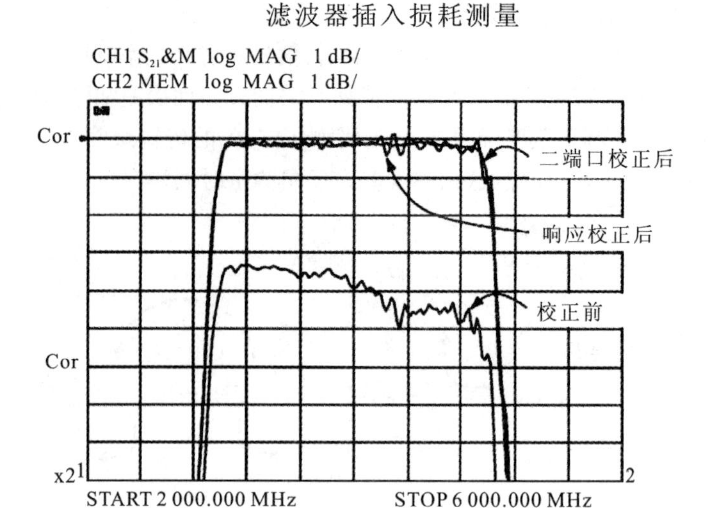

图 8.8 二次端口校正对测量特性的影响

8.3.2 误差修正的基本原理

在矢量网络分析仪中,可修正的系统误差主要来源于微波、毫米波和宽带部件的不完善性。例如,定向耦合器的方向性误差、信号源的失配误差、负载的失配误差、测试通道之间的跟踪误差以及通道之间的串扰,它们是测量不确定度的主要来源。

减小系统误差的办法,过去主要依靠不断改进有关硬件电路的设计和制造技术,力求提高硬件电路的性能指标(如提高定向耦合器的方向性和平坦度,减小各种接头的驻波比和插入损耗等),或者在点频工作时,利用复杂的阻抗调配技术改善微波部件的某一性能。这些都属于在硬件上下功夫,即用物理的方法减小或消除系统误差。然而实际上,宽带微波部件的性能指标,往往落后于实际测量需要,调配方法只能针对特定的频率,且极为繁琐复杂,在宽带扫频测量时,无法达到高精度测量的要求。

现代矢量网络分析仪引入计算机技术,通过数学运算修正测量中的系统误差。软件误差修正技术开创了用计算机软件技术弥补硬件指标不足的先河,最大限度地减小了系统误差,大大提高了测量精度,因而又被称为"精度增强技术"。

计算机技术和软件误差修正技术的引入,推动了矢量网络分析仪的迅速发展,正如一些专家所指出的那样,"没有误差分析和修正理论,就没有新一代矢量网络分析仪的诞生,软件误差修正技术的应用大大地补偿了硬件的不足"。

误差分析及修正技术是矢量网络分析仪的核心技术之一。更准确地说,通过测量校准和误差修正,将校准件的精度转移到矢量网络分析仪,使矢量网络分析仪的测试精度主要取决于所使用的校准件和校准方法。误差修正主要有四个关键的步骤：

◆ 误差模型的建立

◆ 用已知特性的校准件进行测量校准

◆ 提取误差模型中误差参数

◆ 从被测网络的实测 S 参数中提取真实的 S 参数

理论研究表明，对于硬件指标不完善的矢量网络分析仪，可以等效为在理想矢量网络分析仪与测量参考面之间插入一个两端口误差适配器，误差适配器的参数将表征所有的系统误差。二端口网络有两个参考面，因而包含两个误差适配器，且对于被测网络的正向参数和反向参数测试需要不同的误差适配器。

目前，矢量网络分析仪应用最多的误差模型如图 8.9 所示，它包含 12 个系统误差项。显然，测量二端口网络的 4 个 S 参数时，需要对 12 个误差项进行修正；测量单向 S 参数时，需要修正 6 项误差；测量单端口反射时，则只需修正 3 项误差。其他的多端口网络，也都可以通过特定的处理方式转化为二端口网络。

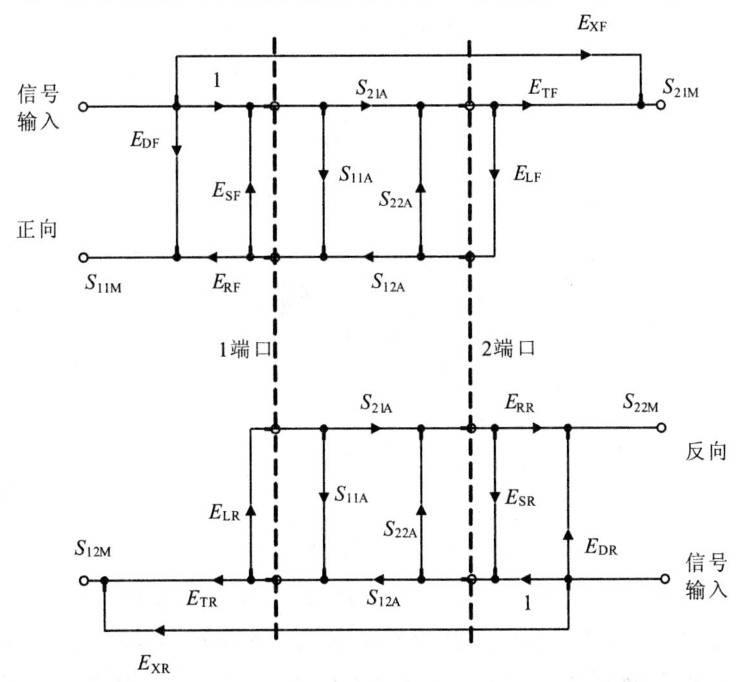

图 8.9　矢量网络分析仪全二端口误差模型

在上面的误差模型中，S_{11A}，S_{21A}，S_{12A} 和 S_{22A} 为被测网络的实际 S 参数，S_{11M}，S_{21M}，S_{12M} 和 S_{22M} 为矢量网络分析仪测量出的 S 参数，其余为系统误差项。误差项的符号及含义根据误差模型的信号流图，我们可以推导出 S_{11A}、S_{21A}、S_{12A}、S_{22A} 和

S_{11M}、S_{21M}、S_{12M}、S_{22M} 以及误差系数之间的关系

$$S_{11M} = E_{DF} + \frac{E_{RF}[S_{11A}(1 - S_{22A}E_{LF}) + S_{21A}S_{12A}E_{LF}]}{D_1} \tag{8-10}$$

$$S_{22M} = E_{DR} + \frac{E_{RR}[S_{11A}(1 - S_{22A}E_{LR}) + S_{21A}S_{12A}E_{LR}]}{D_2} \tag{8-11}$$

$$S_{21M} = E_{XF} + \frac{E_{TF}S_{21A}}{D_1} \tag{8-12}$$

$$S_{12M} = E_{XR} + \frac{E_{TR}S_{21A}}{D_2} \tag{8-13}$$

式中，

$$\begin{aligned} D_1 &= 1 - S_{11A}E_{SF} - S_{21A}S_{12A}E_{SF}E_{LF} - S_{22A}E_{LF} + S_{11A}S_{22A}E_{SF}E_{LF} \\ D_2 &= 1 - S_{11A}E_{LR} - S_{21A}S_{12A}E_{SR}E_{LR} - S_{22A}E_{SR} + S_{11A}S_{22A}E_{SR}E_{LR} \end{aligned} \tag{8-14}$$

由此，我们可以推导出误差修正公式

$$\begin{aligned} S_{11A} &= \frac{S_{11B} + S_{11B}S_{22B}E_{SR} - S_{21B}S_{12B}E_{LF}}{D} \\ S_{21A} &= \frac{S_{21B} + S_{21B}S_{22B}E_{SR} - S_{21B}S_{22B}E_{LF}}{D} \\ S_{12A} &= \frac{S_{12B} + S_{11B}S_{12B}E_{SF} - S_{11B}S_{12B}E_{LR}}{D} \\ S_{22A} &= \frac{S_{22B} + S_{11B}S_{22B}E_{SF} - S_{21B}S_{12B}E_{LR}}{D} \end{aligned} \tag{8-15}$$

式中，

$$\begin{aligned} S_{11B} &= \frac{S_{11M} - E_{DF}}{E_{RF}} \\ S_{21B} &= \frac{S_{21M} - E_{XF}}{E_{TF}} \\ S_{12B} &= \frac{S_{12M} - E_{XR}}{E_{TR}} \\ S_{22B} &= \frac{S_{22M} - E_{DR}}{E_{Rr}} \end{aligned} \tag{8-16}$$

$$D = (1 + S_{11B}E_{SF})(1 + S_{22B}E_{SR}) - (S_{21B}S_{12B}E_{LF}E_{LR}) \tag{8-17}$$

如果我们知道所有误差项的误差系数，就可以根据误差系数和矢量网络分析仪测量出的被测网络的 S 参数，通过误差修正公式计算出被测网络的实际 S 参数。

怎样才能得到误差项的误差系数呢？这就需要进行矢量网络分析仪的校准。矢量网络分析仪的校准是通过测量一系列已知其 S 参数的器件，并将器件的真实 S 参数和矢量网络分析仪测量得到的 S 参数代入上述公式中，通过对方程组求解

得到系统的误差系数。这个过程称为“校准”，校准所用的、已知 S 参数的器件称为校准件。校准件有机械校准件与电子校准件之分。

机械校准件是矢量网络分析仪校准使用最多的校准件，一套机械校准件通常包含开路器、短路器、负载，更高标准的校准件还可能包含滑动负载和空气线等（如图 8.10 所示）。机械校准件的缺点是校准标准多，需要多次连接，连接重复性和校准质量容易受到操作人员的水平和经验影响，且不能实现校准和测量的自动化。

电子校准件克服了机械校准件的弊端，它通过程控接口控制校准件内部的电子标准状态改变，从而完成矢量网络分析仪的校准。电子校准件具有可程控校准、校准质量高、对操作人员要求低等优点，正逐步替代机械校准件。

8.3.3　机械校准件与校准方法

1. 机械校准件

从图 8.9 的误差模型知道，矢量网络分析仪正、反向共有 12 个误差项，要解出这 12 项误差系数，需提供 12 个已知条件，校准就是通过测量校准件，利用校准件的已知特性求解这 12 项误差系数的。

图 8.10　机械校准件

用矢量网络分析仪校准之前，首先要选择校准件和校准方法。安捷伦公司根据精度不同，将校准件分成三个级别：经济型校准件、标准型校准件和精密型校准件。经济型校准件包括开路器、短路器和固定匹配负载；标准型校准件包括开路器、短路器和滑动匹配负载；精密型校准件包括开路器、短路器、低频固定负载和精密空气线。每一个标准都有严格的数学定义，并存放在数据文件中，供矢量网络分析仪需要时调用。

（1）开路器与短路器

理想的开路器阻抗为无穷大，对入射波全反射，即反射系数为 1，相位为 0°；理想的短路器阻抗为零，与开路器的特性相似，反射系数为 1，但相位为 180°。然而，理想的开路器和短路器是不存在的，尤其是开路器，由于终端边缘电容的影响，其反射系数的相位会偏离理想值，且随着频率的升高而增大。所幸的是，相位偏移是稳定的，可以通过理论计算或更高精度的测量系统获得，因而是可修正的。

最精确的修正方法是逐点修正。但不论修正点有多密集，仍有可能在实际测量频率点上没有修正数据。开路器的解决办法是，将边缘电容定义为频率的近似多项式函数，即

$$C_t = C_0 + C_1 f + C_2 f^2 + C_3 f^3 \tag{8-18}$$

调整多项式的系数 $C_0 \sim C_3$，得到边缘电容的最佳逼近值，再通过边缘电容与相位偏移之间的数学关系获得偏移相位。

与开路器类似，实际的短路器存在边缘电感，也用三次多项式表示，即

$$L_t = L_0 + L_1 f + L_2 f^2 + L_3 f^3 \tag{8-19}$$

开路器边缘电感量的值通常较小，造成的相位偏移也小，有时可忽略不计。

实际应用中，对开路器与短路器标准的定义，只需要存储多项式的系数，使得定义和修改定义简单易行，并具有较高的精度即可。

(2) 匹配负载

理想的匹配负载吸收全部入射波，其反射系数为零。目前，用作校准件的匹配负载一般能吸收入射波能量的98%以上(相当于回波损耗34dB)。在校准件中，不论是固定匹配负载还是滑动匹配负载，其非理想性引入的误差均未采取补偿措施，校准方法和数据处理方式也存在较大差异。

(3) 精密空气线

精密空气线无介质支撑，内外导体的加工精度在 $5\mu m$ 以下，误差在2‰左右，是目前最高级别的阻抗标准。

精密空气线的传输系数为1，反射系数为零，需要定义的数据主要是延时，取决于空气线的物理尺寸及精度。

2. 校准方法

依赖于不同的校准件，矢量网络分析仪校准方法很多，且有各自的优点和缺点。针对不同的测量系统、工作频率、测量条件，应该选用不同的校准方法。矢量网络分析仪常用的校准方法有：

- 频响校准，仅修正传输跟踪或反射跟踪一个误差项
- 频响与隔离校准，修正传输跟踪和串扰两个误差项
- 单端口校准，修正源匹配、负载匹配和反射跟踪三个误差项
- 单路径二端口校准，修正一个方向的六个误差项
- OSLT(开路、短路、负载和直通)校准，修正两个方向十二个误差项
- TRL(直通、反射和空气线) 校准，修正两个方向十个误差项

对于 OSLT 校准方法，开路器提供两个已知条件，即

$$S_{11A} = S_{22A} = 1 \tag{8-20}$$

短路器提供两个已知条件，即

$$S_{11A} = S_{22A} = -1 \tag{8-21}$$

负载提供四个已知条件，即

$$S_{11A} = S_{22A} = S_{21A} = S_{12A} = 0 \tag{8-22}$$

直通提供四个已知条件，即

$$S_{11A}=S_{22A}=0,\ S_{21A}=S_{12A}=1 \qquad (8-23)$$

以上四个标准共提供 12 个已知条件，从而可通过误差修正公式实现 12 项误差修正。

当采用滑动负载作为匹配负载时，OSLT 校准方法通过多次测量寻找匹配负载的圆心，测量精度高于采用固定负载的 OSLT 校准方法。

TRL 校准方法通过连接直通、短路器和空气线，分 3 次建立 10 个误差公式，测量正反向 4 个 S 参数。由于 TRL 校准方法以精密空气线作为阻抗标准，避免了开路器开路电容的影响，校准质量要高于 OSLT 等校准方法。而且，TRL 法所用的校准标准，其定标数据都可溯源到长度等物理量，是目前最高精度等级的校准方法。

8.3.4 电子校准件与校准方法

矢量网络分析仪的机械校准是一项十分艰辛细致的工作，具有很高的技术要求，校准质量受操作人员的经验和技术水平影响较大。针对机械校准件的不足，近年出现了一种新的校准技术——电子校准(ECAL)技术。

电子校准技术使用电子校准件替代机械校准件，测试端口直接连接到矢量网络分析仪的测试端口，控制端口通过标准接口与矢量网络分析仪主机相连(如图 8.11 所示)，依靠矢量网络分析仪主机或计算机程控完成校准工作，从而大大降低了对操作人员的要求，减少了连接次数，提高了校准速度和质量。

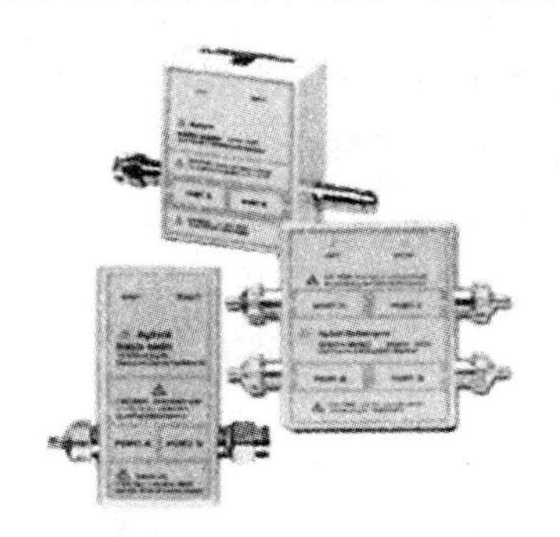

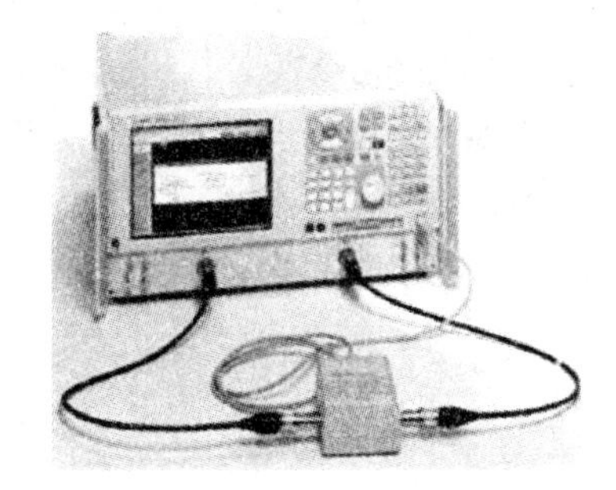

图 8.11　电子校准件及连接方法

电子校准件内部包含控制电路、多状态阻抗网络以及含有表征电子校准件特性的非易失存储器。其中，多状态阻抗网络包括开路、短路、匹配、直通和衰减等阻抗标准(如图 8.12 所示)。

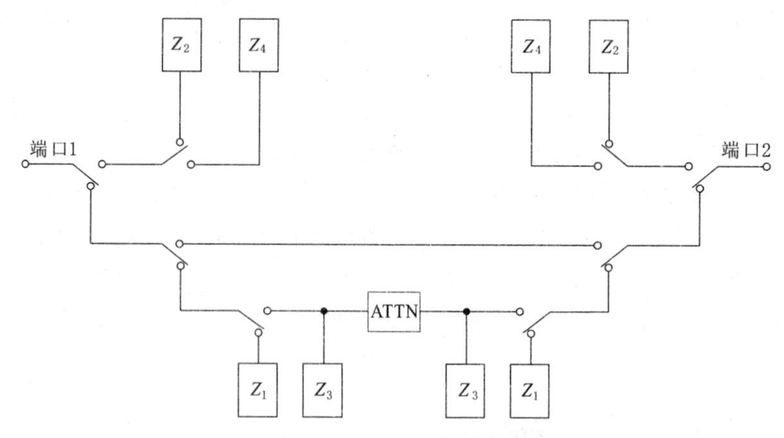

图 8.12 二端口电子校准件原理框图

与机械校准件不同，电子校准件是一种传递标准，其对内部阻抗标准的要求并不高。校准件的精度取决于定标精度，只要能对校准件内部的阻抗标准精确定标，就能保证校准后的系统精度。用于定标的传递工具和方法越精密，电子校准件的精度就越高，校准后的系统精度也愈高。

理论上，电子校准件的阻抗标准可以选择任意状态。但实际应用中，还是选择开路、短路和匹配等状态，使得各个阻抗标准在Smith圆图上尽量相互远离，从而避免各个阻抗标准过分接近带来的“标准冲突”问题。

电子校准件正逐步替代机械校准件，成为矢量网络分析仪的主要校准方案（安捷伦公司已经全面停止生产和供应机械校准件），具有机械校准件无法比拟的优势，可归纳为：

(1) 电子校准件内部含有多种不同的阻抗状态，依靠电子开关实现阻抗状态的改变，由计算机或矢量网络分析仪控制，一次连接后整个校准过程无需人员参与，避免了多次连接引入的重复性误差和人员因素影响，校准速度远高于机械校准方法。

(2) 电子校准件是一种传递标准，精度取决于其定标所使用的校准装置，可以依靠稳定的电子器件和热补偿技术减小环境温度引起的性能变化；机械校准件的“标准数据”由模型和测量导出，精度取决于模型精度和加工精度，只能依靠严格限制使用条件避免环境温度变化的影响。

(3) 电子校准件通常能提供多于误差修正所必需的阻抗状态，得到的是采用最小二乘法拟合出来的超定解，减小了个别阻抗状态变化对校准质量的影响，校准精度更高；机械校准能提供的阻抗状态等于误差修正所必需的标准数量，得到的是显式解，某个标准的失效都会导致整个校准质量的大幅度降低甚至是失效。

(4) 电子校准件可由用户进行表征，方便用户对混合连接器、夹具等进行校准；机械校准件由制造厂家标定，在对混合连接器等的校准中需使用多种校准配件，有可能出现与未知适配器相关联的不确定性。

8.4 矢量网络分析仪的主要性能指标

矢量网络分析仪作为一种复杂、高精度的微波测量仪器，要想全面而准确地评估矢量网络分析仪的性能指标是非常困难的。通常情况下，可从系统误差特性、端口特性两个方面描述矢量网络分析仪的性能指标。

8.4.1 系统误差特性

虽然误差校正可以极大地提高矢量网络分析仪的性能指标，但完全消除是不可能的。通常把矢量网络分析仪经过误差校准后仍然剩余的误差称为有效误差，也叫剩余误差，包括正向和反向有效误差各六种：有效系统串扰 E_{FX} 和 E_{RX}、有效方向性 E_{FD} 和 E_{RD}、有效源匹配 E_{FS} 和 E_{RS}、有效负载匹配 E_{FL} 和 E_{RL}、有效反射跟踪 E_{FR} 和 E_{RRE}、有效传输跟踪 E_{FT} 和 E_{RT}。

1. 方向性

矢量网络分析仪需要使用定向器件(单向电桥或耦合器)分离正向的传输波和反向的反射波。理想的定向器件应能够完全分离传输波和反射波(如图 8.13A 所示)。而实际的定向器必然存在泄露和反射，部分传输波会泄漏到定向耦合器的反射波输出端(如图 8.13B 所示)，可用方向性进行描述。

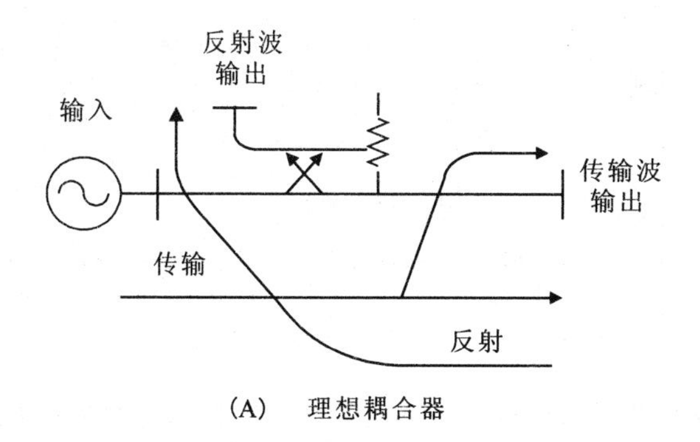

(A)　理想耦合器

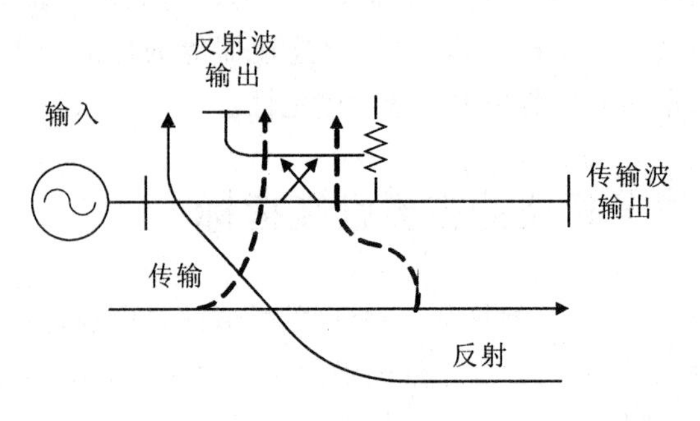

(B) 实际耦合器

图 8.13　耦合器的方向性

方向性定义为信号正向行进时耦合端出现的功率与信号反行进时耦合端出现的功率的比值，通常用 dB 表示。方向性是定向器件的最重要参数，反映定向器件能够分离正反向行波的良好程度，数值越大，表示其分离信号的能力越强，理想定向器件的方向性为无穷大。

方向性指标是影响反射测量不确定度的主要因素。

2. 隔离(串扰)

隔离又叫串扰(Crosstalk)，是指参考通道和测试通道之间的干扰、接收机射频和中频通道泄露引起的，出现在数字检波器上的信号矢量和(如图 8.14 所示)。如同方向性对反射测量的影响，传输通道的能量泄露也会给传输测量带来误差。

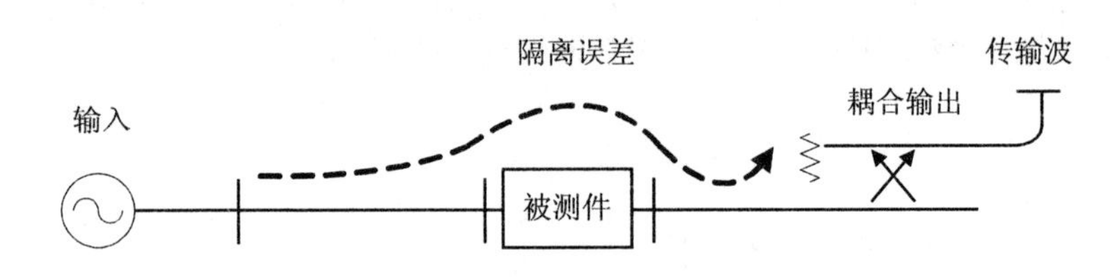

图 8.14　隔离误差

隔离对传输测量不确定度的贡献与被测件的插入损耗有关，是影响传输测量不确定度的重要因素。

3. 源匹配

在网络参数测量时，由于测量装置和激励源之间以及转接器和电缆之间负载的不匹配，会使信号在激励源和被测件之间多次反射(如图 8.15 所示)。

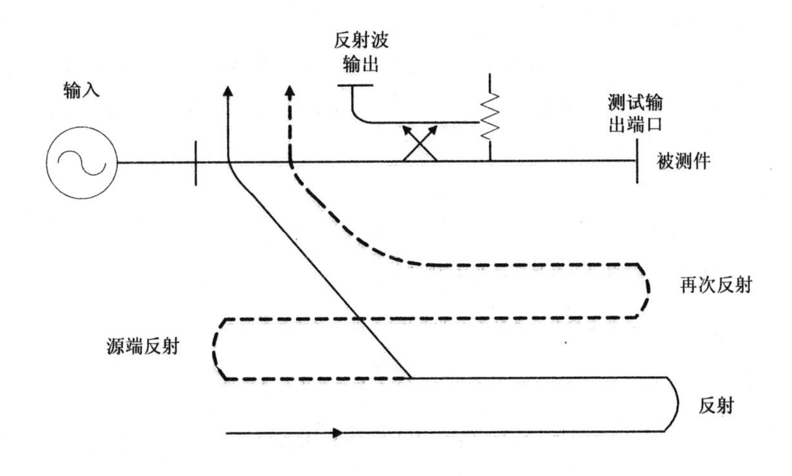

图 8.15　源匹配误差

源匹配是指等效到测量端口的输出阻抗与系统标准阻抗的匹配程度，通常用 dB 表示。源匹配的数值越大越好，表明由匹配引起的测量误差越小。

显然，源匹配对测量不确定度的影响与被测件的输入阻抗有关。

4. 负载匹配

在网络参数测量时，矢量网络分析仪输出端口与被测件输入端口之间的阻抗失配，会产生剩余反射而引入测量误差（如图 8.16 所示），通常用负载匹配表示。

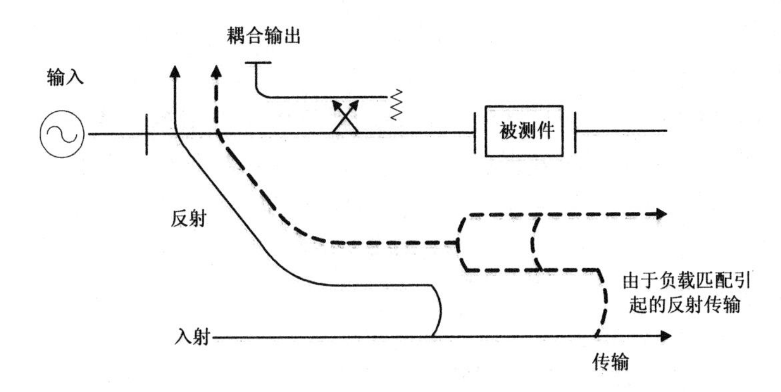

图 8.16　负载匹配误差

负载匹配是指等效到测量端口的输入阻抗和系统标准阻抗的匹配程度，常用分贝（dB）表示。负载匹配数值越大越好，表明由负载引起的测量误差越小。

负载匹配对测量不确定度的贡献与被测件的真实阻抗和输出端口等效阻抗有关，是传输和反射测量中产生测量不确定度的重要因素。

5. 频率响应(跟踪)

频率响应又叫跟踪(Tracking),是指系统各单元频率响应不恒定而引起的信号振幅与相位随频率变化的矢量和,可用跟踪误差表示,包括信号分离器件、测试电缆、转接器的频率响应变化以及参考信号通道和测试信号通道之间的频率响应变化。

跟踪误差又分为传输跟踪和反射跟踪,分别是传输测量和反射测量中产生不确定度的因素之一,与被测件的特性无关。

8.4.2 端口特性指标

1. 测试端口数

测试端口数是指矢量网络分析仪用于测试的端口数量,有单端口、双端口、四端口等。

2. 频率特性

频率特性包括频率范围、频率分辨率和频率准确度。

频率范围是指矢量网络分析仪所能产生和分析的载波频率范围;频率分辨率是指矢量网络分析仪在频率范围内可重复产生的最小频率增量;频率准确度是指矢量网络分析仪频率指示值偏离真实值的程度。

频率范围既可以是连续的,也可以由若干频段或一系列离散频率来覆盖。

3. 功率特性

功率特性包括最大输出功率、输出功率范围、输出功率准确度以及输出功率分辨率。

最大输出功率是指矢量网络分析仪能提供给额定阻抗负载的最大功率;输出功率范围是指矢量网络分析仪在给定频段内输出功率的调节范围;输出功率准确度是指矢量网络分析仪输出到额定负载上的实际功率偏离指示值的程度;输出功率分辨率是指矢量网络分析仪在给定输出功率范围内能够得到并重复产生的最小功率增量。

4. 阻抗特性

阻抗特性包括输入和输出阻抗特性。

输入阻抗是指矢量网络分析仪输入端口所呈现的终端阻抗;输出阻抗是指从矢量网络分析仪输出端口的等效阻抗。

通常情况下,矢量网络分析仪的输出阻抗和输入阻抗是相等的。大部分射频和微波网络分析仪的额定输入阻抗是 50Ω,但也有部分应用于通信、有线电视等测量领域的射频网络分析仪的标准输入阻抗是 75Ω。

对于阻抗特性,常用电压驻波比(VSWR)表示额定阻抗与实际阻抗之间的失配程度。

5. 动态范围

动态范围是指矢量网络分析仪可测量的功率范围，有两种常见定义：接收机动态范围和系统动态范围。

接收机动态范围是指系统可测量的最大输入功率与最小输入功率的差值，主要取决于幅相接收机的压缩性能；系统动态范围是指信号源测试端口的可用功率与系统可测量的最小输入功率的差值，主要取决于中频带宽、平均值和测试设置等。

矢量网络分析仪的最大动态范围极其重要，它是决定某些测量性能的关键因素。

6. 系统带宽

系统带宽是指矢量网络分析仪幅相接收机中频处理机可处理的频率分辨率。系统带宽也是一个很重要的指标，一般在 10Hz～500kHz 范围内可设置。系统带宽越窄，矢量网络分析仪的动态范围越大，扫描线越平滑，同时扫描时间越长。

7. 迹线噪声

迹线噪声包括幅度迹线噪声和相位迹线噪声。幅度迹线噪声是指矢量网络分析仪显示器上迹线的幅度稳定度，主要取决于矢量网络分析仪内信号源和接收机的稳定度，是幅度测量分辨率的决定因素。相位迹线噪声是指矢量网络分析仪显示器上迹线的相位稳定度，主要取决于矢量网络分析仪的信号源和接收机的稳定度，是相位测量分辨率的决定因素。

通过平均可以降低系统幅度和相位迹线噪声。

8. 测试端口平均噪声电平

测试端口平均噪声电平即幅相接收机的灵敏度，主要取决于接收机中频变换器件的噪声系数，可以通过平均处理降低测试端口平均噪声电平。

8.4.3 校验

校验是评估矢量网络分析仪性能的重要方法。

采用一些 S 参数已知的器件（校验件）作为标准，通过分析矢量网络分析仪测量校验件的测量值和校验件标称值的偏离程度，可以评估矢量网络分析仪的性能指标。为使评估全面准确，通常要用到多个校验件，在大反射、小反射、大插损、小插损等各种条件下全面考核矢量网络分析仪。

8.5 矢量网络分析仪的应用

在使用矢量网络分析仪测量网络参数之前，不但要清楚地知道仪器的基本功能和主要技术指标，还要知道被测对象的表征参数及其含义。只有这两个方面的知识准备好了，才能正确使用矢量网络分析仪。

与其他测量仪器不同，矢量网络分析仪必须在测量之前进行误差校准，只有通过误差校准的测量结果才是可信的。不同厂家矢量网络分析仪的校准操作过程可能不同，不同的测试对象(包括测试夹具等)所使用的校准方法也可能不同，不同的测试方法往往有不同的测试结果，这也是矢量网络分析仪较难使用的主要原因。

因此，每一个准备使用矢量网络分析仪的工程师，必须充分重视并学会校准。在一些知名仪器公司的网站上，有许多有关网络参数测量方法的讨论，建议读者经常阅读，对加深测量方法的理解有极大益处。下面简要介绍几个常见网络参数的测量实例。

8.5.1 滤波器参数测量

滤波器是常见的线性、两端口器件，其主要指标可用三组参数表示，即传输参数、反射参数和选择系数。传输参数主要包括插入损耗、群时延和带外抑制；反射参数主要包括输入阻抗、输出阻抗和反射损耗；选择系数主要包括 3dB 带宽、60dB 带宽、Q 值和形状因子等。可以使用网络分析仪的频域功能进行直接测量(如图 8.17 所示)。

需要指出的是，在对滤波器进行精确测量时，传输通带内的误差校准十分重要，校准前后的测量结果可能差别很大。如果只进行了频率响应校准，由于源和负载的不匹配，测量的幅度会有起伏波纹，有些波纹甚至超过 0dB 参考线，采用二端口校准后，幅度起伏波纹可减小到 ± 0.1dB 以内。

另外，在滤波器参数测量时，较多的扫频点数对精确测量滤波器的带内波动和上、下沿有直接好处，付出的代价是降低测量速度。

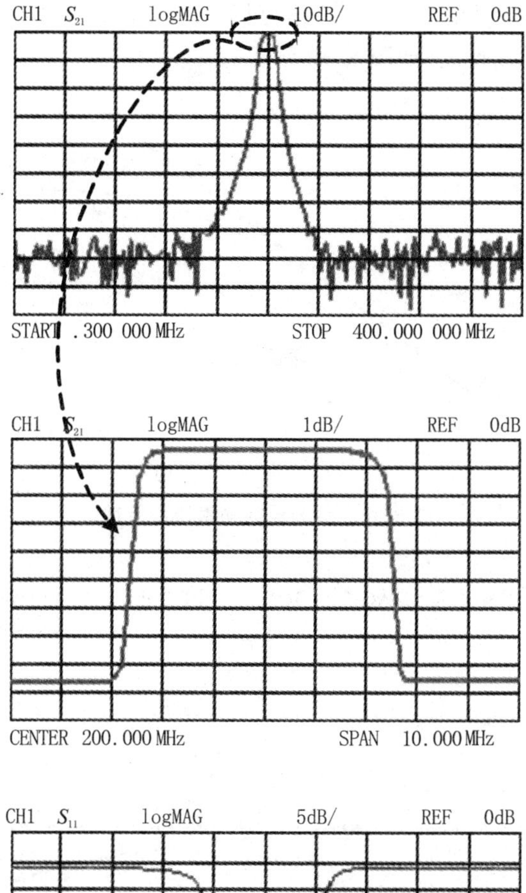

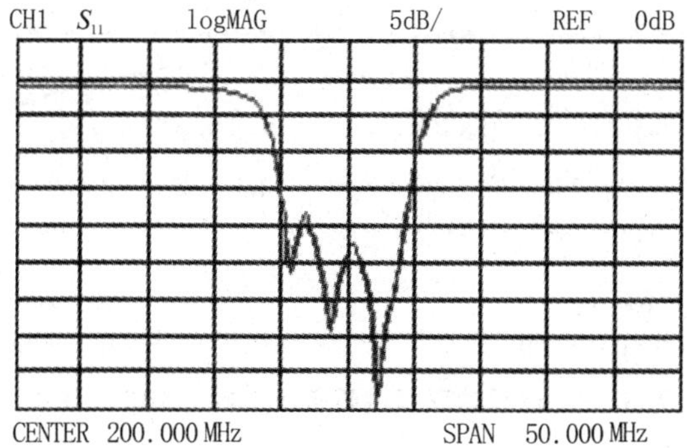

图 8.17　滤波器指标测试图

8.5.2　放大器非线性测量

非线性是放大器的固有特性和重要技术参数，常用 1dB 增益压缩点、谐波失真、调幅一调相变换等参数进行描述。

1. 放大器 1dB 压缩点测量

1dB 压缩点是指以输入小信号的增益作为参考，放大器增益下降 1dB 时的输出功率(如图 8.18 所示)。使用网络分析仪的功率扫描功能,可以很容易获得 1dB 压缩点和左翼线性度(如图 8.19 所示)。

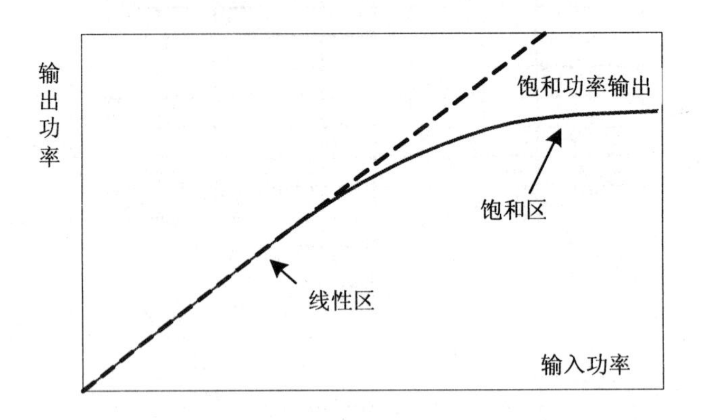

图 8.18 放大器的功率压缩特性

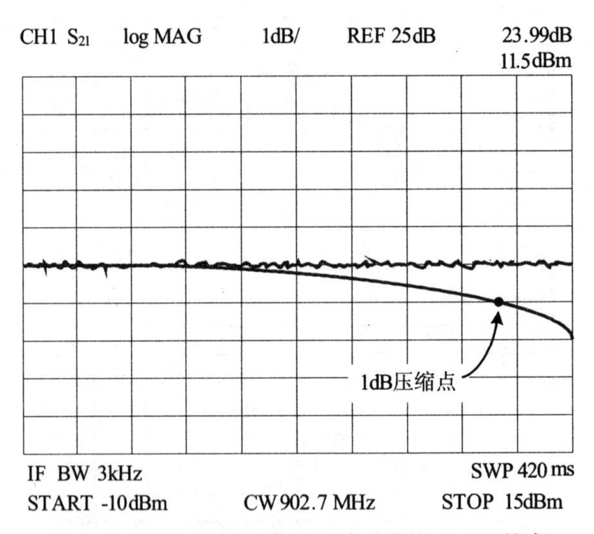

图 8.19 运用功率扫描测量放大器的 1dB 压缩点

2. 放大器谐波失真测量

谐波失真主要包括二次谐波失真和三次谐波失真。对于具有直接测量谐波功能的网络分析仪,可直接扫描得到谐波失真与输入频率的关系曲线(如图 8.20 所示),图 8.21 为相应测量的连接方式。

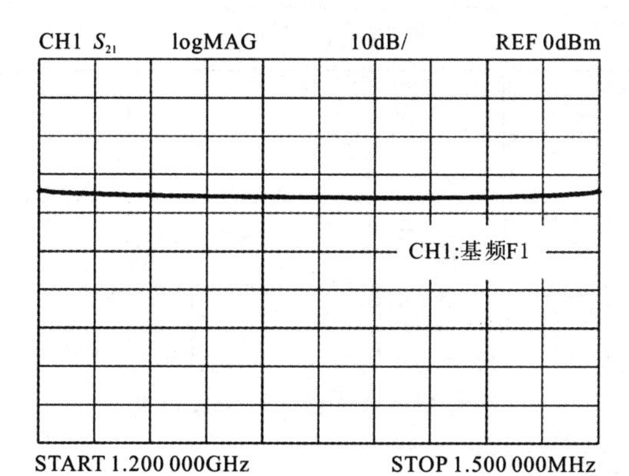

（A）基波频率响应

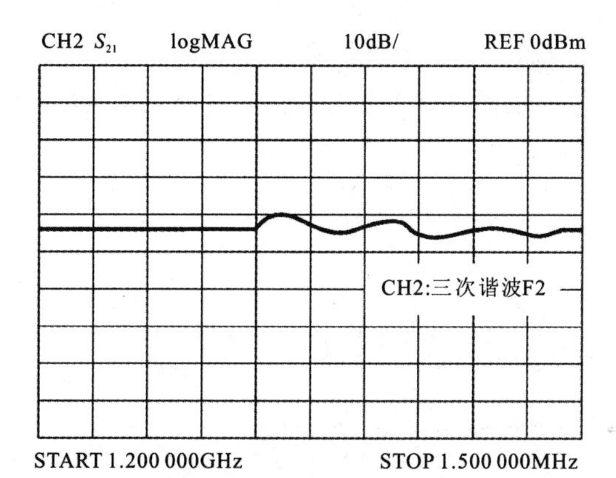

（B）二次谐波频率响应

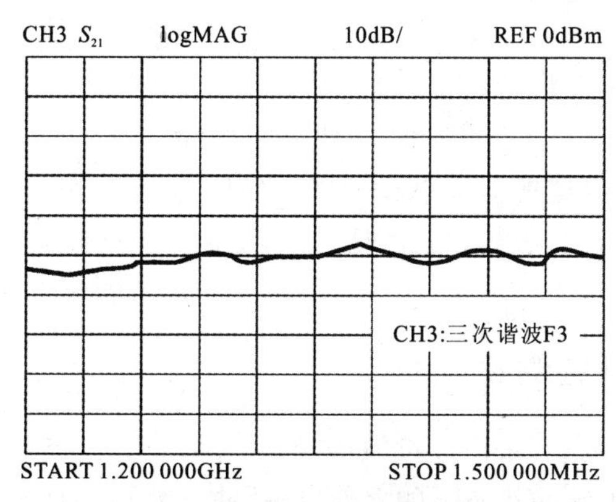

（C）三次谐波频率响应

图 8.20　放大器谐波失真的直接测量

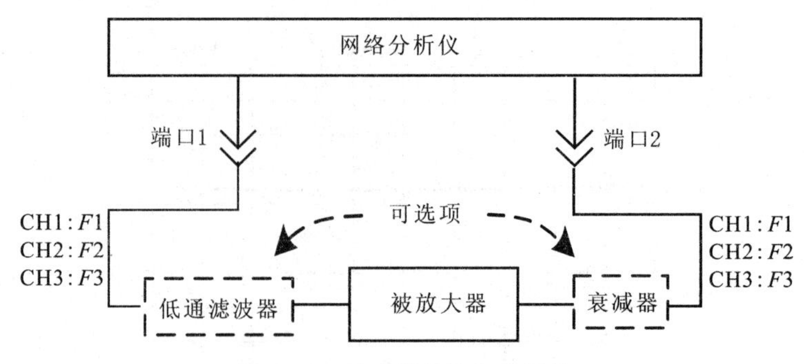

图 8.21 放大器谐波失真测量

3. 调幅—调相变换测量

调幅—调相(AM—PM)变换通常定义为放大器输入功率增加 1dB 时输出相位的变化,是由系统内部固有的幅度变化引起的、不希望出现的相位偏移的量度,单位为度/dB。在相位或角度调制系统中,AM—PM 变换是一个特别重要的参数。利用网络分析仪的功率扫描功能,通过测量 S_{21} 的相位即可得到 AM—PM 变换(如图 8.22 所示)。

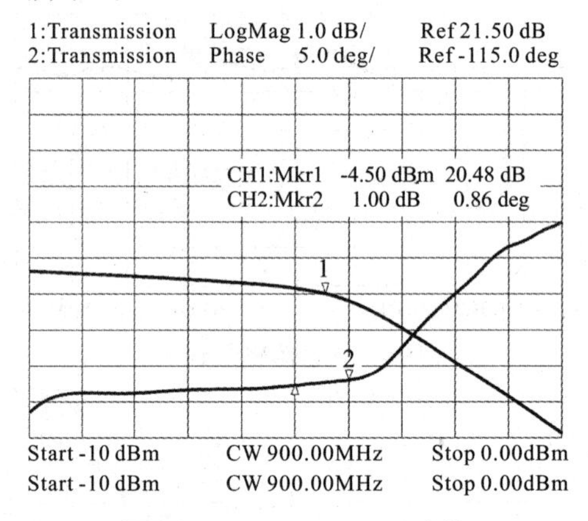

图 8.22 AM—to—PM 变换

这里所述放大器是指小功率放大器。如果是大功率放大器的测量问题,需要查阅产品说明书,核实产品是否具有大功率放大器测量功能和相应的测量选件。

8.5.3 脉冲 S 参数测量

普通的 S 参数测量,采用连续波信号做激励,可以满足对大多数器件的测量要求。然而,工作于脉冲状态下的器件(如脉冲放大器),对连续波激励和脉冲激励所表现出来的特征是完全不同的。例如,在脉冲激励下,放大器可能会出现过冲、振铃或下垂现象,放大器的偏置状态也可能发生变化等。此时,需要进行脉

冲 S 参数测量。

脉冲 S 参数测量必须使用射频脉冲信号作为激励。对雷达系统来说，意外调制脉冲(UMOP)可能造成雷达系统的系统故障，如造成本机干扰能力下降、目标速率判定能力下降、相控阵天线波束方向的非理想发散等。测量脉冲内的瞬态特性，确定脉冲信号幅度和相位相对于时间的关系，对表征和消除UMOP，了解系统的运行情况非常重要。

1. 脉冲 S 参数测量的类型

脉冲 S 参数测量包括4种基本测试类型：平均脉冲测试、脉冲内定点测试、脉冲包络测试以及脉冲到脉冲测试。

平均脉冲测试是在整个脉冲宽度内进行数据采集，并对采集数据进行平均处理而得到脉冲的幅度和相位(如图8.23所示)。平均脉冲测试不需要把数据测试点置于脉冲信号中某个特定的位置上，对每个载波频率而言，得到的S参数是脉冲的平均值。

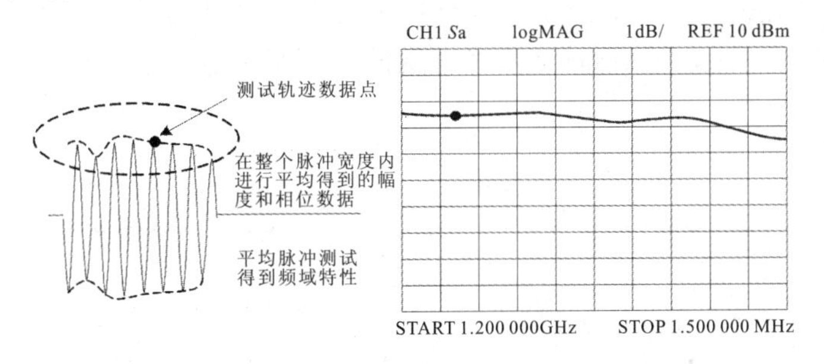

图8.23　平均脉冲测试

脉冲内定点测试是在脉冲内规定的时间窗口进行数据采集，并将依此数据的处理结果作为脉冲的幅度和相位(如图8.24所示)。脉冲内定点测试必须对取样窗口的时间长度(窗口宽度)和它在脉冲中的具体位置(窗口延时)有所规定。

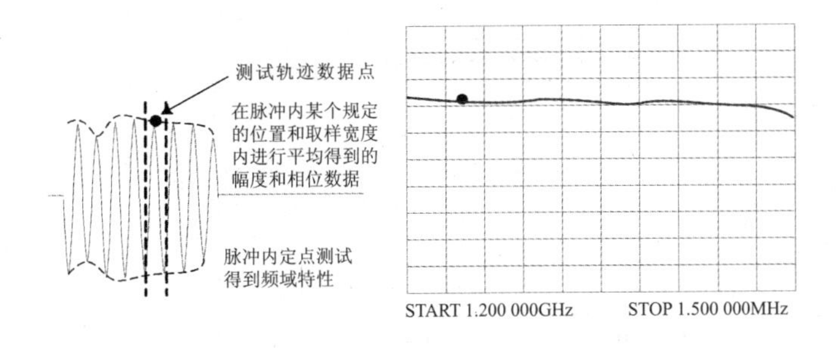

图8.24　脉冲内定点测试

脉冲包络测试是对脉冲信号在时间上进行均匀采样，计算不同时刻脉冲信号的幅度和相位。脉冲包络测试需要将载波频率固定在指定的频率上，得到的是脉冲幅度和相位随时间，而不是随频率的变化情况（如图 8.25 所示）。

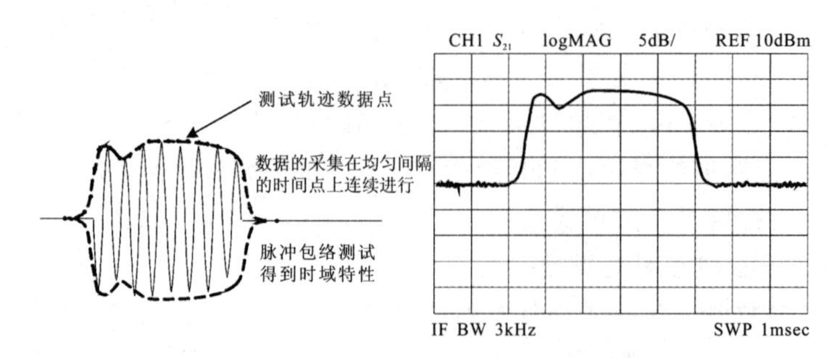

图 8.25 脉冲包络测试

脉冲到脉冲测试是在连续脉冲串的每一个脉冲的相同位置上进行数据采集，并依此处理得到每个脉冲的幅度和相位信息，从而得到脉冲串幅度和相位随时间变化的情况。脉冲到脉冲测试可以用来表征被测件性能随时间的变化。例如，放大器的热效应可能导致其增益衰减和相移等（如图 8.26 所示）。脉冲到脉冲测试需要指定载波频率，同时要固定测试点相对于脉冲触发信号在时间上的关系。

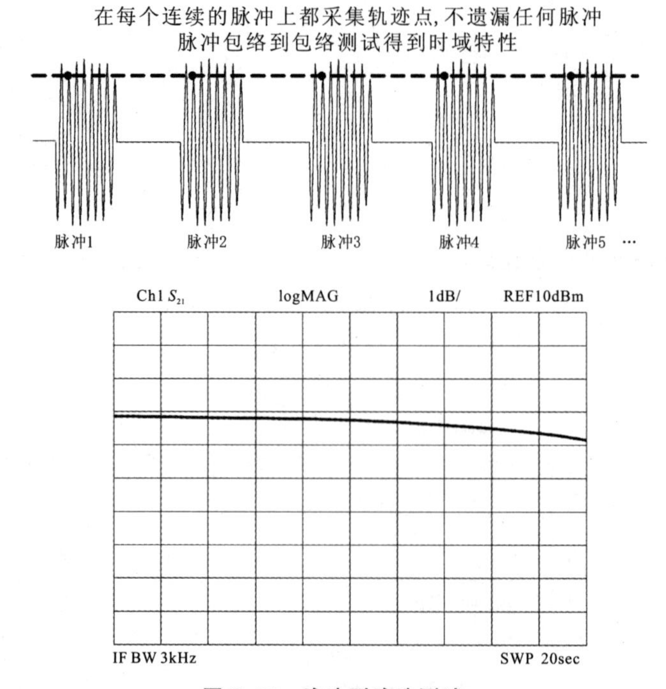

图 8.26 脉冲到脉冲测试

脉冲到脉冲测试需要宽带检测，矢量网络分析仪的数据处理速度必须足够快，以便跟上脉冲信号出现的速率。在每一个射频脉冲上必须要测到一个最终构成整个测试曲线轨迹的点,不能有任何被遗漏的脉冲。由于脉冲到脉冲测试可以记录一个非重复性脉冲串的信息,因此这种测试被归类于一次性测试的范畴。

2. 脉冲 *S* 参数测量的方式

脉冲 S 参数测量有两种检测方式:宽带检测和窄带检测。

(1) 宽带检测

当射频脉冲信号的主要频谱分量均包含在网络分析仪接收机带宽之内时(如图 8.27 所示),可以使用宽带检测进行脉冲 S 参数的测试。在宽带检测工作模式下,矢量网络分析仪必须与脉冲流同步,使得只有在脉冲信号出现时才进行数据采集。这就意味着,网络分析仪必须提供一个频率与脉冲重复频率相同的触发信号,且触发信号相对于脉冲流的延时关系也要合适。因此,宽带检测工作模式也称为同步数据采集模式。

通常情况下,宽带检测是脉冲 S 参数测量的首选方法,有 3 个突出优点:①测试速度快;②测试步骤简单;③由于网络分析仪只是在脉冲信号出现时才对脉冲进行数据采样,因而在脉冲信号占空比发生变化时,信噪比基本恒定,即使在脉冲信号占空比较低时,也不会出现动态范围损失。

宽带检测有 2 个缺点:①与窄带检测相比,宽带检测所用的中频带宽较大,因而噪声基底较大,限制了仪器的最佳测量动态范围;②当脉冲宽度越来越窄时,脉冲信号的能量分布会越来越宽,落在测试接收机的带宽之外的频谱分量也就越来越多,超过矢量网络分析仪的容忍范围时,宽带检测就很难保证测试精度,因而存在一个可测量脉冲宽度的下限。

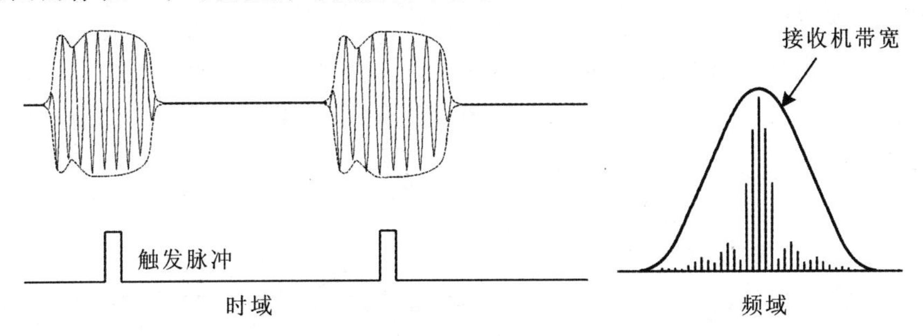

图 8.27　宽带检测的带宽与同步要求

(2) 窄带检测

当接收机的带宽不能包含足够多的射频脉冲频谱分量时,只能使用窄带检测方式。窄带检测采用了另一种极端方法:滤除中心频谱分量以外的所有频谱分量(如图 8.28 所示),仅仅依赖载波分量进行检测。显然,对射频脉冲信号进行滤波处理后,得到的是与脉冲载波频率相同的正弦连续波信号。此时,同步采样失去意义，相应的脉冲数据采集触发信号也不需要了。因此，窄带检测工作模式也称为异步数据采集模式。其中，滤波处理既可以使用模拟滤波器也可以使用基于 DSP 技术的数字滤波器。

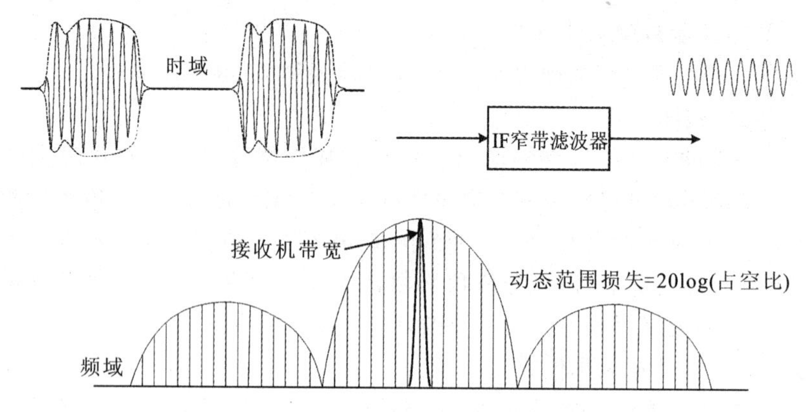

图 8.28　窄带检测带宽与动态范围损失

窄带检测有 2 个主要优点：①不论脉冲多窄，频谱分布多宽，除中心频率以外的绝大多数频谱分量都会被滤除，因而可测量脉冲宽度的最小值不受限制；②由于窄带滤波器的使用，当脉冲信号占空比大于 1%时，窄带检测的动态范围通常优于宽带检测。

窄带检测的主要缺点是：当脉冲信号的占空比减小时，脉冲的平均功率会减小，因而导致中频滤波器输出的信噪比随之降低，进而导致动态范围减小。由占空比降低引起动态范围损失的现象称为“脉冲敏感度降低”，一般可定量表示为20log(占空比)。

(3) 检测方式与动态范围

图 8.29 所示为同一台网络分析仪在不同检测方式下，动态范围与脉冲占空比的关系。

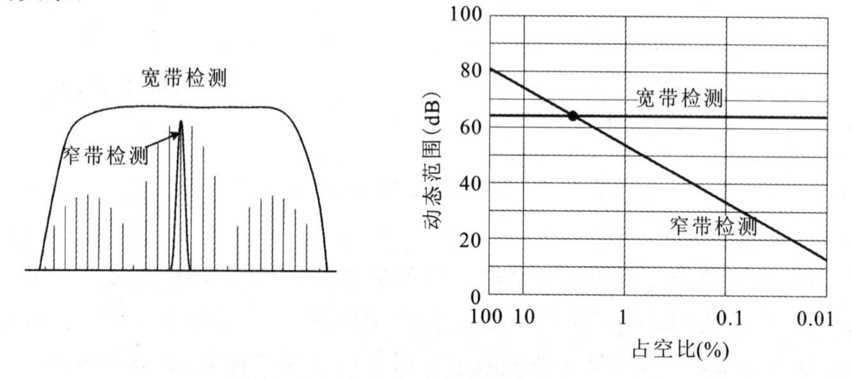

图 8.29　占空比对动态范围的影响

从图中可以看出：宽带检测的动态范围与占空比无关；窄带检测的动态范围与脉冲占空比呈线性关系，占空比每下降 10 倍，动态范围减少 20dB；两条曲线的交叉点对应一个占空比门限，此时两种检测方式的动态范围大致相当；当输入占空比小于这一门限时，宽带检测的动态范围优于窄带检测，反之，则是窄带检测优于宽带检测。

3. 脉冲 *S* 参数检测的同步

如前所述，脉冲 S 参数测量必须采用射频脉冲输入，宽带检测必须进行同步数据采样。例如，对 GSM 放大器进行脉冲测量的定时过程如图 8.30 所示。图中，GSM 信号的脉宽为 577μs，周期为 4.616ms，数据采集只能在射频脉冲期间进行。通过网络分析仪的触发功能，可以比较方便地实现同步数据采样（如图 8.31 所示）。

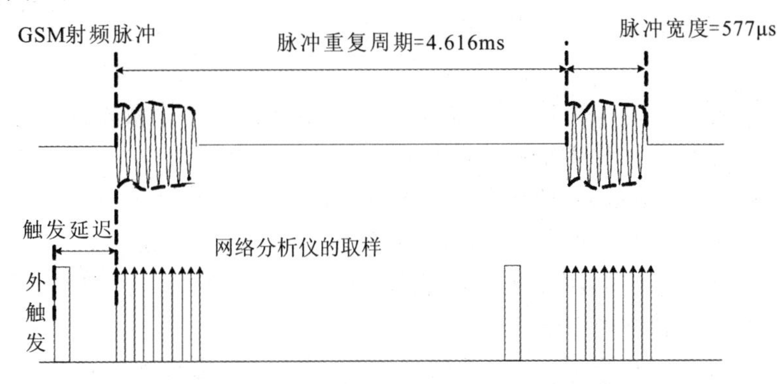

图 8.30　外触发和 GSM 脉冲测量的定时

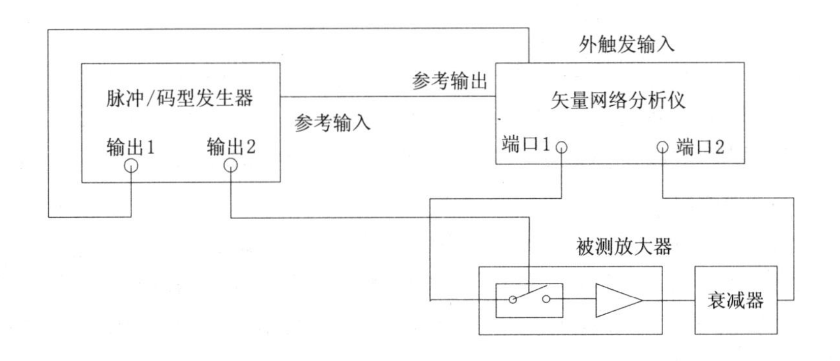

图 8.31　脉冲 *S* 参数测量的典型配置

脉冲发生器输出两路同步的脉冲信号：一路用于控制放大器的输入射频开关，控制形成射频脉冲输入；另一路作为网络分析仪的外触发信号，控制数据采集的起止时间。由于 GSM 放大器的输出功率可能大于＋30dBm，而网络分析仪的输入功率一般要求在+10dBm以下，过高的输入功率会产生接收机的增益压缩现象，增大迹线误差，甚至损坏内部硬件，所以在放大器的输出端必须插入衰减器。

在脉冲S参数测量时，网络分析仪什么时候真正开始数据采样非常重要。外脉冲触发存在一定的延时，网络分析仪的参数设置(如扫描频率、IF带宽、功率电平)也存在固有的稳定时间，为了在指定的时间点完成数据采集，需要调节外触发输入与取样之间的延时，这可以通过设置网络分析仪或脉冲发生器的定时功能实现。

4. 脉冲S参数测量的仪器校准

脉冲S参数测量的校准应当在脉冲输入条件下完成。校准脉冲测试系统与校准普通S参数测试系统基本相同。在宽带检测方式下，必须在校准之前，给脉冲数据采集触发信号设置适当的延时，以保证采集的数据都是在脉冲出现的时间内获得。

在校准脉冲测试系统时，通常需要对每一组独特的脉冲和选通参数分别进行校准。电子校准件对脉冲测试校准尤其有效。这是因为，在每一组独特的条件下，需要设置的参数多，使用电子校准件时，只需把测试系统与校准件进行一次连接即可完成所有的校准，从而大大简化和加快了校准过程。

在脉冲激励条件下，因为功率计读数会受到脉冲激励信号占空比的影响，所以源功率校准过程要稍微复杂一些。

测量射频脉冲功率时，功率计的平均功率读数会比实际的峰值功率降低10log(占空比)。例如，对占空比为5%的射频脉冲，如果测试端口需要的峰值功率为+10dBm，那么功率计上经过校准的功率应该是+10dBm +10log(0.05)=-3dBm。

为了成功地进行源功率校准，必须使用功率偏置特性，以确保把测试端口的功率设定到所希望的校准值时，自动幅度控制电路不会出现错误状态。功率偏置值必须能够补偿仪器内部信号源与测试端口之间可能存在的任意功率增加或功率损耗，可用公式表示为

$$\text{功率偏置(dB)} = \text{功率增益(dB)} + 10\log(\text{占空比}) \tag{8-24}$$

举例来说，如果使用占空比为5%的射频脉冲信号测量增益为25dB的放大器，功率偏置值就应该设置为25+10log(0.05)=12dB。当不使用放大器时，功率偏置就只有10log(占空比)=-13dB。

必须注意，在使用上述方法时，如果不能准确地测量脉冲信号的占空比，将会影响仪器经过校准输出功率的精度。测量脉冲信号实际占空比存在不确定性，特别是当上升和下降时间在脉冲宽度中所占比率较大时更为明显。此时，通过测量激励信号在连续波和脉冲条件下的功率差别，并据此设置的平均和峰值

功率更为准确。

8.5.4　天线参数测量

测量天线最常用的仪器就是网络分析仪或天馈线测试仪，而且天馈线测试仪本质上就是单端口的网络分析仪。在天线参数测量中，除驻波比、带宽、阻抗等参数测量相对简单外，其他指标(如方向图、增益、极化)的测试都比较复杂，需要建立专门的测试系统，甚至需要在微波暗室中进行。本节只是天线参数测量的简单介绍，更深层次了解需要参阅其他专业资料。

1. 天线主要技术参数

(1) 方向图

天线辐射的电场强度在空间各点的分布是不一样的，可用方向图进行描述。把天线放置于坐标原点，并使天线的轴向与 z 轴方向重合，用从原点出发的矢量表示该方向的电场强度，再用连线连接各矢量端点，所形成的包络就是天线的方向图。

显然，天线的方向图是三维的。为了表示方便，通常取其水平和垂直两个切面，故有水平方向图和垂直方向图(如图 8.32 所示)。当然，也可以用平行于电场的 E 面和垂直于电场方向的 H 面进行表示。

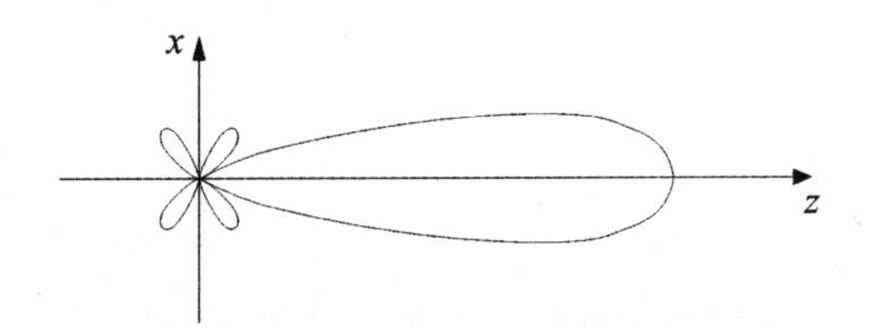

图 8.32　天线的方向图

(2) 主瓣宽度

天线的方向图反映了天线集中辐射能量的情况。方向图有许多叶瓣，最大辐射方向的叶瓣称为主瓣，其他叶瓣称为旁瓣或副瓣。主瓣宽度 Φ_{3dB} 定义为辐射功率下降到最大辐射方向功率值的一半(即场强下降为最大值的 0.707 倍)处，两点之间的夹角。一般情况下，对于口径为 D 的抛物面天线，当工作波长为 λ 时，其主瓣宽度近似为

$$\Phi_{3dB}(\text{rad}) = 70\frac{\lambda}{D} \tag{8-25}$$

(3) 副瓣电平

副瓣电平定义为副瓣最大功率相对于主瓣最大功率的 dB 值，即

$$\text{副瓣电平} = 10\log(\text{副瓣最大功率}/\text{主瓣最大功率}) \tag{8-26}$$

副瓣电平也是天线的重要指标之一，其值越小越好。较大副瓣电平，不但容

易受干扰，而且容易干扰其他同频无线电系统。

(4) 天线增益

天线增益 G 定义为在相同输入功率条件下，天线在最强方向上某一点所产生的电场强度的平方 E^2(或功率 P)与无耗理想点源天线在该点产生的电场强度的平方 ${E_0}^2$(或功率 P_0)之比，常用 dB 值表示为

$$G(\mathrm{dB}) = 20\log\frac{E}{E_0} = 10\log\frac{P}{P_0} \qquad (8-27)$$

(5) 阻抗与驻波比

天线阻抗是指从天线馈入端口看向天线的输入阻抗，可表示为天线馈入端口电压与电流的比值。在微波频段，通常用驻波比 ρ 或反射系数 Γ 而不是天线阻抗来表示天线与馈线的阻抗匹配状况。电压驻波比与电压反射系数之间的关系为

$$\rho = \left|\frac{E_{\max}}{E_{\min}}\right| = \frac{1+|\Gamma|}{1-|\Gamma|} \qquad (8-28)$$

2. 驻波比测量

在工程应用中，驻波比是天线最常见的参数测量，可使用天馈线分析仪直接测量(如图 8.33 所示)。天馈线分析仪还有一个非常有用的功能是能测定电缆的故障位置(DTF)。

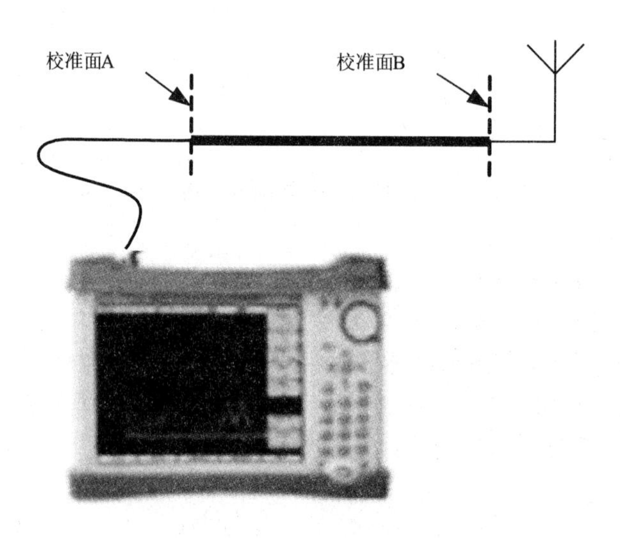

图 8.33 驻波比测量与校准面

使用网络分析仪测量驻波比时，就是使用网络分析仪的单端口测量功能。如果网络分析仪有驻波比测量功能可直接选择，否则使用 S_{11} 参数测量功能，读出 S_{11} 后通过公式计算驻波比 ρ。对具有时域分析功能选件的网络分析仪，还可以测定天线电缆的故障位置，即 DTF 测量。

需要注意：与其他参数测量一样，始终不要忘记校准。校准时，要注意校准面的位置。当要测量天线和馈线连接在一起时的驻波比时，校准面应当放在图 8.39 所示的 A 处；当要单独测量天线驻波比时，校准面应当放在图 8.39 所示的 B 处。

3. 天线系统及方向图测量

天线系统测量是网络参数测量中较复杂的测量。虽然可以用标准天线、信号源、频谱分析仪、控制电脑和云台等构建测量系统，但使用网络分析仪仍是当前天线测量系统的主要形式，测试更加方便快捷。

天线系统测量，有远场测量和近场测量之分。假如天线的口径为 D、离开天线距离为 r、天线的工作波长为 λ，则定义距离天线 $0 < r < \lambda/2\pi$ 的区域为电抗近场区，距离天线 $\lambda/2\pi < r < 2D^2/\lambda$ 的区域为辐射近场区，距离天线 $r > 2D^2/\lambda$ 的区域为辐射远场区（如图 8.34 所示）。其中，远场区的电磁波近似成为平面波。

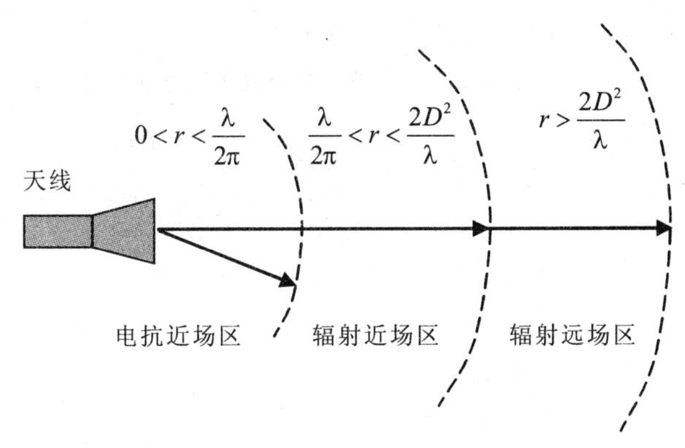

图 8.34　天线辐射区域图

(1) 远场测量

天线远场测量可以得到方向图、方向系数、增益、极化方式等天线指标。远场测量可以在室外或微波暗室内进行。

在室外测试时，为避免地面反射波的影响，应把收发天线架设在高塔或高大建筑物的顶部，主要分为 3 种测试场：零点偏离地面的高架测试场、零点指向地面的高架测试场和斜天线测试场。

微波暗室因能吸收入射到墙壁上的大部分电磁能量，所以能较好地模拟自由空间测试条件。但微波暗室的空间往往有限，用一个或多个曲面反射器将信号源产生的球面波转换为平面波，这样的组成装置形成了天线紧缩场测试。

（2）近场测量

近场测量通过使用一个特性已知的探头，抽测天线辐射近场区某一表面（平面扫描、圆柱面扫描或球面扫描）上场的幅、相分布，通过严格的数学计算可以得到天线的远场特性。该方法的基本思想是把待测天线在空间建立的场展开成某种波函数之和，展开式中的加权函数包含着远场方向图的完整信息，根据近场测量数据计算出加权函数，进而可以确定天线的远场方向图等指标。

近场测量一次测量可得到全部远场信息，不需要庞大的测试场地，且能基本克服“有限距离效应”。

8.6　典型产品介绍

8.6.1　典型产品介绍

矢量网络分析仪的国外生产厂商主要有美国安捷伦公司、德国罗德・施瓦茨公司等。国内的生产厂家主要有中国电子科技集团公司第41研究所等。目前，国内外市场上的矢量网络分析仪典型产品如表8.3所示。

表8.3　矢量网络分析仪典型产品及主要技术指标

公司名称	产品型号	主要技术指标
Agilent	ENA系列	频率范围：9/100kHz～4.5/6.5/8.5GHz 测试端口：2或4端口 动态范围：123dB（10Hz中频带宽）
	PNA系列	频率范围：10MH～20/40/50/67/110GHz 测试端口：2或4端口 动态范围：129dB（10Hz中频带宽）
R&S	ZVA系列	频率范围：300kHz/10MHz～8/24/40/50/67GHz 测试端口：2或4端口 动态范围：130dB（10Hz中频带宽）
	ZVB系列	频率范围：300kHz/10MHz～4/8/14/20GHz 测试端口：2或4端口 动态范围：123dB（10Hz中频带宽）
	ZVL系列	频率范围：5/9kHz～3/6/13.6/15GHz 测试端口：2端口 动态范围：115dB（10Hz中频带宽）

续表 8.3

41 所	AV3629 系列	频率范围:300kHz/45MHz～6/9/20/40GHz 测试端口:2 端口 动态范围:90～117dB
	AV36210 系列	频率范围:1/50MHz～4/18GHz 测试端口:1 端口 频率分辨率:1kHz

ENA 系列网络分析仪能同时进行多通道测量，可同时对射频元器件的 4 个信号路径进行快速、精确的测量；内置平衡测量功能能帮助用户轻松测试平衡器件(如 SAW 滤波器和差分放大器)，并可通过夹具仿真器提供混合 S 参数测量能力；支持先进的触控操作，内置编程工具为用户开发专用测试程序和专用操作界面提供很大的便利；具有多轨迹显示功能，可使用电子表格进行测量参数的设置，游标功能应用灵活。

PNA 系列微波矢量网络分析仪较好地处理了速度与精度的矛盾，能对 10MHz 至 100GHz 范围内的通用、高性能或毫米波器件进行高质量测量。PNA 系列所具有的频率偏置功能提供了业界领先的测试精度和非线性测量能力，可更好地测量混频器、变频器及放大器的性能。

ZVA 系列网络分析仪支持混频器和变频器(线性和非线性)的标量和矢量测量、放大器的噪声测量以及航空航天和国防应用的脉冲测量，支持多种校准技术，是要求高性能、多用途测量的理想选择。

ZVB 系列网络分析仪将优异的性能、低重量和紧凑的设计结合一起，具有很高的智能化水平，能轻松处理多端口和平衡测量中所涉及的大量被测参数，为用户使用带来便利。

AV3629 系列矢量网络分析仪采用混频接收技术取代传统的取样变频技术，通过功能强大的误差校准软件，使整机具有动态范围大、测量精度高、迹线噪声低、自动化程度高、操作简便灵活等特点，可实现 45MHz 至 40GHz 频率范围内网络参数的快速测量，广泛应用于元器件、雷达、航天、通信等领域。

AV36210 手持式天线与传输线测试仪采用射频与微波混合集成设计、宽带基波混频、数字中频处理、智能电源管理等新技术，可测量回波损耗、驻波比、阻抗、DTF(不连续点定位)等网络参数，具有体积小、重量轻、电池供电等优点，特别适用于现场测试。

8.6.2　矢量网络分析仪的操作

矢量网络分析仪的种类和型号很多，各个厂家在人机界面、按键排列等方面风格各异，但基本操作过程是类似的。下面以中国电子科技集团公司第 41 研究所生产的 AV3629 一体化矢量网络分析仪为例，介绍矢量网络分析仪的操作过程。

1. 面板介绍

AV3629 一体化矢量网络分析仪的前后面板如图 8.35 所示，不做赘述。

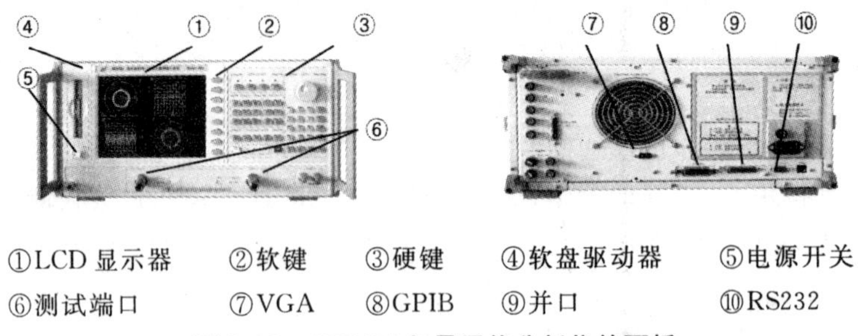

①LCD 显示器　②软键　③硬键　④软盘驱动器　⑤电源开关
⑥测试端口　⑦VGA　⑧GPIB　⑨并口　⑩RS232

图 8.35　AV3629 矢量网络分析仪的面板

2. 测量步骤

矢量网络分析仪的使用包括 5 个基本步骤，即开机预热、参数设置、误差校准与修正、被测件测量、测试数据输出或记录。下面我们以测量一个声表面波滤波器为例简要介绍矢量网络分析仪的操作步骤。

(1) 开机预热。开机预热的作用是使矢量网络分析仪内部处于热平衡状态，避免测试过程中温度变化导致的测量数据漂移。

(2) 参数设置。假设测量参数为：中心频率 134MHz、扫宽 50MHz、源输出功率 −5dBm、中频带宽 1kHz、4 通道显示，显示参数分别为 S_{21} 幅度、S_{21} 相位、S_{11} 幅度和 S_{22} 幅度，需要完成的操作包括：

【Preset】　复位分析仪

【Display】〖DUAL|QUAD SETUP〗〖4 PARAM DISPLAYS〗〖SETUP A〗　设置 4 通道显示

【Chan1】【Meas】〖Trans:FWD S21(B/R)〗

【Format】〖Log MAG〗　设置通道 1 为 S_{21} 幅度

【Chan2】【Meas】〖Trans:FWD S21(B/R)〗

【Format】〖PHASE〗　设置通道 2 为 S_{21} 相位

【Chan3】【Meas】〖Trans:FWD S11(A/R)〗

【Format】〖Log MAG〗　设置通道 3 为 S_{11} 幅度

【Chan4】【Meas】〖Trans:REV S22(B/R)〗

【Format】〖Log MAG〗　设置通道 4 为 S_{22} 幅度

【Center】【134】【M/μ】　设置中心频率为 134MHz

【Span】【50】【M/μ】　设置扫描跨度为 50MHz

【Power】【−】【5】【×1】　设置源输出功率为 −5dBm

【Avg】〖IF BW〗【1】【k/m】【×1】　设置中频带宽为 1kHz

此外，用户还可以根据需要，设置"扫描点数"、"平均"和"标尺"等功能。

(3) 误差校准与修正。在本例中，假设需要测量正向和反向 4 个参数，需选择全二端口校准。全二端口校准操作包括：

【Cal】〖CAL KIT [N 50Ω]〗〖SELECT CAL KIT〗〖N 50Ω 31104]〗　选择合适的校准件

【Cal】〖CALIBRATE MENU〗〖FULL 2－PORT〗　选择全二端口校准

以下根据显示屏的提示分别在两个测试端口连接开路器、短路器、负载和直通，完成校准(因为根据选用校准件的不同，操作过程有所不同，在此不作详细介绍)。

【Save/Recall】〖SAVE STATE〗存储用的文件名称　存储校准数据到存储器

注意：用户需记住本次校准所存储的文件名称，便于以后调用。用户还可以按〖SELECT DISK〗菜单选择存储的介质。

(4) 被测件测量。连接被测件进行测量，测量结果可以四通道同时显示，也可以单通道显示，以便更清楚地观察测量结果。下面是实现单通道显示 S_{21} 幅度的操作。

【Chan1】

【Display】〖DUAL CHAN on OFF〗

【Display】〖AUX CHAN on OFF〗　设置为单通道显示

矢量网络分析仪的光标可以帮助用户读出感兴趣频点的准确测量结果。AV3629 每个通道最多可支持 5 个光标。按【Marker】〖MARKER X〗可激活相应的光标，X 为 1～5 任意选择。Δ 光标可给出激活光标和参考光标的相对关系，其中的参考光标可定义为 5 个光标中的任意 1 个，当前光标和参考光标的相对关系显示在屏幕右上角。下面是把光标 X 设置成为参考光标的操作(X 为 1～5任意选择)。

【Maker】〖ΔMODE MENU〗〖ΔREF＝X〗　设置光标 X 为参考光标

(5) 测量数据输出或记录。AV3629 可将测量结果保存在内部存储器或硬盘上，同时支持多种打印机和绘图仪，可将测量结果直接打印出来。具体操作详见仪器手册。

矢量网络分析仪是一种功能强大、操作复杂的测试仪器，以上仅简要介绍了它的一个最简单的测试。要想有效发挥矢量网络分析仪的强大功能，要求使用者必须对矢量网络分析仪和被测对象有深入了解，并制定合理的测量方案。

8.7 网络分析仪的安全使用

8.7.1 静电防护

从实际情况来看,网络分析仪因在使用过程中经常要连接各种夹具、校准件和被测件等,最易遭到静电的袭击。特别是测试夹具连接过程往往会触碰到内导体,导致静电从内导体灌入机箱,引起测试端口的损坏。

静电防护是常被忽略的问题,人体积累的静电释放时很容易损坏仪器内部的敏感电路元件,降低仪器的可靠性。即使是不被感觉到的、很小的静电释放也能造成器件的永久损坏,且这种损坏还往往要积累到一定的时候才表现出来。因此,在有条件的情况下,应尽可能采取静电防护措施,做到以下几点:

(1) 在有防静电措施的环境中工作;

(2) 当接触静电敏感的元件、附件或进行连接时,要带防静电腕带;

(3) 在清洁检查静电敏感器件、仪器测试端口或进行连接前,可以通过接触仪器测试端口或测试电缆连接器的接地外壳使自己接一下地;

(4) 在将电缆连接到仪器的测试端口或静电敏感器件之前,要使电缆的中心导体首先接地:首先在电缆的一端连上短路器使电缆的中心导体和外导体短路;再将电缆的另一端与仪器连好后去掉短路器;

(5) 确保所有仪器正确接地,防止静电积累。

8.7.2 供电安全

网络分析仪都必须采用三芯电源线接口,且供电系统要与仪器要求一致。加电前必须在确认电源插座保护地线可靠接地后,方可将电源线插入标准三芯插座中。浮地或接地不良都可能毁坏仪器,千万不要使用没有保护地线的电源线。

供电系统中,大功率设备产生的尖峰脉冲干扰可能造成网络分析仪的硬件毁坏。此时,应采用交流稳压电源为仪器供电。

如果被测器件需要供电,仪器与被测件一定要使用同一供电系统(如图 8.36 所示)。其中,图 8.36A 是正确的连接,仪器与被测件的火线 L、零线 N 与保护地线一一对应;图 8.36B 是不正确的连接,仪器与被测件供电系统的火线 L1 与零线 N 相反,容易损坏仪器;图 8.36C 是要坚决杜绝的连接,仪器与被测件使用的不是同一个线电压,因此损坏仪器的例子已经很多!

另外,保护地线 E 和零线 N 也不能颠倒,否则仪器也容易因带电而损坏。

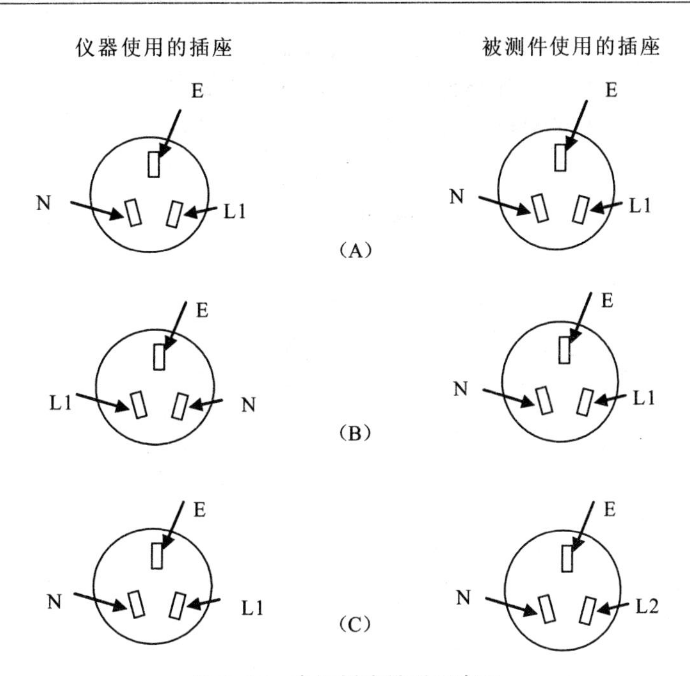

图 8.36　电源插座排列示意图

思考题

1. 请解释散射参数 S_{11}、S_{22}、S_{12}、S_{21} 的含义。
2. 网络分析仪的作用是什么？
3. 请描述矢量网络分析仪的基本组成。
4. 简述矢量网络分析仪的工作原理。
5. 试述定向耦合器在矢量网络分析仪中的作用。
6. 矢量网络分析仪有哪些误差？
7. 简述矢量网络分析仪的误差校正原理。
8. 简述矢量网络分析仪的误差校正过程。
9. 与机械校准件相比，电子校准件有何优势？
10. 矢量网络分析仪的主要技术指标有哪些？
11. 有哪些因素会使电缆产生明显的阻抗失配？
12. 矢量网络分析仪校验的作用是什么？
13. 脉冲 S 参数有哪些类型？请理解各类型之间的联系与区别。
14. 请查找相关资料解释驻波比的含义。
15. 简述使用矢量网络分析仪测量滤波器幅相特性的过程。

16. 简述使用矢量网络分析仪测量放大器非线性的过程。

17. 简述使用矢量网络分析仪测量脉冲 S 参数的过程。

18. 简述使用矢量网络分析仪测量天线驻波比的过程。

19. 利用矢网测量有源器件时应特别注意什么?

20. 如何安全正确地使用网络分析仪?

第 9 章　专题实验

实验 1　信号发生器与时间频率参数测量

(一) 实验目的

1. 掌握信号发生器、数字式频率计的使用方法；
2. 学会正确使用数字式频率计进行时间频率测量。

(二) 实验仪器

1. AV1485 射频合成信号发生器　　　　1 台
2. SP3382A－Ⅲ智能微波频率计数器　1 台
3. HC－F1000L 频率计数器　　　　　1 台

(三) 设备连接图

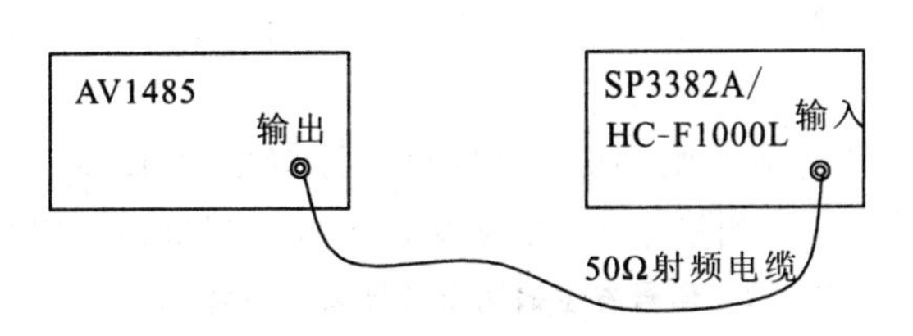

图 9.1　时间频率测量仪器连接图

(四) 实验内容及步骤

1. 信号源操作

(1) 设置输出单频信号:频率为 100MHz,功率为 0dBm,并改变输出信号的频率及功率；

(2) 设置输出调幅信号:信号功率为 0dBm,载波频率为 10MHz,选择内调制,调制信号为 1kHz 的单频,调制度为 25%,并改变调制度与调制信号的频率；

(3) 设置输出调频信号:信号功率为＋10dBm,载波频率为 1GHz,选择内调制,调制信号为 500Hz 的单频,最大频偏 100kHz,并改变最大频偏、调制信号的频率与类型。

2. 频率测量

(1) 设置信号发生器 AV1485 输出 100MHz、0dBm 的单频信号:【频率】→100→MHz,【功率】→0→dBm;

(2) 按下 SP3382A 频率计的通道选择键使频率计工作在通道Ⅰ(50MHz~500MHz)状态:【功能】→FI,【功能】→500MHz;

(3) 按下【分辨率】→1Hz 键,使测量结果显示在频率Ⅰ测量时最后一位可分辨到 1Hz;将【取样率】旋钮逆时针调节,使闸门指示灯闪烁加快;

(4) 按下信号源【射频开关】,输出待测信号,当频率计显示出信号频率后,将【取样率】旋钮顺时针调节到最大,测量结果被保持,将其记录到表 9.1 中;

(5) 将信号源输出频率分别改为 300MHz、800MHz、1.5GHz,正确选择频率计相应的输入通道及波段,重复步骤(1)→(4)。

表 9.1 信号发生器输出信号频率测量记录表

信号发生器输出频率(MHz)	100	300	800	1500
频率计测量频率(MHz)				
测量相对误差$\triangle f/f$(%)				

3. 周期测量

(1) 连接 AV1485 信号发生器后面板“低频输出”到 HC－F1000L 输入端,按下信号源左侧的【低频】按键,预置正弦波信号:输出幅度→1V,频率→250kHz;

(2) 选择频率计合适的闸门时间和档位,设置信号源:低频输出→开,调制开关→亮,记录频率计的测量结果,并改变频率重复测量,将结果填入表 9.2。

表 9.2 信号发生器输出信号周期测量记录表

信号发生器输出频率(kHz)	250	400	600	800
信号发生器输出周期(us)	4.0	2.5	1.67	1.25
频率计测量周期(s)				
测量相对误差$\triangle T/T$(%)				

(五) 注意事项

1. 按照正确的操作步骤:开机自检→足够时间预热→进行校准→开始测量;
2. 正确选择信号输出样式、频率及幅度;
3. 当输入信号频率大于 500MHz 时,需从频率计【输入Ⅱ】注入信号;
4. 及时记录实验数据,排除人为识读误差。

实验 2　波形参数测量

(一) 实验目的

1. 熟练掌握数字示波器的使用方法;
2. 掌握常见信号波形参数的时域测量方法。

(二) 实验仪器

1. AV1485 射频合成信号发生器　　1 台
2. AV4446 数字存储示波器　　1 台

(三) 设备连接图

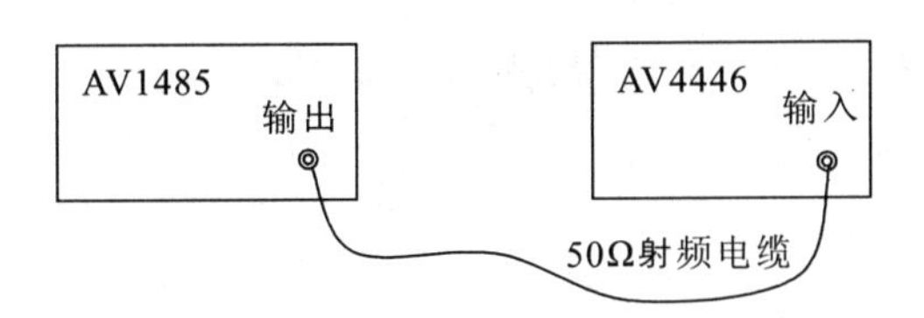

图 9.2　波形参数测量仪器连接图

(四) 实验内容及步骤

1. 示波器的校准

(1) 加电前检查示波器电源连接是否正确、各按键是否置于正常档位;

(2) 利用示波器 1.2kHz、5V 的方波校准信号作为示波器的通道 1(或 2)输入信号,调整出如图 9.3 所示的正常工作波形。

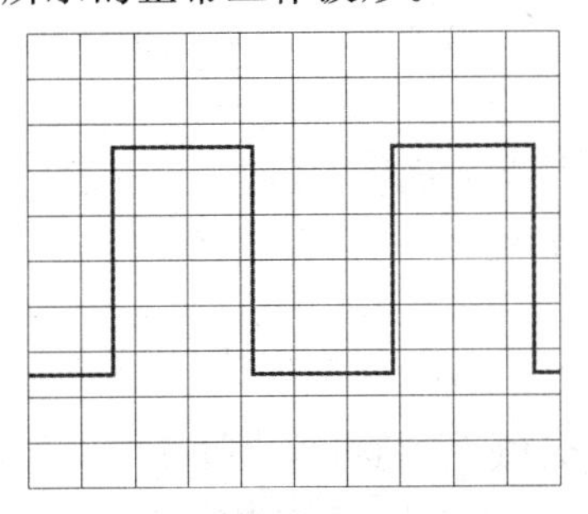

图 9.3　示波器的方波校准信号

2. 正弦波电压幅度、周期的测量

(1) 设置 AV1485 信号发生器,输出频率为 100MHz、功率为－10dBm 的单频信号;

(2) 设置示波器,按【CH1】键将通道 1 打开,按阻抗选择键,50Ω 指示灯亮,按耦合选择键,AC 指示灯亮;

(3) 将信号发生器的输出连至示波器通道 1 输入端,打开【射频开关】,调节示波器垂直偏转因数调节旋钮,使屏幕显示“CH1 50mV/div”;

(4) 调节水平扫描时基,使屏幕上显示 2～3 个完整周期的稳定正弦波形,按下【运行/停止】键,使波形静止;

(5) 按下【光标】键,选择【手动】测量,利用【多用途输入轮】调节时间光标和电压光标,读取波形相应参数并填入表 9.3 中;

(6) 按下【测量】键,通过菜单部分的【多用途输入轮】,选择将对话框左边需测量的参数添加到右边的参数列表中,关闭对话框后,在屏幕下半部分可显示测量结果,将其直接填入表 9.3 中。

表 9.3 正弦波幅度、周期测量记录表

<table>
<tr><td rowspan="4">输入参数</td><td rowspan="2">信号发生器
显示频率(MHz)</td><td rowspan="2"></td><td rowspan="4">观测数据</td><td>光标观测频率(MHz)</td><td></td></tr>
<tr><td>光标观测峰值 V_{PP}(V)</td><td></td></tr>
<tr><td rowspan="2">信号发生器
显示功率 P_0(dBm)</td><td rowspan="2"></td><td>自动测量频率(MHz)</td><td></td></tr>
<tr><td>自动测量峰值 V_{PP}(V)</td><td></td></tr>
</table>

3. 脉冲信号参数的测量

(1) 设置 AV1485 信号发生器,按下信号源左侧的【低频】按键,预置:低频输出幅度→1V,输出源→脉冲,输出波形→脉冲,低频输出脉冲周期→50μs、低频输出脉冲宽度→10μs 的脉冲信号;

(2) 设置示波器,按【CH1】键将通道 1 打开;按阻抗选择键,50Ω 指示灯亮,按耦合选择键,AC 指示灯亮,调节示波器垂直偏转因数调节旋钮,使屏幕显示“CH1 200mV/div”;

(3) 将测试电缆从信号源后面板的【低频输出】端口连接至示波器通道 1 输入端,设置信号发生器:低频输出→开,调制开关→亮;

(4) 调节水平扫描时基,使屏幕上显示 1～2 个完整的脉冲波形,按下【运行/停止】键,使波形静止;

(5) 按下【光标】键,选择【手动】测量,利用【多用途输入轮】调节时间光标和电压光标,读取波形相应参数并填入表 9.4 中;

(6) 按下【测量】键,通过菜单部分的【多用途输入轮】,选择将对话框左边需测量的参数添加到右边的参数列表中,关闭对话框后,在屏幕下半部分可显示测量结果，将其直接填入表 9.4 中；

(7) 改变输入脉冲的幅值、周期和脉宽，重复步骤(1)→(6)。

表 9.4　脉冲信号测量记录表

脉冲幅度 (V)		脉冲周期(us)		脉冲宽度(us)	
自动测量参数	脉冲幅值(V)		光标测量参数	脉冲幅值(V)	
	上升时间(ns)			上升时间(ns)	
	脉宽 $\tau(\mu s)$			脉宽 $\tau(\mu s)$	
	周期 $T(\mu s)$			周期 $T(\mu s)$	
	占空比 t/T (%)			占空比 t/T (%)	

(五) 注意事项

1. 信号发生器使用前应预热，当时基预热指示消失后方可正确测量；

2. 观测波形时应利用示波器的暂停功能将波形捕捉住，然后进行参数测量；

3. 应选择特性阻抗为 50Ω 的测试电缆；

4. 测量前应估计一下被测信号的频率及幅度，对调幅信号及非周期信号不要采用自动刻度的功能进行测试；

5. 示波器可测量的信号参数包括：幅度、周期、频率及相位等；

6. 大多数电子测量仪器输入与输出匹配负载通常是 50Ω，在进行功率与电压换算时必须考虑负载阻抗，当负载阻抗改变时，换算公式中的 R 也必须改变。信号功率与电压值的换算公式为

$$P(\mathrm{dBm}) = 10lg(V^2/R) - 30 \tag{9-1}$$

$$V(\mathrm{mV}) = 10^{(P/10 + \lg R + 3)/2} \tag{9-2}$$

式中，V 的单位为 mV，P 的单位为 dBm。

实验3 频谱参数测量

(一) 实验目的

1. 理解频谱分析的基本概念和意义；
2. 掌握频谱分析仪的使用方法；
3. 掌握使用频谱分析仪分析信号的方法。

(二) 实验仪器

1. AV1485 射频合成信号发生器　　1台
2. AV4033A 微波频谱分析仪　　1台

(三) 设备连接图

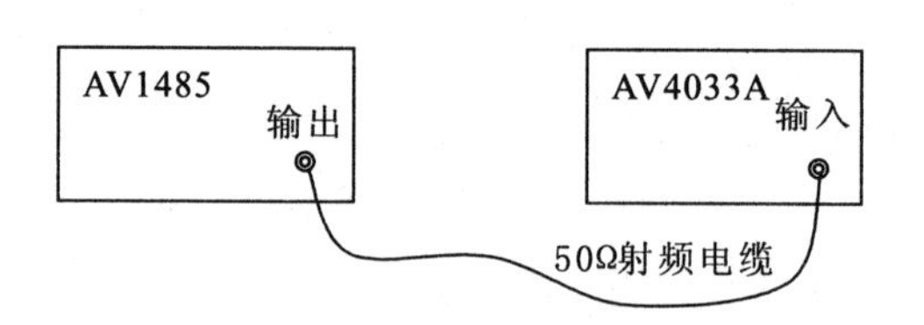

图 9.4 频谱参数测量仪器连接图

(四) 实验内容及步骤

1. 单频信号频谱测量

(1) 按图正确连接仪器,预热15分钟以上；

(2) 设置信号发生器输出一个单频信号:【频率】→10MHz,【功率】→−10dBm；

(3) 设置频谱仪:【频率】→起始频率→9MHz→终止频率→30MHz,【分辨率带宽】→1kHz；

(4) 设置信号发生器:【射频开关】→开,【调制开关】→关,频谱仪上将显示此单音信号的频谱图,按下频谱仪【单扫】键,使频谱稳定；

(5) 按下【频标】键,调节【手轮】,使频标移动到基波谱线最高点,记下屏幕右上角的频标功率值,填入表9.5,继续调节【手轮】,使频标移动到二次谐波谱线最高点,记下屏幕右上角频标功率值,填入表9.5。

表9.5　单频信号频谱测量记录表

<table>
<tr><td rowspan="2">信号源输出参数</td><td>信号频率(MHz)</td><td></td><td rowspan="2">频谱仪观测数据</td><td>基波功率(dBm)</td><td></td></tr>
<tr><td>信号功率(dBm)</td><td></td><td>二次谐波功率(dBm)</td><td></td></tr>
</table>

2. 调幅信号频谱测量

(1) 按图正确连接仪器，预热仪器15分钟以上；

(2) 设置信号发生器输出调幅信号：【频率】→10MHz，【功率】→−10dBm，【调制】→幅度调制→调幅通道→1→调幅→开→调幅深度→20%→调制源→内部1→调制频率→20kHz→调幅波形→正弦波；

(3) 设置频谱仪：【中心频率】→10MHz，【扫宽】→100kHz，【分辨率带宽】→300Hz；

(4) 打开信号源【调制开关】、【射频开关】，频谱仪上将显示此调幅信号的频谱图，按下频谱仪【单扫】键，使频谱稳定；

(5) 按下【频标】键，调节【手轮】，使频标移动到载频谱线最高点，记下屏幕右上角显示的频标频率及功率值，填入表9.6中，继续调节【手轮】，使频标移动到边频谱线最高点，记下屏幕右上角显示的频标频率及功率值，填入表9.6中。

(6) 根据计算公式求出调制度。

表9.6　调幅信号频谱测量记录表

<table>
<tr><td rowspan="4">信号源参数</td><td>调幅信号载频频率(MHz)</td><td></td><td rowspan="4">频谱分析观测数据</td><td>载波频率(MHz)</td><td></td></tr>
<tr><td>调幅信号功率(dBm)</td><td></td><td>载波谱功率(dBm)</td><td></td></tr>
<tr><td>调幅信号调制频率(kHz)</td><td></td><td>单边频分量谱功率(dBm)</td><td></td></tr>
<tr><td>调幅信号的调制度 m_a(%)</td><td></td><td>调制度 m_a(%)</td><td></td></tr>
</table>

3. 窄带调频信号频谱测量

(1) 按图正确连接仪器，预热仪器15分钟以上；

(2) 设置信号发生器输出窄带调频信号：【频率】→50MHz，【功率】→−20dBm，【调制】→角度调制→调频→调频通道→1→调频→开→调频频偏→200Hz→调制源→内部1→调制频率→1kHz→调制波形→正弦波；

(3) 设置频谱仪：【频率】→中心频率→50MHz，【扫宽】→5kHz，【分辨率带宽】→100Hz；

(4) 打开信号源【调制开关】、【射频开关】，频谱仪上将显示此调频信号的频谱图，按下频谱仪【单扫】键，使频谱稳定；

(5) 按下【频标】键，调节【手轮】，使频标移动到载频谱线最高点，按下屏幕下方【频标差值】，继续调节【手轮】，使频标移动到边频谱线最高点，记下屏幕右

上角(△频标)处的功率差及频率差值,填入表 9.7 中;

(6) 根据公式计算窄带调频信号的调制指数和最大频偏。

表 9.7 窄带调频信号频谱测量记录表

信号发生器输出载波频率(MHz)			信号发生器输出调制频率(Hz)	
观测数据	观测到调制频率 f_m(Hz)		边频谱线与载波谱线差△(dB)	
	调制指数 $\beta=2\times10^{\triangle/20}$		最大频偏 $\triangle f_{peak}=f_m\times\beta$(Hz)	

4. 宽带调频信号频谱测量

(1) 按图正确连接仪器,预热仪器 15 分钟以上;

(2) 设置信号发生器输出宽带调频信号:【频率】→50MHz,【功率】→−20dBm,【调制】→角度调制→调频→调频通道→1→调频→开→调频频偏→20kHz→调制源→内部 1→调制频率→1kHz→调制波形→正弦波;

(3) 设置频谱仪:【频率】→中心频率→50MHz,【扫宽】→50kHz,【分辨率带宽】→100Hz,设置对数显示方式,以电压为单位;

(4) 打开信号源【调制开关】、【射频开关】,频谱仪上将显示此调频信号的频谱图,按下频谱仪【单扫】键,使频谱稳定;

(5) 寻找确定幅度随偏离载波距离的增加依次减小的三个邻近边带分量,并以载波为起点确定边带分量的阶数 n,再按下【频标】键,调节【手轮】,依次读取三个边带分量的幅度及谱线间隔,填入表 9.8 中;

(6) 根据公式计算宽带调频信号的调制指数和最大频偏。

表 9.8 宽带调频信号频谱测量记录表

信号发生器输出载波频率(MHz)			信号发生器输出调制频率(Hz)	
观测数据	谱线间隔 f_m(Hz)		中心频率(MHz)	
	被测中间分量的阶数 n		n 阶分量的幅度 V_n(mV)	
	$n-1$ 阶分量的幅度 V_{n-1}(mV)		$n+1$ 阶分量的幅度 V_{n+1}(mV)	
	调制指数 $\beta=\frac{2nV_n}{V_{n-1}+V_{n+1}}$		最大频偏 $\triangle f_{peak}=f_m\times\beta$(Hz)	

5. 脉冲调制信号频谱测量

(1) 按图正确连接仪器,预热仪器 15 分钟以上;

(2) 设置信号发生器,【频率】→50MHz,【功率】→−20dBm,【调制】→脉冲调制→开→调制源→内部脉冲→脉冲周期→10μs→脉冲宽度→2μs;

(3) 设置频谱仪:【频率】→中心频率→50MHz,【扫宽】→3MHz,【分辨率带宽】→1kHz;

(4) 设置信号发生器:【射频开关】→开,【调制开关】→开,频谱仪上将显示此脉冲信号的频谱图,按下频谱仪【单扫】键,使频谱稳定;

(5) 按下【频标】键,调节【手轮】,使频标移动到主瓣中间谱线(载频)最高点，记下屏幕右上角的频标频率及功率值，按屏幕下方【频标差值】键，继续调节【手轮】，使频标移动到主瓣中间谱线邻近一条谱线最大点，记下屏幕右上角△频标处频率差值，即脉冲重复频率，继续调节【手轮】，使频标移动到主瓣边沿最低谱线点，记下屏幕右上角△频标处频率差值，即脉冲宽度的倒数，将相关数据计算填入表 9.9 中，并计算脉冲峰值功率。

表 9.9　脉冲调制信号频谱测量记录表

信号源输出载频(MHz)			信号源输出脉冲功率(dBm)	
观测数据	载波频率 f_c(MHz)		脉冲重复频率 PRF(kHz)	
	载波功率 P_c(dBm)		脉冲周期(μs)	
	脉冲宽度 τ(μs)		峰值功率 $P_{pul} = P_{fc} - 20\log(\tau/T)$ (dBm)	

(五) 注意事项

1. 在调节信号源时，应关闭信号输出，待各参数预置完毕再开启信号输出。
2. 频谱分析仪选择合适的带宽可降低频谱噪声。
3. 测试时应保证频谱分析仪工作在未饱和的状态下，否则将产生差错。

实验4 功率参数测量

(一) 实验目的

1. 熟悉功率计的使用方法；
2. 理解功率测量在信号分析中的重要性。

(二) 实验仪器

1. AV1485 射频合成信号发生器　　1台
2. AV2432 功率计　　1台
3. AV23211E 功率探头　　1个

(三) 仪器连接图

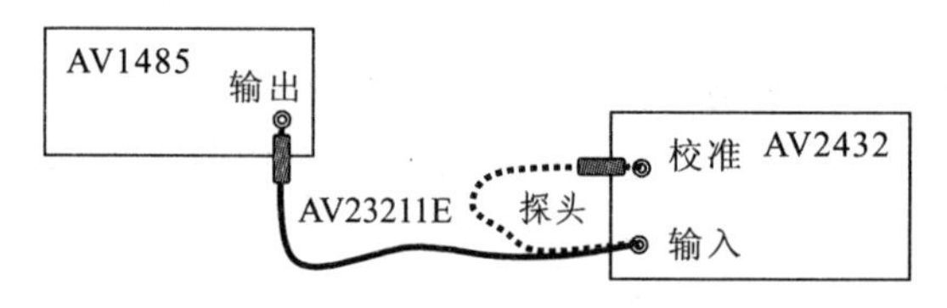

图9.5 射频功率测量仪器连接图

(四) 实验内容及步骤

1. 功率计校准

(1) 将功率计开机预热15分钟以上；

(2) 如图9.5所示，将功率计探头连接至CALIBRATOR端口；

(3) 打开功率计校准源，【MENU】→REF POWER ON/OFF →ON。按【ZERO CAL】，功率计将会自动完成调零、校准工作。校准完毕将校准源关闭，置【MENU】→REF POWER ON/OFF →OFF。

2. 连续波信号功率测量

(1) 如图9.5所示，将功率计探头连接至信号源AV1485射频输出端口；

(2) 设置功率计【FREQ】→0.2GHz→ENTER；

(3) 设置信号源:【频率】→200MHz,【功率】→－10dBm，按下信号源【射频开关】→开，【调制开关】→关；

(4) 从功率计上读取功率值，将结果填入表9.10中；

(5) 改变信号发生器输出频率及功率计预置频率值，重复步骤(2)→(4)。

表9.10　功率参数测量记录表

信号源输出功率(dBm)	-10.0			
信号源输出信号频率(MHz)	200	600	1000	2000
功率计示值(dBm)				
测量相对误差(%)				

3. 扫频信号功率平坦度测量

(1) 如图9.5所示，将功率计探头连接至信号源AV1485射频输出端口；

(2) 设置功率计:【MENU】→MEAS SETUP MENU →MIN/MAX →ON；

(3) 设置信号发生器:【功率】→-10dBm,【扫描】→扫描选择→频率,【扫描类型】→步进扫描,【扫描方式】→连续扫描,【配置步进扫描】→起始频率→100MHz→终止频率→500MHz；

(4) 设置信号发生器【射频开关】→开，按功率计【ENTER】键，刷新功率计显示，从第二行读取功率的最大、最小值，记录到表9.11中；

(5) 设置信号发生器【射频开关】→关，改变信号发生器功率，重复步骤(4)。

表9.11　功率平坦度测量记录表

信号源输出功率(dBm)	-10	0	10
功率计示值 P_{MIN}(dBm)			
功率计示值 P_{MAX}(dBm)			
功率波动范围 $P_{MAX}-P_{MIN}$(dB)			

(五) 注意事项

1. 注意仪器接地必须良好，当仪器间机壳不等电位时，有可能烧毁探头；

2. 当输入功率大于+20dBm时，功率探头应经过30dB衰减器，再接入被测信号；

3. 拆装功率探头、改变信号源参数时应关闭信号源射频输出。

实验5 网络参数测量

(一)实验目的

1. 掌握矢量网络分析仪的使用方法;
2. 熟练掌握电缆故障定位方法;
3. 了解天线系统的匹配特性;
4. 理解校准对矢量网络分析仪的重要性;
5. 掌握滤波器的测试方法。

(二)实验仪器

1. AV36210 手持式天线矢量网络分析仪 1台
2. AV31102A 校准件 1套
3. AV31121 校准件 1套
4. AV3629 高性能射频一体化矢量网络分析仪 1台
5. SIF-50 滤波器 1个
6. AV89101D 天线 1套

(三)仪器连接图

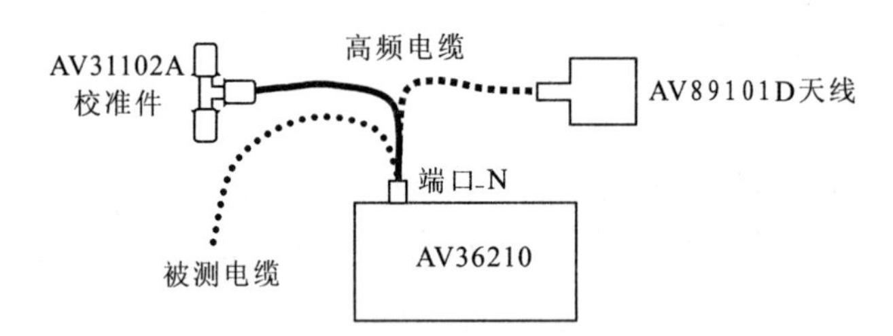

图 9.6 单端口网络参数测量仪器连接图

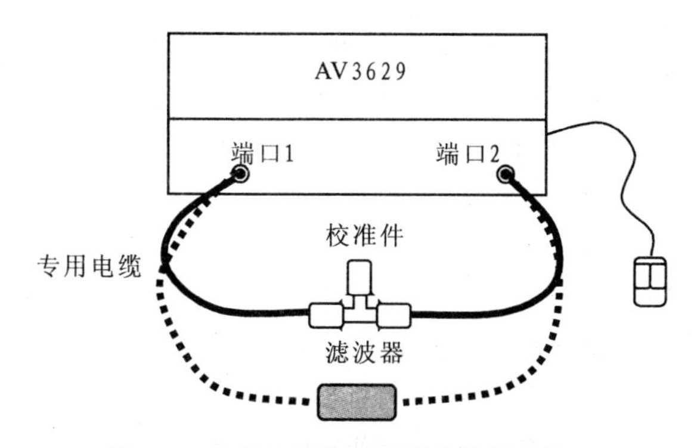

图9.7　双端口网络参数测量仪器连接图

(四) 实验内容与步骤

1. 电缆 DTF 测试

(1) 按图9.6所示连接校准件,预热15分钟以上;

(2) 仪器校准:【激励】→起始频率→500MHz→终止频率→4GHz;【校准】→校准件→AV31102A→返回→S_{11}单端口;连接校准件开路器→点击开路器,重复进行短路器与负载校准→完成单端口校准;

(3) 按图9.6所示连接被测电缆,并用卷尺测量电缆长度;

(4) 测量电缆:【DTF】→DTF开→起始距离→0→【确认】→终止距离→2→【确认】→其他→速率因子→0.66→返回;【光标】→光标1,利用旋钮移动光标到曲线最高点(即失配点),记下屏幕上显示的距离M_1值,填入表9.12;

(5) 改变速率因子,重复步骤(4)。

表9.12　电缆DTF测量记录表

电缆实际长度 L(cm)				
速率因子	0.66	0.75	0.80	0.85
失配点距离 M_1(cm)				
误差$\triangle=M_1-L$(cm)				

2. 天线特性测试

(1) 设置AV36210工作参数:【激励】→起始频率→500→MHz→终止频率→4→GHz;扫描→扫描点数→1001→【确认】;

(2) 仪器校准:【校准】→校准件→AV31102A→返回→S11单端口;连接校准件开路器→点击开路器;重复进行短路器与负载校准→完成单端口校准;

(3) 按图9.6所示连接被测天线;

(4) 回波损耗测量:【响应】→测量→S11;【响应】→格式→回波损耗对数;

【光标】→光标 1→设置→598→MHz，记录此时光标点的回波损耗，重新设置光标 1 的频率点，将结果记入表 9.13 中；

(5) 驻波比测量：【响应】→格式→驻波比；【光标】→光标 1→设置→598→MHz，记录此时光标点的驻波比，重新设置光标 1 的频率点，将结果记入表 9.13 中；

(6) 阻抗测量：【响应】→格式→阻抗 Smith 圆图→R+JX；【光标】→光标 1→设置→598→MHz，记录此时光标点的阻抗，重新设置光标 1 的频率点，读取不同频率的结果并记入表 9.13 中。

表 9.13 天线特性测量记录表

天线类型				
频率(GHz)	0.598	0.997	1.998	3.797
回波损耗				
驻波比				
阻抗				

3. 滤波器特性测试

(1) 设置 AV3629 工作参数：设置测试频率范围为待测滤波器带宽的 2～3 倍；激励功率→－5dBm；测量设置→设置 A；选择屏幕左上角 S11 参数测量。为方便观察，可删除 S_{12}、S_{22} 等轨迹；

(2) 仪器校准：【校准】→校准类型→单端口(反射)→确定→测量机械标准→选择校准件→AV31121；如图 9.7 连接测试电缆，并按提示连接校准件(开路器)到端口 1 电缆，点击→开路→3.5mmMale(OPEN)→确定；依次进行短路器、负载校准；保存校准结果，完成 1 端口校准；

(3) 驻波比测量：将滤波器输入端连接到端口 1 电缆，另一端接校准件(负载)，按【格式】→驻波比→光标→光标 1，利用旋钮移动光标 1，观察滤波器通带内四个频率点处的驻波比，填入表 9.14；

(4) 修改 AV3629 工作参数：测量设置→设置 A，点击屏幕左上角 S_{21}→按键【格式】→对数幅度；维持测试频率范围和激励功率不变；

(5) 仪器重校：按【校准】→校准类型→全双端口 SOLT→确定→测量机械标准→选择校准件→AV31121；如图 9.7 连接测试电缆，并按提示连接开路器，点击→开路→3.5mmMale(OPEN) →确定，依次进行短路、负载、直通、开路、短路、负载校准，保存校准结果，完成 1、2 端口校准；

(6) 滤波器中心频率和带宽测量：如图 9.7 所示将滤波器连接到端口 1、2 电缆之间；点击菜单栏，查看→工具栏→光标→光标 R，利用旋钮移动光标 R 到通带内绿色曲线最大点；点击光标栏，光标 1→开→△光标，利用旋钮移动△光标1,找到参考光标R左右两侧3dB下降点处,记录相应的频率值 f_H、f_L,根据 $f_c=(f_H+f_L)/2$、$BW=f_H-f_L$ 计算中心频率和带宽,并将相关数据记录到表9.14中。

表9.14　滤波器特性测量记录表

滤波器型号		标称中心频率		标称带宽	
频点(MHz)					
驻波比					
-3dB上频率点 f_H(MHz)			-3dB下频率点 f_L(MHz)		
中心频率 $f_c=(f_H+f_L)/2$(MHz)			带宽 $BW=f_H-f_L$(MHz)		

(五)注意事项

1. 每次关机重启仪器或改变测试条件后,都要对仪器重新进行校准;
2. 测量中不得移动、接触电缆及被测件,否则将影响测量结果;
3. 测量天线时,应将天线放置于空旷处,减少附近物体的影响;
4. 仪器必须良好接地,并做好防静电措施;
5. 对有源器件测试可能会造成端口损坏;
6. 连接校准件时应动作轻微,只旋转护套螺母,最后连接时使用力矩扳手。

附　录

附录 1　无线电频段划分表

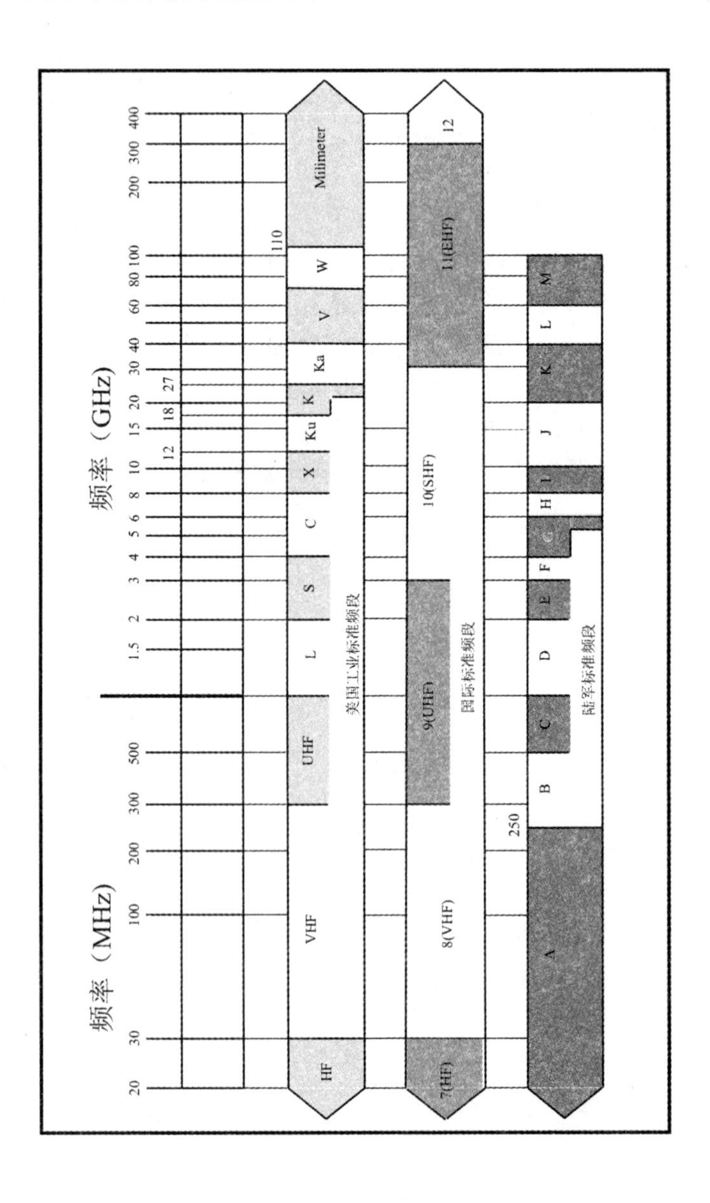

附录 2　中国无线电资源分配表

序号	名　称		频　段
1	GSM900/1800 双频段数字蜂窝移动台	Tx	885～915MHz/1710～1785MHz
		Rx	930～960MHz/1805～1880MHz
2	GSM900/1800 双频段数字蜂窝基站	Tx	930～960MHz/1805～1880MHz
		Rx	885～915MHz/1710～1785MHz
3	800MHz CDMA 数字蜂窝移动台	Tx	825～835MHz
		Rx	870～880MHz
4	800MHz CDMA 数字蜂窝基站	Tx	870～880MHz
		Rx	825～835MHz
5	调频收发信机		31～35MHz、138～167MHz、351～358MHz、358～361MHz、361～368MHz、372～379MHz、379～382MHz、382～389MHz、403～420MHz、450～470MHz
6	模拟集群通信	移动台	351～358MHz、372～379MHz、806～821MHz
		基站	361～368MHz、382～389MHz、851～866MHz
7	数字集群基站和移动台	851～866MHz、806～821MHz	
8	点对点扩频通信设备	336～344MHz、2.4～2.4835GHz、5.725～5.850GHz	
9	LMDS 宽带无线接入通信设备	Tx	25.757～26.765GHz
		Rx	24.507～25.515GHz
10	3.5GHz 无线接入通信设备	Tx	3400～3430MHz
		Rx	3500～3530MHz
11	2.4GHz 短距离微功率设备		2.4～2.4835GHz
12	固定卫星地球站设备	C 频段	5.850～6.425GHz
		Ku 频段	14.000～14.500GHz
13	数传电台		223.025～235.000MHz、821～870MHz

续附录 2

14	PHS 无线接入系统		1900～1915MHz
15	DECT 无线接入系统		1905～1920MHz
16	数字微波接力通信机	1.5GHz 频段	1427～1525MHz
		4.0GHz 频段	3600～4200MHz
		5.0GHz 频段	4400～5000MHz
		6.0GHz 频段	5925～6425MHz(L) 6425～7110MHz(U)
		7.0GHz 频段	7125～7425MHz(L) 7425～7725MHz(U)
		8.0GHz 频段	7725～8275MHz(L) 8275～8500MHz(M)
		11.0GHz 频段	10700～11700MHz
		13.0GHz 频段	12750～13250MHz
		14.0GHz 频段	14249～14501MHz
		15.0GHz 频段	14500～15350MHz
		18.0GHz 频段	17700～19700MHz
		23.0GHz 频段	21200～23600MHz
17	无绳电话机	模拟无绳电话	45～45.475MHz 48～48.475MHz
		数字无绳电话	1915～1920MHz 2.4～2.4835GHz
18	海事卫星地球站	TX	1626.5～1646.5MHz
		RX	1525.0～1545.0MHz
19	短波单边带设备		1.6～29.999MHz
20	调频广播发射机		87～108MHz
21	中波调幅广播设备		535～1606.5kHz
23	电视发射设备	VHF 频段	48.5～72.5MHz、76～84MHz、167～223MHz
		UHF 频段	470～566MHz、606～806MHz
24	多路微波分配系统		2535～2599MHz

附录3 部分电子测量仪器国家标准

GB6587.1 电子测量仪器环境试验总纲
GB6587.2 电子测量仪器温度试验
GB6587.3 电子测量仪器湿度试验
GB6587.4 电子测量仪器振动试验
GB6587.5 电子测量仪器冲击试验
GB6587.6 电子测量仪器运输试验
GB6587.8 电子测量仪器电源频率和电压试验
GB6592 电子测量仪器误差的一般规定
GB6593 电子测量仪器质量检验规则
GB6833 电子测量仪器电磁兼容性试验规范
GB11463 电子测量仪器可靠性试验
GB11464 电子测量仪器名词术语
GB11465 电子测量仪器热分布图
GB9317－88 脉冲信号发生器技术条件
GB9318－88 脉冲信号发生器测试方法
GB11153－89 激光小功率计性能测试方法
GB11461－89 频谱分析仪通用技术条件
GB11462－89 频谱分析仪测试方法
GB12114－89 高频信号发生器通用技术条件
GB12115－89 高频信号发生器测试方法
GB12116－89 模拟电子电压表通用技术条件
G812117－89 模拟电子电压表测试方法
GB12179－89 噪声发生器通用技术条件
GB12180－89 噪声发生器测试方法
GB12181－89 低频信号发生器通用技术条件
GB12182－89 低频信号发生器测试方法
GB12498－90 铷原子频标通用技术条件
GB12499－90 铷原子频标测试方法
SJ946－83 电子测量仪器电气、机械结构基本要求
SJ2089－82 电子测量仪器型号命名方法
SJ2259－82 电子测量仪器随机技术文件的编制

附录4　驻波比与传输参数换算关系

电压驻波比	回波损耗(dB)	传输损耗(dB)	电压反射系数	功率传输%	功率反射%	电压驻波比	回波损耗(dB)	传输损耗(dB)	电压反射系数	功率传输(%)	功率反射(%)
1.0	∞	.000	.00	100.0	.0	1.64	12.3	.263	.24	94.1	5.9
1.01	46.1	.000	.00	100.0	.0	1.66	12.1	.276	.25	93.8	6.2
1.02	40.1	.000	.01	100.0	.0	1.68	11.9	.289	.25	93.6	6.4
1.03	36.6	.001	.01	100.0	.0	1.70	11.7	.302	.26	93.3	6.7
1.04	34.2	.002	.02	100.0	.0	1.72	11.5	.315	.26	93.0	7.0
1.05	32.3	.003	.02	99.9	.1	1.74	11.4	.329	.27	92.7	7.3
1.06	30.7	.004	.03	99.9	.1	1.76	11.2	.342	.28	92.4	7.6
1.07	29.4	.005	.03	99.9	.1	1.78	11.0	.356	.28	92.1	7.9
1.08	28.3	.006	.04	99.9	.1	1.80	10.9	.370	.29	91.8	8.2
1.09	27.3	.008	.04	99.8	.2	1.82	10.7	.384	.29	91.5	8.5
1.10	26.4	.010	.05	99.8	.2	1.84	10.6	.398	.30	91.3	8.7
1.11	25.7	.012	.05	99.7	.3	1.86	10.4	.412	.30	91.0	9.0
1.12	24.9	.014	.06	99.7	.3	1.88	10.3	.426	.31	90.7	9.3
1.13	24.3	.016	.06	99.6	.4	1.90	10.2	.440	.31	90.4	9.6
1.14	23.7	.019	.07	99.6	.4	1.92	10.0	.454	.32	90.1	8.9
1.15	23.1	.021	.07	99.5	.5	1.94	9.9	.468	.32	89.8	10.2
1.16	22.6	.024	.07	99.5	.5	1.96	9.8	.483	.32	89.5	10.5
1.17	22.1	.027	.08	99.4	.6	1.98	9.7	.497	.33	89.2	10.8
1.18	21.7	.030	.08	99.3	.7	2.00	9.5	.512	.33	88.9	11.1
1.19	21.2	.033	.09	99.2	.8	2.50	9.4	.881	.43	81.6	18.4
1.20	20.8	.036	.09	99.2	.8	3.00	6.0	1.249	.50	75.0	25.0
1.21	20.4	.039	.10	99.1	.9	3.50	5.1	1.603	.56	69.1	30.9
1.22	20.1	.043	.10	99.0	1.0	4.00	4.4	1.938	.60	64.0	36.0
1.23	19.7	.046	.10	98.9	1.1	4.50	3.9	2.255	.64	59.5	40.5
1.24	19.4	.050	.11	98.9	1.1	5.00	3.5	2.553	.67	55.6	44.4
1.25	19.1	.054	.11	98.8	1.2	5.50	3.2	2.834	.69	52.1	47.9
1.26	18.8	.058	.12	98.7	1.3	6.00	2.9	3.100	.71	49.0	51.0
1.27	18.5	.062	.12	98.6	1.4	6.50	2.7	3.351	.73	46.2	53.8
1.28	18.2	.066	.12	98.5	1.5	7.00	2.5	3.590	.75	43.7	56.2
1.29	17.9	.070	.13	98.4	1.6	7.50	2.3	3.817	.76	41.5	58.5
1.30	17.7	.075	.13	98.3	1.7	8.00	2.2	4.033	.78	39.5	60.5

附录 5 常用射频连接器及其特性

连接器	阻抗(Ω)	频率上限(GHz)	电压驻波比		连接方式	应用场合
L29	50	7.5	直式	≤1.08	螺纹	广播、电视、主馈系统、雷达监控、微波通讯
			弯式	≤1.15		
N	50 75	11	直式	≤1.1	螺纹	地域网(LANs)、测试设备、广播电台、卫星和军用通讯设备
			弯式	≤1.2		
BNC/Q9	50 75	4	直式	≤1.22	卡口式	网络系统,仪表仪器及计算机互联网络
			弯式	≤1.3		
TNC	50	11	直式	≤1.3	螺纹	无线电设备、测试仪表中连接同轴电缆。
			弯式			
SMA	50	18	直式	≤1.25	螺纹	宽频微波系统的放大器,衰减器,滤波器,混频器,振荡器及开关
			弯式	≤1.45		
SMB	50	4	直式	≤1.25	推入止动	射频或数字信号的连接
	75	2	弯式	≤1.35		
MCX	50	6	直式	≤1.17	推入止动	GPS、Automotive、蜂窝电话和数字遥感系统
	75	1.5	弯式	≤1.35		

附录 6 电阻电容电感元件系列表

电阻的标称阻值按其精度分为 E24 和 E96 两个系列。E24 系列电阻的误差为 5%,E96 系列电阻的误差为 1%。

电容器的标称容量按其精度分为 E24、E12、E6 三个系列。纸介电容、金属化纸介电容、纸膜复合介质电容、低频(有极性)有机薄膜介质电容、高频(无极性)有机薄膜介质电容、瓷介电容、玻璃釉电容、云母电容的误差有 ±5%、±10%、±20% 三种;铝、钽、铌、钛电解电容的误差有 ±10%、±20%、+50/−20%、+100/−10% 四种。

电感器可分为空心和磁心两大类。空心电感没有磁滞和涡流损耗,分布电容小,品质因数高,在高频和甚高频电路中应用较多,可惜没有成品,需要自己绕制;磁心电感体积小、结构牢固,适用于滤波、振荡、延时和陷波电路等,一般为 E12 系列。

E96 系列标称值											
10	10.2	10.5	10.7	11	11.3	11.5	11.8	12.1	12.4	12.7	13
13.3	13.7	14	14.3	14.7	15	15.4	15.8	16.2	16.5	16.9	17.4
17.8	18.2	18.7	19.1	19.6	20	20.5	21	21.5	22.1	22.6	23.2
23.7	24.3	24.9	25.5	26.1	26.7	27.4	28	28.7	29.4	30.1	30.9
31.6	32.4	33.2	34	34.8	35.7	36.5	37.4	38.3	39.2	40.2	41.2
42.2	43.2	44.2	45.3	46.4	47.5	48.7	49.9	51.1	52.3	53.6	54.9
56.2	57.6	59	60.4	61.9	63.4	64.9	66.5	68.1	69.8	71.5	73.2
75	76.8	78.7	80.6	82.5	84.5	86.6	88.7	90.9	93.1	95.3	97.6
E24 系列标称值											
1.0	1.1	1.2	1.3	1.5	1.6	1.8	2.0	2.2	2.4	2.7	3.0
3.3	3.6	3.9	4.3	4.7	5.1	5.6	6.2	6.8	7.5	8.2	9.1
E12 系列标称值											
1.0	1.2	1.5	1.8	2.2	2.7	3.3	3.9	4.7	5.6	6.8	8.2
E6 系列标称值											
1.0	1.5	2.2	3.3	4.7	6.8						

附录 7　GPIB 接口定义

线号	类型	符号	说明
1,2,3,4,13,14,15,16	数据线	DIO	数据线:并行数据传输,前 7 位构成 ASCII 码,最后一位作其他用,如奇偶校验等
6	数据字节传递控制线	DAV	指出数据线 t 的信号是否稳定、有效和可以被装置验收。当控者发送命令和讲者发送数据信息时都要申报一个 DAV
7		NRFD	指出一个装置是否已准备好接收一个数据字节,此线由所有正在接收命令(数据信息)的听者装置来驱动
8		NDAC	指出一个装置是否已收到一个数据字节,此线由所有正在接收命令(数据信息)的听者装置来驱动。在此数据字节传递控制模式下,该传输速率将以最慢的执行听(正在听)者为准,因为讲者要等到所有听者都完成工作。在发送数据和等待听者接收之前,NRFD 应被置于“非”
5	接口线	EOI	终止或识别:由某些装置用来停止它们的数据输出。讲者在数据的最后一位之后发出 EOI 申报,听者在接到 EOI 后立即停止读数,这条线还用于并行投选
9		IFC	只能由系统控者来控制,用于控制总线的异步操作。它是 GPIB 的主控复位线
10		SRQ	当一个装置需要向执行控者提出获得服务的要求时发出此信号,执行控者必须随时监视 SRQ 线
11		ATN	供执行控者使用,分为申报型或不申报型。用于向装置通告当前数据类型。申报型是总线上的信息被翻译成一个命令信息;非申报型是总线上的信息被翻译成一个数据报文
17		REN	由控者用来将装置置入到远距离状态
12,18,19,20,21,22,23,24	地线	GND	Ground

附录 8　RS232 接口定义

DB9 接口					
线号	名称	说明	线号	名称	说明
1	DCD	载波检测	6	DSR	数据准备好
2	RXD	接收数据	7	RTS	请求发送
3	TXD	发送数据	8	CTS	允许发送
4	DTR	数据终端准备好	9	RI	振铃提示
5	SG	信号地			
DB25 接口					
线号	名称	说明	线号	名称	说明
1	GND	频蔽地线	14		未定义
2	TXD	发送数据	15		未定义
3	RXD	接收数据	16		未定义
4	RTS	请求发送	17		未定义
5	CTS	允许发送	18		数据接收(＋)
6	DSR	数据准备好	19		未定义
7	SG	信号地	20	DTR	数据终端准备好
8	DCD	载波检测	21		未定义
9		发送返回(＋)	22	RI	振铃提示
10		未定义	23		未定义
11		数据发送(－)	24		未定义
12		未定义	25		接收返回(－)
13		未定义			

附录 9 ASCII 字符表

ASCII 包括标准 ASCII 与扩展 ASCII。标准 ASCII 从 00H 到 7FH 共 128 个，用于通信、控制和表示阿拉伯数字、英文字母及常用符号；扩展 ASCII 从 80H 到 0FFH 共 128 个，用来表示框线、音标及其他欧洲非英语系的字母。

标准 ASCII								扩展 ASCII							
HEX	字符	**HEX**	字符	**HEX**	字符	**HEX**	字符	**HEX**	字符	**HEX**	字符	**HEX**	字符	**HEX**	字符
00	NUL	20	空格	40	@	60	`	80	€	A0	HTML空格	C0	À	E0	à
01	SOH	21	!	41	A	61	A	81		A1	¡	C1	Á	E1	á
02	STX	22	"	42	B	62	B	82	‚	A2	¢	C2	Â	E2	â
03	ETX	23	#	43	C	63	c	83	ƒ	A3	£	C3	Ã	E3	ã
04	EOT	24	$	44	D	64	d	84	„	A4	¤	C4	Ä	E4	ä
05	ENQ	25	%	45	E	65	e	85	…	A5	¥	C5	Å	E5	å
06	ACK	26	&	46	F	66	f	86	†	A6		C6	Æ	E6	æ
07	BEL	27	'	47	G	67	g	87	‡	A7	§	C7	Ç	E7	ç
08	BS	28	(	48	H	68	h	88	ˆ	A8	¨	C8	È	E8	è
09	HT	29	)	49	I	69	i	89	‰	A9	©	C9	É	E9	é
0A	LF	2A	*	4A	J	6A	j	8A	Š	AA	ª	CA	Ê	EA	ê
0B	VT	2B	+	4B	K	6B	k	8B	‹	AB	«	CB	Ë	EB	ë
0C	FF	2C	,	4C	L	6C	l	8C	Œ	AC	¬	CC	Ì	EC	ì
0D	CR	2D	-	4D	M	6D	m	8D		AD		CD	Í	ED	í
0E	SO	2E	.	4E	N	6E	n	8E	Ž	AE	®	CE	Î	EE	î
0F	SI	2F	/	4F	O	6F	o	8F		AF	¯	CF	Ï	EF	ï
10	DLE	30	0	50	P	70	p	90		B0	°	D0	Ð	F0	ð
11	DC1	31	1	51	Q	71	q	91	‘	B1	±	D1	Ñ	F1	ñ
12	DC2	32	2	52	R	72	r	92	’	B2	²	D2	Ò	F2	ò
13	DC3	33	3	53	S	73	s	93	“	B3	³	D3	Ó	F3	ó
14	DC4	34	4	54	T	74	t	94	”	B4	´	D4	Ô	F4	ô
15	NAK	35	5	55	U	75	u	95	•	B5	µ	D5	Õ	F5	õ
16	SYN	36	6	56	V	76	v	96	–	B6	¶	D6	Ö	F6	ö
17	ETB	37	7	57	W	77	w	97	—	B7	·	D7	×	F7	÷
18	CAN	38	8	58	X	78	x	98	˜	B8	¸	D8	Ø	F8	ø
19	EM	39	9	59	Y	79	y	99	™	B9	¹	D9	Ù	F9	ù
1A	SUB	3A	:	5A	Z	7A	z	9A	š	BA	º	DA	Ú	FA	ú
1B	ESC	3B	;	5B	[	7B	{	9B	›	BB	»	DB	Û	FB	û
1C	FS	3C	<	5C	\	7C	|	9C	œ	BC	¼	DC	Ü	FC	ü
1D	GS	3D	=	5D	]	7D	}	9D		BD	½	DD	Ý	FD	ý
1E	RS	3E	>	5E	^	7E	~	9E	ž	BE	¾	DE	Þ	FE	þ
1F	US	3F	?	5F	_	7F	DEL	9F	Ÿ	BF	¿	DF	ß	FF	ÿ

参考文献

[1] 李立功,年夫顺,王厚军,等. 现代电子测量技术[M]. 北京:国防工业出版社,2008.
[2] 李崇维,朱英华. 电子测量技术[M]. 成都:西南交通大学出版社,2005.
[3] 陈尚松,雷加,郭庆. 电子测量与仪器[M]. 北京:电子工业出版社,2005.
[4] 吴政江. 电子测量仪器及其应用[M]. 武汉:武汉理工大学出版社,2006.
[5] 肖晓萍. 电子测量仪器[M]. 北京:电子工业出版社,2005.
[6] 徐洁. 电子测量技术与仪器[M]. 大连:大连理工大学出版社,2009.
[7] 田华等. 电子测量技术[M]. 西安:西安电子科技大学出版社,2005.
[8] 杨龙麟. 电子测量技术[M]. 北京:人民邮电出版社,2006.
[9] 陆绮荣. 电子测量技术[M]. 北京:电子工业出版社,2003.
[10] Agilent Technologies. Network Analyzer Measurements: Filter and Amplifier Examples.
[11] Aglient Technologies. Basics of RF Amplifier Measurements with the E5072A ENA Series Network Analyzer.
[12] Agilent Technologies. Agilent Antenna Test.
[13] Agilent Technologies. 利用 E5071C 对射频放大器的测试.
[14] Agilent Technologies. 利用宽带及窄带检测进行脉冲 S 参数测试.
[15] Anritsu Corp. Understanding Cable & Antenna Analysis.
[16] 江苏绿扬电子仪器集团有限公司. YB33000 系列函数/任意波发生器使用手册.
[17] 中国电子科技集团第 41 研究所. AV1485 系列射频信号发生器用户手册.
[18] 中国电子科技集团第 41 研究所. AV1486 系列微波信号发生器用户手册.
[19] 南京盛普仪器科技有限公司. SP3382A－IV 型智能微波频率计维修手册.
[20] 江苏绿扬电子仪器集团有限公司. YB44200 手持式数字存储示波表使用说明书.
[21] 中国电子科技集团第 41 研究所. AV4033 频谱分析仪用户手册.
[22] 中国电子科技集团第 41 研究所. AV4022 便携式射频频谱分析仪用户手册.
[23] 中国电子科技集团第 41 研究所. AV2432 微波功率计用户手册.
[24] 中国电子科技集团第 41 研究所. AV3629 系列矢量网络分析仪用户手册.

[25] 中国电子科技集团第 41 研究所. AV3629D 微波矢量网络分析仪用户手册.

[26] 中国电子科技集团第 41 研究所. AV36210 手持式天线矢量网络分析仪用户手册.

[27] 中国电子科技集团第 41 研究所. 电子测量仪器(2013－2014).

[28] 安捷伦科技公司. 电子测试与测量目录 2011/12.

[29] 罗德与施瓦茨公司. 测试与测量 2012 年产品目录.

[30] 泰克科技有限公司. 2013 测试测量解决方案.

[31] 罗德与施瓦茨公司. 微波信号发生器 R&S © SMF100A.

[32] 安捷伦科技公司. 53200A 系列射频/通用频率计数器/计时器技术资料.

[33] Tektronix INC. AWG5000 and AWG7000 Series Arbitrary Waveform Generators Quick Start User Manual.

[34] Agilent Technologies. 81110A Pulse/Data Generator Reference Guide.

[35] Tektronix INC. DPO7000C MSO5000 and DPO5000 Series Digital Phosphor Oscilloscopes Quick Start User Manual.

[36] Aglinet Technologies. Agilent N1911A/N1912A P－Series Power Meters and N1921A/N1922A Wideband Power Sensors data sheet.